서울교통공사
기계일반

≪ 직무수행능력평가 실전문제

PREFACE

청년 실업자가 45만 명에 육박, 국가 사회적으로 커다란 문제가 되고 있습니다. 정부의 공식 통계를 넘어 실제 체감의 청년 실업률은 23%에 달한다는 분석도 나옵니다. 이러한 상황에서 대학생과 대졸자들에게 '꿈의 직장'으로 그려지는 공기업에 입사하기 위해 많은 지원자들이 몰려들고 있습니다. 그래서 공사·공단에 입사하는 것이 갈수록 더 어렵고 간절해질 수밖에 없습니다.

많은 공사·공단의 필기시험에 기계일반이 포함되어 있습니다. 서울교통공사도 필기시험 중 직무수행능력평가로 기계일반을 시행하고 있습니다. 기계일반의 경우 내용이 워낙 광범위하기 때문에 체계적이고 효율적인 방법으로 공부하는 것이 무엇보다 중요합니다. 이에 서원각은 서울교통공사 및 공사·공단을 준비하는 수험생들에게 필요한 내용을 제공하기 위해 진심으로 고심하여 이 책을 만들었습니다.

본서는 수험생들이 보다 쉽게 기계일반 과목에 대한 감을 잡도록 돕기 위하여 핵심이론을 요약하고 단원별 필수 유형문제를 엄선하여 구성하였습니다. 또한 해설과 함께 중요 내용에 대해 확인할 수 있도록 구성하였습니다.

수험생들이 본서와 함께 합격이라는 꿈을 이룰 수 있기를 바랍니다.

STRUCTURE

핵심 이론정리

반드시 알고 넘어가야 하는 핵심적인 내용을 일목요연하게
정리하여 학습의 맥을 잡아드립니다.

단원별 예상문제

그동안 실시되어 온 기출문제의 유형을 파악하고 출제가 예
상되는 핵심영역에 대하여 다양한 유형의 문제로 재구성 하
였습니다.

CONTENTS

기계제작

01 기계제작

① 기초이론

① 축 하중(수직응력)

$$\sigma = \frac{P}{A}\,[\text{Pa}]$$

- $P[\text{N}]$: 재료에 작용하는 하중
- $A\,[\text{m}^2]$: 재료의 단면적

② 전단 하중(전단응력)

$$\tau = \frac{P}{A}\,[\text{Pa}]$$

- $P[\text{N}]$: 재료에 작용하는 하중
- $A\,[\text{m}^2]$: 재료의 단면적

③ 비틀림 하중

$$\tau_{\max} = \frac{16\,T}{\pi d^3}\,[\text{Pa}]$$

- $T[\text{N}\cdot\text{m}]$: 재료에 작용한 토크

④ 응력집중계수

$$\sigma_k = \frac{\text{최대 응력}}{\text{평균 응력}} = \frac{\sigma_{\max}}{\sigma}$$

② 주조

① **개념** : 제작하고자 하는 제품과 같은 형상으로 만들어진 공간 속에 녹은 금속을 주입시켜 굳혀서 만드는 과정

② **주물용 금속재료**

　㉠ **주철**
- 선철, 파쇠, 합금철의 원료
- 주조성이 좋으며, 가격이 저렴하고, 압축강도 및 주조성이 우수하다.
- 절삭가공이 용이하고, 내식성 및 압축강도가 우수하다.
- 종류 : 회주철, 고급주철, 미하나이트주철, 특수합금주철(구상흑연주철, 합금주철, 칠드주철, 가단주철)

　㉡ **주강**
- 탄소강의 일종으로 탄소 함유량에 따라 저탄소 주강(0.2% 이하), 중탄소 주강(0.2 ~ 0.5%), 고탄소 주강(0.5% 이상)으로 구분
- 얇은 제품이나 단면변화가 심한 곳에는 사용이 불가능하며 용융성이 낮고 주조성이 좋지 못함
- 강도와 인성이 강하며 풀림 처리하여 사용

③ **주물의 결함 및 검사**

　㉠ **주물의 결함**
- 수축공 : 주형 내부에서 용융금속의 수축으로 인한 쇳물 부족으로 생기는 구멍
- 기공 : 주형 내의 가스가 배출되지 못해서 주물에 남아 있는 구멍
- 균열 : 용융쇳물이 균일하게 수축하지 않아서 주물에 금이 생기는 현상

　㉡ **주물의 검사**
- 육안검사 : 눈으로 직접 모양, 표면 등을 검사
- 기계적 검사 : 주물의 강도, 경도 등 기계적 성질을 검사
- 내부검사 : 주물 내부의 균열 및 기공을 검사

④ **용해로**

　㉠ **큐폴라(용선로)**
- 일반주철 용해시 사용하며, 연료는 코크스를 사용
- 용량은 시간당 용해할 수 있는 쇳물의 중량으로 표기
- 구조가 간단하고 시설비가 저렴
- 열효율이 우수하고 출탕량 조절 가능
- 성분 변화가 없으며, 산화로 인해 탕이 감량

ⓛ 도가니로
- 구리 및 구리합금 용해시 사용하며, 연료는 코크스, 중유, 가스 사용
- 용량은 시간당 용해할 수 있는 구리의 중량으로 표기
- 우수한 주물생산이 가능하며 화학적 변화가 적음
- 도가니 제작이 고가이며 수명이 짧음
- 소용량 용해에 사용되며 열효율이 낮아 연료 소비량이 많음

ⓒ 반사로
- 구리합금이나 주철 용해시 사용
- 용량은 1회 용해량으로 표기
- 다량의 동합금을 용해할 때 사용하며 연료비가 고가

ⓔ 전기로
- 주철, 주강, 동합금 용해시 사용
- 용량은 1회 용해량으로 표기
- 가스발생이 적고 용해로 안의 온도를 정확하게 유지 가능
- 온도조절이 자유로우며, 금속의 용융손실이 적음
- 아크식, 유도식, 전기저항식으로 구분

ⓜ 전로
- 주강 용해시 사용하며 용량은 1회 제강량으로 표기
- 용해로의 구조가 간단

ⓗ 평로 : 1회 다량 제강시 사용

⑤ **특수 주조법**

ㄱ **원심 주조법** : 고속으로 회전하는 원통주형 내에 용탕을 넣고 주형을 회전시켜 원심력에 의하여 주형 내면에 압착 응고하도록 주물을 주조하는 방법으로, 관이나 실린더와 같이 가운데 구멍이 있는 제품의 주조에 이용

ㄴ **다이캐스팅** : 정밀한 금속주형에 고압, 고속으로 용탕을 주입하고 응고 중 압력을 유지하여 주물을 얻는 주조법으로 자동차 부품, 전기기기, 통신기기 용품, 기타 일용품 주조에 이용

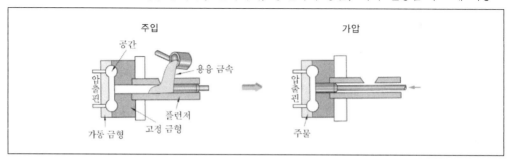

ⓒ 셀 몰드 주조법 : 금속으로 만든 모형을 가열로에 넣고 가열한 다음, 모형의 위에 규사와 페놀계 수지를 배합한 가루를 뿌려 경화시켜 만드는 주형으로, 얇고 작은 부품 주조에 이용

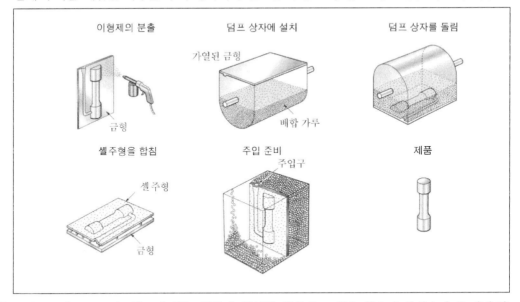

ⓓ 인베스트먼트 주조법 : 얻고자 하는 주물과 동일한 형상의 모형을 왁스나 합성수지 등 용융점이 낮은 재료로 만들어 주형제에 매몰하여 다진 다음 가열하여 주형을 경화시킴과 동시에 모형을 용출시키는 주형제작법을 말하며, 경질의 합금을 주조하는 데 이용되고, 항공 및 선박 부품 주조에 사용

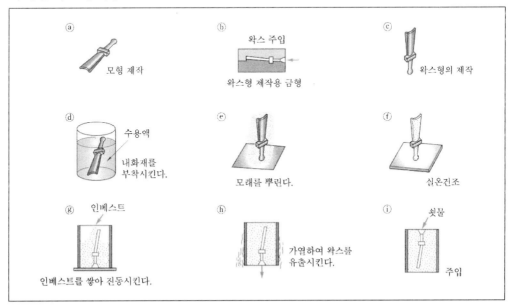

ⓜ **진공 주조법** : 금속을 공기 중에서 용해하면 O_2, H_2, N_2가 흡수하여 주조품의 질이 저하되므로 이와 같은 가스의 흡수를 막기 위해 진공상태에서 주조하는 방법

ⓗ **연속 주조법** : 용융된 쇳물을 직접 수냉 금형에 부어 냉각된 부분부터 하강시켜 슬래브를 연속적으로 생산하는 방법

ⓢ **탄산가스 주조법** : 주조 내에 탄산가스를 통과하여 주형을 경화시키는 방법으로, 큰 강도의 코어가 필요할 때 사용

ⓞ **칠드 주조법** : 냉각속도를 빠르게 하여 표면은 단단한 탄화철이 되고, 내부는 서서히 냉각되어 연한 주물이 되도록 주조하는 방법

③ 소성가공

① 열간가공과 냉간가공

ㄱ **열간가공**
- 재료를 재결정온도 이상의 온도로 가열하여 가공하는 것
- 장점
  - 재료의 파괴염려가 없음
  - 큰 힘을 들이지 않고, 금속을 크게 변형 가능
  - 조직 미세화 효과
  - 가공시간이 단축
- 단점
  - 정밀도가 저하
  - 입자구조가 불안정
  - 재료의 표면 변질 용이

ㄴ **냉간가공**
- 열간가공과 반대로 재료를 재결정온도 이하에서 가공하는 것
- 장점
  - 재료의 강도가 향상되므로 약한 소재 선택 가능
  - 가공면이 아름답고 정밀
  - 재료의 온도를 성형온도까지 올리지 않아도 됨
- 단점 : 냉간변형을 시키는데 큰 힘이 필요

② 소성가공에 이용되는 성질
　　㉠ 연성 : 재료를 늘였을 때 파괴되지 않고 모양을 변화할 수 있는 능력
　　㉡ 가소성 : 연성과 전성을 모두 내포, 고체상태의 재료에 외력을 가해 유동되는 성질
　　㉢ 전성 : 물질이 탄성한계 이상의 힘을 받아도 균열이 생기거나 부러지지 않는 성질

③ 단조작업
　　㉠ 자유단조 : 해머로 두들겨 성형하는 방법

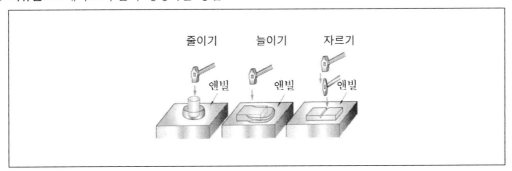

　• 늘리기 : 재료를 두들겨 길이를 길게 하는 작업
　• 절단 : 재료를 자르는 작업
　• 눌러 붙이기 : 재료를 두들겨 길이를 짧게 하는 작업
　• 굽히기 : 재료를 굽히는 작업
　• 구멍뚫기 : 펀치를 이용하여 재료에 구멍을 뚫는 작업
　• 단짓기 : 재료에 단을 치우는 작업
　　㉡ 형단조 : 상·하 두 개의 금형 사이에 가열한 소재를 넣고 압력을 가해 재료를 성형하는 방법

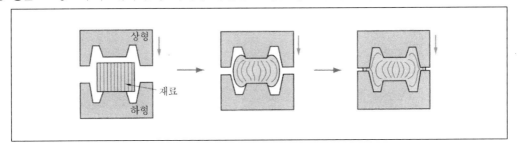

　• 종류
　−드롭형 단조 : 드롭해머에서 형단조하는 방법
　−업셋 단조 : 단조프레스로 여러 개의 공정을 한 개의 기계로 하여 제품을 생성
　• 형 재료 조건
　−강도가 커야 하며 가격이 저렴해야 함
　−내마모성과 내열성이 크고 수명이 길어야 함

④ 냉간압연과 열간압연

냉간압연	열간압연
• 치수가 정밀하다.	• 큰 변형이 가능하다.
• 기계적 성질의 개선이 가능하다.	• 질이 균일하다.
• 최종 완성작업에 많이 이용된다.	• 가공시간을 단축할 수 있다.
• 내부응력이 커지며 가공경화에 의한 취성이 증가한다.	• 대량생산이 가능하다.

⑤ 프레스 가공
   ㉠ 전단가공
   • 한 쌍의 공구에 힘을 가해 그 사이에 끼어 있는 판재를 자르는 가공방법
   • 전단가공의 종류
   − 블랭킹 : 소재를 가공하여 제품의 외형을 따내어 가공하는 방법
   − 펀칭 : 블랭킹과는 반대로 일정 부분을 펀칭하여 남는 부분이 제품이 되는 방법
   − 전단 : 직선, 원형, 이형의 소재로 잘라내는 것
   − 분단 : 제품을 분리하는 2차 가공과정
   − 트리밍 : 블랭킹한 제품의 거친 단면을 다듬는 2차 가공과정
   − 세이빙 : 가공된 제품의 단이 진 부분을 다듬는 2차 가공과정
   − 노칭 : 소재의 단부에 거쳐 직선, 곡선상으로 절단하는 것
   ㉡ 성형가공
   • 소재에 힘을 가하여 원하는 형태의 제품으로 변형하는 가공방법
   • 성형가공의 종류
   − 굽힘가공 : 소재에 힘을 가하여 굽혀 원하는 형상을 얻는 가공방법
   − 디프 드로잉 : 얇은 판의 중심부에 큰 힘을 가하여 원통형이나 원뿔형 등의 이음매 없는 용기
     모양을 성형하는 가공방법
   − 비이딩 : 가공된 용기에 좁은 선모양의 돌기를 만드는 가공방법
   − 커링 : 원통용기의 끝 부분을 말아 테두리를 둥글게 만드는 가공방법
   − 시이밍 : 여러 겹으로 소재를 구부려 두 장의 소재를 연결하는 가공방법
   − 벌징 : 관이나 용기내부를 탄성체를 이용하여 형상을 볼록하게 튀어나오게 하는 가공방법
   ㉢ 압축가공
   • 소재를 압축하여 원하는 형태를 만드는 가공방법
   • 압축가공의 종류
   − 엠보싱 : 얇은 재료를 요철이 서로 반대가 되도록 한 한 쌍의 다이 사이에 끼워 성형하는 가공
     방법
   − 스웨이징 : 재료의 두께를 감소시키는 가공방법

④ 용접

① 개요

　㉠ 금속 또는 비금속이 결합할 부분을 용해하여 접합하는 방법

　㉡ 특징

　　• 중량 및 공정수, 자재가 감소

　　• 이음효율, 기밀성, 수밀성 우수

　　• 저온취성 및 균열 염려

　　• 재질의 변형과 수축의 우려

　　• 응력집중에 민감하며 품질검사가 곤란

　㉢ 용접시 안전수칙

　　• 반드시 헬멧과 가죽장갑 착용

　　• 옷이나 장갑에 기름이아 오물이 묻지 않도록 주의

　　• 소매나 바지를 올리지 않으며 보신구 및 보안경 착용

　　• 가연성물질의 접근을 멀리하며 용접대 위에 뜨거운 물건 금지

　　• 용접을 하지 않을 경우 반드시 용접봉은 빼 놓아야 하며 작업장은 통풍장치를 설치

② 가스용접

　㉠ 원리 : 접합할 두 모재를 가스 불꽃으로 가열하여 용융시키고 여기에 모재와 거의 같은 성분의 용접봉을 녹여 접합하는 방식으로 연료가스로는 아세틸렌, 수소, 프로판, 메탄가스 등과 조연성 가스인 산소 또는 공기와의 혼합가스 사용

　㉡ 특징

　　• 시설비가 저렴하고 이동이 간편

　　• 전기가 필요 없으며 열량조절이 쉽고 응용범위가 광범위

　　• 폭발의 위험에 주의해야 하며, 변형이 심하고 열효율이 낮음

③ 아크용접

　㉠ 전력을 아크로 바꾸어 그 열로 용접부와 용접봉을 녹여 접합하는 방법

　㉡ 발생원리 : 적당한 전압을 가진 두 개의 전극을 접촉하였다가 떨어뜨리면 전극 사이에서 불꽃이 나오고, 기체나 금속 증기가 만들어져 그 속을 큰 전류가 흘러 빛과 고온의 열이 발생하는 방전현상

　㉢ 종류

　　• 서브머지드 아크용접 : 용접선에 뿌려진 용재 속에서 아크를 발생시켜, 이 열로 모재와 와이어를 용융시켜 접합

　　• 불활성가스 아크용접 : 모재와 전극봉 사이에서 아크를 발생시키고, 그 주위에 불활성가스를 분출시켜 접합

• 이산화탄소 아크용접 : 불활성가스 대신 이산화탄소 또는 이산화탄소와 혼합한 가스를 사용하여 접합

④ **전기저항용접**

ㄱ 접합하려는 두 개의 모재를 접촉시켜 전류를 통하게 하면 접촉부에는 전기저항으로 열이 발생하는데 이 열로 모재의 일부가 용융되거나 용융상태에 가깝게 되었을 때 큰 힘을 가해 접합하는 방식

ㄴ **종류**

• 스폿용접 : 두 개의 모재를 겹쳐 전극 사이에 놓고 전류를 통하게 하여 접촉부의 온도가 용융상태에 이르면 압력을 가해 접합

• 프로젝션용접 : 모재의 한쪽에 돌기를 만들고, 여기에 평평한 모재를 겹쳐 놓은 후 전류를 통하게 하여 용융 상태에 이르면 압력을 가해 접합

• 심용접 : 전극 롤러 사이에 모재를 넣고 전류를 통하게 하여 연속적으로 가열, 가압하여 접합

⑤ 절삭가공

① **절삭가공의 개념**

ㄱ 개념 : 가공물을 소기의 형상 및 특징을 갖는 부품으로 만들기 위해 불필요한 물질을 칩의 형태로 제거하는 공정

ㄴ **절삭요건의 3요소**

• 절삭속도 : 절삭가공 중에 공구와 공작물의 속도

$$V = \frac{\pi D n}{1,000}$$

• D : 공작물의 직경[mm]
• n : 분당 회전 속도[m/min]

• 절삭깊이 : 절삭가공 중에 공구가 공작물에 잠입하여 들어간 깊이를 말하며 공구의 수명과 가공 중의 온도상승과 관계

• 이송속도

② 선반

　㉠ 개념 : 원통이나 원추형 외부표면을 가공하는 공정

　㉡ 종류

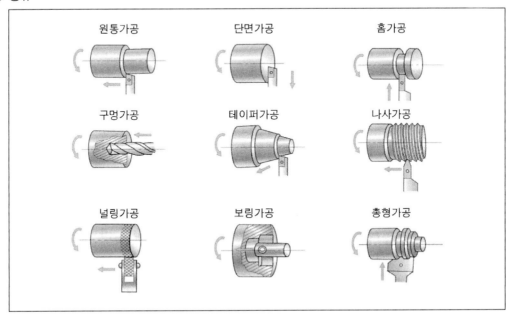

원통가공	단면가공	홈가공
구멍가공	테이퍼가공	나사가공
널링가공	보링가공	총형가공

　㉢ 절삭조건

　　• 절삭속도

$$V = \frac{\pi D n}{1,000}$$

　　　• D : 공작물의 직경[mm]
　　　• n : 바이트의 분당 회전속도[m/min]
　　　• V : 절삭속도[m/min]

　　• 절삭깊이 : 선반작업에서의 절삭깊이는 정해져 있지 않다.

　　• 이송속도

　　－거친 절삭 : 0.2 ~ 0.5[mm/rev]

　　－끝내기 절삭 : 0.05 ~ 0.1[mm/rev]

　㉣ 선반에서의 가공 : 내·외경 가공, 테이퍼 깎기, 홈깎기, 구멍뚫기, 나사깎기 등

③ 밀링머신

　㉠ 원통이나 원판의 둘레에 많은 날을 가진 밀링 커터가 회전하면서 테이블 위에 고정된 공작물을 절삭가공하는 기계

ⓛ 밀링작업의 구분

- 상향밀링 : 밀링커터의 회전방향과 공작물의 이송방향이 서로 반대인 절삭방법으로 칩의 두께 는 공구와 공작물이 접촉할 때 가장 얇고 이탈시 가장 두꺼움
- 하향밀링 : 밀링커터의 회전방향과 공작물의 이송방향이 같은 절삭방법으로 칩의 두께는 공구 와 공작물이 접촉할 때 가장 두껍고 이탈시 가장 얇음

6 연삭가공 및 호닝

① 연삭가공
  - ㉠ 개념 : 공구 대신 숫돌바퀴를 고속으로 회전시켜 공작물의 원통이나 평면을 극소량 깎아내는 가공방법
  - ㉡ 연삭기의 분류 : 원통연삭기, 평면연삭기, 내면연삭기, 공구연삭기, 특수연삭기

② 연삭숫돌
  - ㉠ 연삭숫돌의 3요소
    - 입자 : 공작물을 절삭하는 날
    - 기공 : 칩을 피하는 장소
    - 결합제 : 숫돌의 입자를 고정시키는 접착제
  - ㉡ 연삭숫돌의 5가지 인자 : 숫돌입자, 입도, 조직, 결합제, 결합도
  - ㉢ 연삭숫돌의 표시방법

A	36	L	M	V	1호	A	300 × 30 × 20
숫돌 입자	입도	결합 도	구조	결합 유형	모양	연삭면 모양	바깥지름 × 두께 × 구멍지름

- 숫돌입자

종류	기호	적용 금속
알루미나	WA	담금질강
	A	일반 강재
탄화규소	GC	초경합금
	C	주철, 비철금속

- 입도

호칭	조립	중간	세립	극세립
입도	10, 12, 14, 16, 20, 24	30, 36, 46, 54, 60	70, 80, 90, 100, 120, 150, 180, 200	240, 280, 320, 400, 500, 600, 700, 800

- 결합도

호칭	극연	연	중간	경	극경
경합도 기호	A, B, C, D, E, F, G	H, I, J, K	L, M, N, O	P, Q, R, S	T, U, V, W, X, Y, Z

- 조직

호칭	밀	중	조
KS기호	C	M	W
숫돌 입자율(%)	50 ~ 54	42 ~ 50	42 이하
기호	0, 1, 2, 3	4, 5, 6	7, 8, 9, 10, 11, 12

- 결합제

결합제의 종류		결합제의 성질
유기질결합제	비트리파이드(V)	• 강도가 강하지 않아 얇은 숫돌에는 부적합하다. • 점토와 장석이 주성분이며, 거친연삭 및 정밀연삭에 모두 사용된다.
	실리케이트(S)	• 결합도가 낮아 중연삭에는 적합하지 않다. • 규산나트륨이 주성분이며, 대형숫돌 제작에 사용된다.
무기질결합제	셀락(E)	• 강도와 탄성이 커서 얇은 숫돌바퀴 제작에 용이하다. • 셀락이 주성분이다.
	고무(R)	• 탄성이 커서 얇은 숫돌바퀴 제작에 용이하며, 절단용 숫돌 및 센터리스 연삭기의 조정차로 이용된다. • 고무가 주성분이다.
	레지노이드(B)	• 안정적이고 탄성이 커 건식 절단용 등에 광범위하게 사용된다. • 주성분은 합성수지이다.

ⓔ 연삭숫돌의 절삭조건

- 연삭량 : 보통 지름 100 ~ 200mm, 길이 500mm 정도까지는 0.2 ~ 0.5mm 정도로 한다.
- 절입량
- 거친연삭 : 0.01 ~ 0.05mm
- 다듬질연삭 : 0.002 ~ 0.005mm
- 이송량
- 거친연삭 : 공작물 1회전 당 숫돌 폭의 $\frac{2}{3} \sim \frac{3}{4}$

- 다듬질연삭 : 공작물 1회전 당 숫돌 폭의 $\frac{1}{8} \sim \frac{1}{4}$

- 연삭속도

−외면연삭 : 1,700 ~ 2,000(m/min)

　　　−내면연삭 : 600 ~ 1,800(m/min)

　　　−평면연삭 : 1,200 ~ 1,800(m/min)

　　　−공구연삭 : 1,400 ~ 1,800(m/min)

③ 호닝

　　㉠ 개념 : 혼이라는 세립자로 된 각 봉의 공구를 구멍 내에서 회전과 동시에 왕복운동을 시켜 구멍내면을 정밀가공하는 작업

　　㉡ 혼의 재질, 공작물의 재질에 따라 WA, GC, 다이아몬드 등을 사용

　　㉢ 특징

　　　• 발열이 적고 정밀가공이 가능

　　　• 표면정밀도와 치수정밀도 향상

　　　• 진직도, 진원도, 테이퍼 등을 바로 잡아 줌

　　㉣ 가공액은 윤활제의 역할을 하는 것으로 칩을 제거하고, 가공면의 열을 억제

⑦ 측정기

① 비교측정기

　　㉠ 다이얼 게이지 : 측정 스핀들의 직선적 움직임을 기어를 이용하여 지침의 회전각으로 변환하여 측정하는 변위측정기. 주로 평면의 평형도나 원통의 평면도, 원통의 진원도, 축의 흔들림의 정도 등의 검사나 측정에 사용

　　㉡ 다이얼 게이지의 종류

　　　• 0.01mm 눈금 다이얼 게이지

　　　• 0.001mm 눈금 다이얼 게이지

　　㉢ 다이얼 게이지 사용시 주의사항

　　　• 측정범위가 작을수록 오차는 작음

　　　• 측정하는 제품의 형상에 따라 접촉자의 형상을 선택하여 사용

　　　• 다이얼 게이지의 움직이는 방향과 측정방향이 일치하면 오차는 감소

　　　• 다이얼 게이지에 이물질이 끼지 않도록 주의

② 게이지 측정기

　　㉠ 블록 게이지 : 정밀도가 높고 이용범위가 넓은 표준기

　　　• 블록 게이지의 종류에는 요한슨형, 호크형, 캐리형 등이 있고, 보통 요한슨형이 사용

　　　• 블록 게이지의 재질

　　　−재료의 조직과 치수가 안정되어야 함

　　　−경도와 내마멸성이 높아야 함

- 온도에 의한 오차가 적어야 함
- 부식이 잘 되지 않아야 함
• 블록 게이지의 용도와 등급

구분	사용 목적	등급
공작용	공구, 절삭용의 설치	C
	게이지의 제작	B 또는 C
	측정기류의 정도 조정	
검사용	기계부품, 공구 등의 검사	B 또는 C
	게이지의 정도 점검	A 또는 B
	측정기류의 정도 조정	
표준용	공작용 게이지블럭의 정도 점검	A 또는 B
	검사용 게이지블럭의 정도 점검	
	측정기류의 정도 점검	
참조용	표준 게이지블럭의 정도 점검	AA
	학술연구용	

• 치수조합방법
- 되도록 블록의 개수가 적도록 조합
- 맨 끝자리부터 선택
- 블록을 밀착시킬 때는 블록 사이를 벤젠이나 솔벤트 등을 적신 헝겊으로 닦은 후 밀착
ⓛ **실린더 게이지** : 조합된 다이얼 게이지를 이용하여 내경 및 홈의 폭을 측정

• 실린더 게이지에 부착된 다이얼 게이지의 눈금에 따라 최소 읽음값이 $\dfrac{1}{1,000}$ mm 또는 $\dfrac{1}{100}$ mm

• 실린더 게이지 사용시 주의사항
- 내경 측정시 측정자를 내경 속에 넣고, 최대점을 찾아 측정
- 0점을 조정할 때에는 작은 바늘의 위치가 중간 위치인 약 4 ~ 5에 오도록 함
ⓒ **한계 게이지** : 사용목적에 적합한 범위 내에서 일정한 오차를 허용하여 적당한 대소 두 개의 한계 내에 들어가는지를 판별하는 측정기
• 한계 게이지의 재료는 경질의 내마모성을 고려한 합금공구강을 이용
• 대량측정 및 측정시간이 적게 걸리며 조작도 편리
• 공용 사용이 어렵고, 제품의 실제치수를 알 수 없음
ⓔ **기타 게이지**
• 표준 플러그 및 링 게이지
• 드릴 게이지 : 드릴의 지름을 측정하는 게이지
• 와이어 게이지 : 얇은 철사의 직경을 번호로 나타낼 수 있도록 만든 게이지
• 틈새 게이지 : 제품의 미세한 틈새의 폭을 측정하는 게이지

1 생산 능력과 납품 기일 등을 고려하여 제품 제작 순서와 생산 일정을 계획하는 기계 공장 부서로 옳은 것은?

대전도시철도공사

① 품질관리실
② 제품개발실
③ 설계제도실
④ 생산관리실

2 환경 친화형 가공기술 및 공작기계 설계를 위한 고려 조건으로 옳지 않은 것은?

대전도시철도공사

① 절삭유를 많이 사용하는 습식 가공의 도입
② 공작기계의 소형화
③ 주축의 냉각 방식을 오일 냉각에서 공기 냉각으로 대체
④ 가공시간의 단축

ANSWER | 1.④ 2.①

1 기계제작부의 지원부서
　㉠ **생산관리실**: 생산될 기계나 제품의 도면 등이 완성되면 이를 바탕으로 제작 순서와 일정을 계획하며, 기타 재료 준비 및 제품을 제작·생산하게 될 기계들을 선정하여 원활한 작업을 할 수 있도록 도와주는 일을 한다.
　㉡ **연구개발실**: 성능과 모양 및 품질들을 연구하여 새로운 제품을 만들어내는 일을 한다.
　㉢ **설계제도실**: 생산할 기계들을 설계하고 도면으로 나타내는 일을 한다.

2 절삭유를 많이 사용하는 습식 가공의 도입은 환경 친화와는 거리가 멀다.

3 기계의 안전설계에 대한 다음 설명 중 옳지 않은 것은?

① 안전도를 크게 하면 경제성이 저하된다.

② 허용응력에 대한 기준강도를 안전계수라 한다.

③ 허용응력이란 부품 설계시 사용하는 응력의 최대 허용치로서 기준강도보다 작아야 한다.

④ 취성재료가 상온에서 정하중을 받을 때 항복점을 고려한다.

4 다음 중 공구에 대한 설명으로 옳지 않은 것은?

① 기계공작을 하는 과정에서 작동기계의 보조적인 역할을 하는 도구를 의미한다.

② 절삭공구로는 바이트 및 밀링커터가 있다.

③ 연삭공구로는 연삭숫돌차가 있다.

④ 목공용은 공구에 포함되지 않는다.

⑤ 기타 각종 게이지 및 손작업용 공구가 있다.

ⓥ ANSWER | 3.④ 4.④

3 ④ 취성재료가 상온에서 정하중을 받을 때에는 극한강도를 고려해야 한다.
※ 안전율이란 가정한 조건 아래에서 구조물이 파괴될 확률이다. 즉 안전율이 1이라 함은 설계조건과 같은 조건에서는 파괴될 확률이 100%라는 뜻이고 안전율이 2라는 것은 설계조건보다 2배 나쁜 조건이 되어야 파괴된다는 뜻이다. 그러므로 안전율은 그 구조물의 중요도와 비례하며 당연히 비용의 상승을 수반한다.

4 공구
㉠ 개념 : 공구는 기계공작을 하는 과정에서 작동기계의 보조적인 역할을 하는 도구를 의미한다.
㉡ **종류**
• 절삭공구 : 바이트, 밀링커터가 있다.
• 연삭공구 : 연삭숫돌차가 있다.
• 손다듬질용 공구 : 금긋기 바늘, 줄 등이 있다.
• 기타 : 각종 게이지 및 손작업용 공구, 목공용 공구가 있다.

5 다음 중 기계제작과정으로 옳은 것은?

① 생산계획 → 설계 → 가공 → 조립 → 검사 → 출하 → 도장
② 설계 → 가공 → 생산계획 → 조립 → 도장 → 검사 → 출하
③ 설계 → 생산계획 → 가공 → 조립 → 검사 → 도장 → 출하
④ 설계 → 출하 → 도장 → 검사 → 생산계획 → 가공 → 조립
⑤ 생산계획 → 설계 → 조립 → 가공 → 검사 → 출하 → 도장

6 기계제작과정 중 도장의 필요성으로 옳지 않은 것은?

① 미적 기능   ② 녹 방지
③ 산화 방지   ④ 제품의 훼손방지

7 다음 중 제품생산에 있어 재료선정 및 생산기계들을 선정하는 업무를 행하는 부서는?

① 기계가공부   ② 생산관리실
③ 설계제도실   ④ 연구개발실

8 기계제작과정 중 생산계획 수립단계에서 고려하여야 할 사항으로 옳지 않은 것은?

① 공장의 생산능력   ② 제품의 치수
③ 제품의 제작순서   ④ 제품의 납품기일

ANSWER | 5.③ 6.④ 7.② 8.②

5 기계제작과정 … 설계 → 생산계획 → 가공 → 조립 → 검사 → 도장 → 출하

6 도장 … 완성부품의 최종단계에서 이루어지는 것으로, 부품의 표면을 특별히 처리하여 녹과 산화를 방지하고 겉모양을 아름답게 만들어 준다.

7 기계제작부의 지원부서
　㉠ **연구개발실**: 성능과 모양 및 품질 등을 연구하여 새로운 제품을 만들어내는 일을 한다.
　㉡ **설계제도실**: 생산할 기계들을 설계하고 도면으로 나타내는 일을 한다.
　㉢ **생산관리실**: 생산될 기계나 제품의 도면 등이 완성되면 이를 바탕으로 제작 순서와 일정을 계획하며, 기타 재료 준비 및 제품을 제작·생산하게 될 기계들을 선정하여 원활한 작업을 할 수 있도록 도와주는 일을 한다.

8 ② 제품의 치수는 설계단계에서 고려되어야 할 사항이다.

9 최초로 증기기관을 발명한 사람은?

① 모즐리

② 윌킨슨

③ 와트

④ 하그리브스

⑤ 베서머

10 다음 중 생산관리실에서 하는 일이 아닌 것은?

① 제작 순서와 일정을 계획한다.

② 재료를 준비한다.

③ 제품을 제작 · 생산하게 될 기계들을 선정한다.

④ 규정된 수량을 기일 내에 생산할 수 있도록 통제한다.

⑤ 기계들을 설계하고 도면으로 나타낸다.

11 다음 중 기계설계시 결정사항으로 옳지 않은 것은?

① 구조 · 기능을 고려하여 재료를 선택한다.

② 치수와 강도를 계산한다.

③ 도면으로 나타낸다.

④ 제작하고자 하는 기계나 부품의 용도와 목적을 정한다.

ⓒ ANSWER | 9.③ 10.⑤ 11.③

9 ① 나사 절삭선반 개발
② 개량된 보링머신 개발
④ 방직기 개발
⑤ 철강을 제조하는 제강법 개발

10 ⑤ 설계제도실에 대한 설명이다.

11 ③ 설계된 기계나 제품을 도면으로 나타내어 제작의 용이성을 높여주는 것은 도면제작단계이다.

12 주조가공시 원형으로 가장 많이 사용하는 것은?

① 목형   ② 금형

③ 석고형   ④ 시멘트형

13 재료에 열을 가하여 일부를 녹여 접합하는 방법을 무엇이라 하는가?

① 용접가공   ② 소성가공

③ 열처리   ④ 표면처리

14 공작기계에 의해 이루어지는 것으로 주로 절삭가공을 말하는 것은?

① 소성가공   ② 주조가공

③ 기계가공   ④ 손다듬질

⑤ 용접가공

15 다음 중 제품의 기계적 성질을 향상시키기 위한 가공은?

① 열처리   ② 손다듬질

③ 기계가공   ④ 조립

 ANSWER | **12.**① **13.**① **14.**③ **15.**①

12 주조가공은 원형을 사용하여 만든 주형에 금속을 녹여 부어서 주물을 만드는 방법으로, 원형으로는 목형이 가장 많이 쓰인다.

13 용접 … 열을 가하여 금속 또는 비금속의 결합할 부분을 용해하여 접합하는 것을 말한다.

14 기계가공
    ㉠ 공작기계에 의해 주로 이루어지는 것으로, 주로 절삭가공을 말한다.
    ㉡ 절삭가공은 형상과 치수를 정확하게 가공할 수 있기 때문에 봉재와 판재를 비롯하여 주조, 단조, 프레스가공 등으로 만들어진 소재를 정밀가공하는 데 사용된다.

15 ① 제품에 열을 가하여 기계적 성질을 향상시키기 위한 가공방법이다.
    ② 여러 가공방법으로 가공된 제품이나 기계를 다듬질하는 가공방법이다.
    ③ 공작기계에 의해 이루어지는 것으로 주로 절삭가공을 말한다.
    ④ 각 부분별로 제작된 제품을 조립하여 하나의 기계를 완성하는 단계이다.

1 주조 공정 중에 용탕이 주입될 때 증발되는 모형(pattern)을 사용하는 주조법은?

광주도시철도공사

① 셸 몰드법(shell molding)　　　　　　② 인베스트먼트법(investment process)
③ 풀 몰드법(full molding)　　　　　　　④ 슬러시 주조(slush casting)

2 주조에서 주입된 쇳물이 주형 속에서 냉각될 때 응고 수축에 따른 부피 감소를 막기 위해 쇳물을 계속 보급하는 기능을 하는 장치는 어느 것인가?

한국중부발전

① 압탕　　　　　　② 탕구
③ 주물　　　　　　④ 조형기

Ⓖ ANSWER | 1.③ 2.①

1 풀 몰드법(full molding)에 관한 설명이다.
※ **인베스트먼트 주조** : 제품과 동일한 형상의 모형을 왁스나 합성수지와 같이 용융점이 낮은 재료로 만들어 그 주위를 내화성 재료로 피복한 상태로 매몰한 다음 이를 가열하면 주형은 경화가 되고 내부의 모형은 용해된 상태로 유출이 되도록 하여 주형을 만드는 방법이다. 치수정밀도가 우수하여 정밀주조법으로 분류된다.
  • 복잡하고 세밀한 제품을 주조할 수 있다.
  • 주물의 표면이 깨끗하며 치수정밀도가 높다.
  • 기계가공이 곤란한 경질합금, 밀링커터 및 가스터빈 블레이드 등을 제작할 때 사용한다.
  • 모든 재질에 적용할 수 있고, 특수합금에 적합하다.
  • 패턴(주형)은 파라핀, 왁스와 같이 열을 가하면 녹는 재료로 만든다.
  • 패턴(주형)은 내열재로 코팅을 해야 한다.
  • 사형주조법에 비해 인건비가 많이 든다.
  • 생산성이 낮으며 제조원가가 다른 주조법에 비해 비싸다.
  • 대형주물에서는 사용이 어렵다.

2 • 압탕 : 주조에서 주입된 쇳물이 주형 속에서 냉각될 때 응고 수축에 따른 부피 감소를 막기 위해 쇳물을 계속 보급하는 기능을 하는 장치
  • 탕구계 : 주형에 용탕을 흘러 들어가게 하는 통로의 총칭
  • 탕구 : 주입컵을 통과한 용탕이 수직으로 자유낙하하여 흐르는 첫 번째 통로
  • 탕도 : 탕구로부터 주입구까지 용탕을 보내는 수평통로
  • 압탕구 : 응고 중 발생하는 용탕의 수축으로 인해 공극이 발생하게 되는데 이를 보충하기 위한 여분의 용탕 저장소(압탕은 여분의 용탕으로 압력을 가한다는 의미이다.)
  • 주형 : 주조에 사용되는 형틀
  • 주물 : 주조로 만들어진 제품

3 다음 ㉠, ㉡에 해당하는 것은?

대구도시철도공사

> ㉠ 압력을 가하여 용탕금속을 금형공동부에 주입하는 주조법으로, 얇고 복잡한 형상의 비철금속 제품 제작에 적합한 주조법이다.
> ㉡ 금속판재에서 원통 및 각통 등과 같이 이음매 없이 바닥이 있는 용기를 만드는 프레스가공법이다.

	㉠	㉡
①	인베스트먼트 주조(investment casting)	플랜징(flanging)
②	다이캐스팅(die casting)	플랜징(flanging)
③	인베스트먼트 주조(investment casting)	딥 드로잉(deep drawing)
④	다이캐스팅(die casting)	딥 드로잉(deep drawing)

✔ ANSWER | 3.④

3 • **다이캐스팅**: 압력을 가하여 용탕금속을 금형공동부에 주입하는 주조법으로, 얇고 복잡한 형상의 비철금속 제품 제작에 적합한 주조법이다.
• **딥드로잉**: 금속판재에서 원통 및 각통 등과 같이 이음매 없이 바닥이 있는 용기를 만드는 프레스가공법이다.
• **플랜징**: 금속 판재의 모서리를 굽히는 가공법으로서 2단 펀치를 사용하여 판재에 구멍을 낸 후 구멍을 넓혀가면서 모서리부를 굽혀 마무리를 하는 가공법이다.
• **인베스트먼트 주조법**: 왁스와 같은 재료로 모형을 만들고, 여기에 주형재를 부착시켜 굳힌 후 가열하여 왁스를 녹여서 제거하고, 여기에 쇳물을 주입하여 주물을 만드는 방법으로서 주물의 치수가 정확하고 표면이 깨끗하여 복잡한 형상을 만드는데 사용하는 주조법이다.

4 용융금속을 금형에 사출하여 압입하는 영구주형 주조 방법으로 주물 치수가 정밀하고 마무리 공정이나 기계가공을 크게 절감시킬 수 있는 공정은?

한국중부발전

① 사형 주조
② 인베스트먼트 주조
③ 다이캐스팅
④ 연속 주조

 ANSWER | 4.③

4 다이캐스팅 … 기계가공하여 제작한 금형에 용융한 알루미늄, 아연, 주석, 마그네슘 등의 합금을 가압주입하고 금형에 충진한 뒤 고압을 가하면서 냉각하고 응고시켜 제조하는 방법으로 주물을 얻는 주조법이다.
• 용점이 낮은 금속을 대량으로 생산하는 특수주조법의 일종이다.
• 표면이 아름답고 치수도 정확하므로 후가공 작업이 줄어든다.
• 강도가 높고 치수정밀도가 높아 마무리 공정수를 줄일 수 있으며 대량생산에 주로 적용된다.
• 가압되므로 기공이 적고 치밀한 조직을 얻을 수 있으며 기포가 생길 염려가 없다.
• 쇳물은 용점이 낮은 Al, Pb, Zn, Sn합금이 적당하나 주철은 곤란하다.
• 제품의 형상에 따라 금형의 크기와 구조에 한계가 있으며 금형 제작비가 비싸다.
※ **인베스트먼트 주조** … 제품과 동일한 형상의 모형을 왁스나 합성수지와 같이 용융점이 낮은 재료로 만들어 그 주위를 내화성 재료로 피복한 상태로 매몰한 다음 이를 가열하면 주형은 경화가 되고 내부의 모형은 용해된 상태로 유출이 되도록 하여 주형을 만드는 방법이다. 치수정밀도가 우수하여 정밀주조법으로 분류된다.
• 복잡하고 세밀한 제품을 주조할 수 있다.
• 주물의 표면이 깨끗하며 치수정밀도가 높다.
• 기계가공이 곤란한 경질합금, 밀링커터 및 가스터빈 블레이드 등을 제작할 때 사용한다.
• 모든 재질에 적용할 수 있고, 특수합금에 적합하다.
• 패턴(주형)은 파라핀, 왁스와 같이 열을 가하면 녹는 재료로 만든다.
• 패턴(주형)은 내열재로 코팅을 해야 한다.
• 사형주조법에 비해 인건비가 많이 든다.
• 생산성이 낮으며 제조원가가 다른 주조법에 비해 비싸다.
• 대형주물에서는 사용이 어렵다.

5   인베스트먼트 주조법의 설명으로 옳지 않은 것은?

대전도시철도공사

① 모형을 왁스로 만들어 로스트 왁스 주조법이라고도 한다.
② 생산성이 높은 경제적인 주조법이다.
③ 주물의 표면이 깨끗하고 치수 정밀도가 높다.
④ 복잡한 형상의 주조에 적합하다.

✅ ANSWER | 5.②

5   인베스트먼트 주조법은 타 주조법에 비해서 생산비가 높은 편인지라 경제적이라고 보기에는 무리가 있다.
   ※ **인베스트먼트 주조** … 제품과 동일한 형상의 모형을 왁스나 합성수지와 같이 용융점이 낮은 재료로 만들어 그 주위를
       내화성재료로 피복한 상태로 매몰한 다음 이를 가열하면 주형은 경화가 되고 내부의 모형은 용해된 상태로 유출이
       되도록 하여 주형을 만드는 방법이다. 치수정밀도가 우수하여 정밀주조법으로 분류된다.
   • 복잡하고 세밀한 제품을 주조할 수 있다.
   • 주물의 표면이 깨끗하며 치수정밀도가 높다.
   • 기계가공이 곤란한 경질합금, 밀링커터 및 가스터빈 블레이드 등을 제작할 때 사용한다.
   • 모든 재질에 적용할 수 있고, 특수합금에 적합하다.
   • 패턴(주형)은 파라핀, 왁스와 같이 열을 가하면 녹는 재료로 만든다.
   • 패턴(주형)은 내열재로 코팅을 해야 한다.
   • 사형주조법에 비해 인건비가 많이 든다.
   • 생산성이 낮으며 제조원가가 다른 주조법에 비해 비싸다.
   • 대형주물에서는 사용이 어렵다.

6 다음은 어떤 주조법의 특징을 설명한 것인가?

- 영구주형을 사용한다.
- 고온챔버식과 저온챔버식으로 나뉜다.
- 비철금속의 주조에 적용한다.
- 용융금속이 응고될 때까지 압력을 가한다.

---

① 가압단조(squeeze casting)
② 원심 주조법(centrifugal casting)
③ 다이캐스팅(die casting)
④ 인베스트먼트 주조법(investment casting)
⑤ 플랜징(flanging)

7 다음 중 현형에 해당하는 것은?

① 조립목형
② 부분목형
③ 골격목형
④ 회전목형
⑤ 코어

⊘ **ANSWER** | 6.③ 7.①

6 다이캐스팅
　㉠ 정밀한 금속주형에 고압·고속으로 용탕을 주입하고 응고 중 압력을 유지하여 주물을 얻는 주조법이다
　㉡ 장점
　　• 정밀도가 높고 주물표면이 깨끗하다.
　　• 강도가 높다.
　　• 대량, 고속생산이 가능하다.
　　• 얇은 주물의 주조가 가능하다.
　㉢ 단점
　　• 금형제작비가 비싸 소량생산에는 부적합하다.
　　• 다이의 내열강도로 인해 용융점이 높은 금속은 부적합하다.
　　• 소형제품 생산만 가능하다.

7 현형 … 주물의 형상을 갖고 주물치수에 수축여유와 가공여유를 첨가한 목형을 의미한다.
　㉠ 단체목형 : 간단한 형상의 주물이다.
　㉡ 분할목형 : 2개로 분할된 목형으로 한쪽에 단이 있는 제품제작에 사용한다.
　㉢ 조립목형 : 여러 조각들을 조립하여 하나의 목형을 완성하는 형태로 복잡한 주물의 목형에 적합하다.

8 주조법의 특성에 대한 비교 실명으로 옳지 않은 것은?

① 일반적으로 석고주형 주조법은 다이캐스팅에 비해 생산 속도가 느리다.

② 일반적으로 인베스트먼트 주조법은 사형 주조법에 비해 인건비가 저렴하다.

③ 대량생산인 경우에는 사형 주조법보다 다이캐스팅 방법을 사용하는 것이 바람직하다.

④ 일반적으로 석고주형 주조법은 사형 주조법에 비해 치수 정밀도와 표면정도가 우수하다.

9 다음 중 원형공정에 해당하는 것은?

① 목형제작   ② 주물제작

③ 프레스제작   ④ 단조제작

⑤ 압연제작

10 다음 중 수축여유를 가장 적게 주는 금속은?

① 주강   ② 주철

③ 알루미늄   ④ 황동

ANSWER | 8.② 9.① 10.②

8 인베스트먼트 주조법의 장·단점
    ㉠ 장점
      • 정밀하고 형상이 복잡하여 기계 가공이 어려운 제품의 주조에 적합하다.
      • 왁스는 재사용이 가능하다.
      • 용융점이 높은 철금속의 주조가 가능하다.
    ㉡ 단점
      • 대형물의 주조가 곤란하다.
      • 주조하는데 드는 비용이 비싸다.

9 목형 … 가공이 쉽고 가격이 저렴하며 수리 및 개조가 쉬워 원형으로 가장 많이 사용한다.

10 수축길이 1m에 대한 수축여유(mm)
    ㉠ 주철 : 8.5~10.5mm
    ㉡ 주강 : 18~21mm
    ㉢ 알루미늄 : 20mm
    ㉣ 황동 : 10~18m

11 주물의 내화성은 무엇으로 측정하는가?

① 만능시험기   ② 제게르 콘

③ 통기도시험기   ④ 습도계

12 주물사의 입자크기는 mesh로 나타내는데, 1mesh란 무엇인가?

① 1mm 길이에서 체의 눈 수

② 1cm 길이에서 체의 눈 수

③ $1cm^2$ 넓이에서 체의 눈 수

④ 1inch 길이에서 체의 눈 수

⑤ $1inch^2$ 넓이에서 체의 눈 수

13 수도관, 피스톤링, 실린더, 라이너는 어떤 주조법으로 만드는 것이 좋은가?

① 원심 주조법

② 칠드 주조법

③ 인베스트먼트 주조법

④ 다이캐스트법

✅ ANSWER | 11.②   12.④   13.①

11 주물의 내화도는 제게르 콘(Seger cone)이라 부르는 삼각추를 만들어 가열하여 비교해서 결정한다.

12 주물자의 입도는 1면의 길이가 1인치인 사각형체를 기준으로 하여 1인치 길이의 체 눈(mesh)의 수로 표시한다.

13 주조법의 종류

    ㉠ **원심 주조법** : 금속형을 고속으로 회전시키고 여기에 용융된 쇳물을 주입하면 원심력에 의해 쇳물이 원통 내면에 균일하게 부착되는 방식으로 파이프, 실린더라이너, 피스톤링 제작 등에 사용된다.

    ㉡ **칠드 주조법** : 주철이 급냉되면 표면이 단단한 탄화철이 되어 칠드층을 이루며, 내부는 서서히 냉각되어 연한 주물이 된다.

    ㉢ **인베스트먼트 주조법** : 원형을 왁스, 팔핀과 같은 용융점이 극히 낮은 재료로 만든다.

    ㉣ **다이캐스트법** : 용융 쇳물을 금형에 펌프를 이용하여 고압으로 주입하는 방법으로, 비철 금속의 주물이 주로 이용된다.

14 다음 중 특수주조에서 주조법에 따라 특수하게 사용되는 것으로 옳지 않은 것은?

① 셸 몰딩법 - 목형
② 인베스트먼트법 - 왁스
③ 풀 몰딩법 - 폴리스틸렌
④ 이산화탄소법 - CO_2

15 다음 중 주물사가 갖추어야 할 조건으로 옳지 않은 것은?

① 용해성이 좋을 것
② 성형성이 좋을 것
③ 통기성이 좋을 것
④ 내화성이 좋을 것
⑤ 경제성이 좋을 것

16 왁스로 제품과 같은 모형을 만들고 이것을 다시 내화물질로 둘러싸고 왁스를 녹인 후 주형으로 사용하는 주조법은?

① 탄산가스 주조법
② 셸 몰드법
③ 인베스트먼트 주조법
④ 원심 주조법
⑤ 칠드 주조법

⊘ ANSWER | **14.**① **15.**① **16.**③

14 셸 몰딩(Shell Moulding) … 금속으로 만든 모형을 가열로에 넣고 가열한 다음, 모형의 위에 규사와 페놀계 수지를 배합한 가루를 뿌려 경화시켜 만드는 주형으로, 얇고 작은 부품 주조에 이용된다.

15 주물사의 조건
  ㉠ 성형성 : 성형성이 좋아야 한다.
  ㉡ 내화성 : 내화성이 크고 화학적 변화가 없어야 한다.
  ㉢ 통기성 : 통기성이 좋아야 한다.
  ㉣ 붕괴성 : 주물표면에서 잘 털어져야 한다.
  ㉤ 보온성 : 열전도성이 낮아 보온성이 있어야 한다.
  ㉥ 복성 : 쉽게 노화하지 않고 반복사용하여야 한다.
  ㉦ 경제성 : 염가이어야 한다.

16 인베스트먼트 주조법 … 얻고자 하는 주물과 동일한 형상의 모형을 왁스나 합성수지 등 용융점이 낮은 재료로 만들어 주형제에 매몰하여 다진 다음 가열하여 주형을 경화시킴과 동시에 모형을 용출시키는 주형 제작법을 말한다.

17 다음 중 목재의 수축에 가장 큰 영향을 주는 요인은?

① 기온　　　　　　　　　　　　② 수분

③ 바람의 세기　　　　　　　　　④ 크기

18 다음 중 목재에 함유된 수분의 비율로 옳은 것은?

① 10 ~ 20%　　　　　　　　　　② 20 ~ 30%

③ 30 ~ 40%　　　　　　　　　　④ 40 ~ 50%

⑤ 50 ~ 60%

19 다음 중 목재의 수축 정도가 옳게 나타내어진 것은?

① 침엽수 > 활엽수　　　　　　　② 침엽수 < 활엽수

③ 심재 > 변재　　　　　　　　　④ 연륜방향 < 섬유방향

⊘ ANSWER | 17.② 18.③ 19.②

17 목재의 대부분은 수분으로 되어 있기 때문에 건조되면서 수축과 변형이 생긴다.

18 목재에 함유된 수분의 비율은 약 30 ~ 40% 정도이다.

19 목재의 수축 정도
　㉠ 목재의 수축 정도는 침엽수보다 활엽수가 크다.
　㉡ 목재의 수축 정도는 심재보다 변재가 크다.
　㉢ 목재의 조직에서 수축 정도는 연륜방향이 가장 크고, 섬유방향이 가장 작다.

20 다음 중 목재 변형 방지책으로 옳지 않은 것은?

① 충분히 건조하여 수분에 의한 수축을 방지한다.

② 겨울보다 여름에 벌채된 나무를 사용한다.

③ 여러 장의 목편을 조합하여 목형을 제작한다.

④ 정확한 접합을 한다.

⑤ 결이 고른 목재를 선택한다.

21 다음 중 정밀을 요하는 목형 제작에 사용되는 목재는?

① 소나무　　　　　　　　　　② 삼나무

③ 나왕　　　　　　　　　　　④ 홍송

22 목형용 도료 및 도장법에 대한 설명으로 옳지 않은 것은?

① 도료를 사용하는 목적은 수축 및 뒤틀림을 방지하는 것이다.

② 목형용 도료로는 니스와 셸락 등을 사용한다.

③ 크기가 큰 공작물은 농도를 옅게 하여 발라야 한다.

④ 도료는 주형을 만들 때 모래의 분리를 쉽게 하기 위해 사용한다.

✅ ANSWER | 20.② 21.④ 22.③

20 목재 변형 방지책
　㉠ 충분히 건조하여 수분에 의한 수축을 방지한다.
　㉡ 목재에 적절한 도장을 한다.
　㉢ 여러 장의 목편을 조합하여 목형을 제작한다.
　㉣ 정확한 접합을 한다.
　㉤ 여름보다는 겨울에 벌채된 나무를 사용한다.
　㉥ 나무결이 고른 목재를 선택한다.

21 ① 일반목형으로 사용되고, 값이 싸서 손쉽게 구할 수 있으나 목재의 질이 떨어진다.
　② 대형목형이나 사용횟수가 적은 목형 제작에 사용되고, 수축·변형이 좋은 반면 가격도 싸다.
　③ 일반목형으로 사용되고, 결이 고르며 가공하기 쉽다.
　④ 정밀을 요하는 고급목형 제작에 사용되고, 가공하기 쉽고 변형도 적으나 가격이 비싸다.

22 ③ 크기가 큰 공작물은 농도를 짙게, 작은 공작물은 옅게 하여 발라야 한다.

23 원목이나 큰 각재 건조시 사용되는 방법으로 목재를 오랫동안 옥외에 방치하여 수분을 제거하는 방법은?

① 자재법　　　　　　　　　　　② 야적법
③ 침수 건조법　　　　　　　　　④ 열풍 건조법
⑤ 훈재법

24 다음 중 판재를 건조하기에 적합한 건조방법은?

① 야적법　　　　　　　　　　　② 가옥적법
③ 침수 건조법　　　　　　　　　④ 약재 건조법

23 ① 용기에 목재를 넣고 쪄서 건조시키는 방법이다.
③ 물에 목재를 담갔다가 건조시키는 방법이다.
④ 뜨거운 바람으로 목재를 건조시키는 방법이다.
⑤ 훈연법이라고도 하며, 목재를 건조실에 넣고 연소가스를 이용하여 건조시키는 방법이다.

24 ① 목재를 오랫동안 옥외에 방치하여 수분을 제거하는 방법으로, 원목이나 큰 각재 건조시 사용된다.
② 판재들을 쌓아서 건조시키는 방법으로, 판재로 가공할 목재를 건조시키는 데 사용된다.
③ 건조 전에 물에 목재를 담갔다가 건조시키는 방법으로, 정밀목형을 제작할 목재를 건조시키는 데 사용된다.
④ 건조제를 첨가하여 목재를 건조시키는 방법으로, 일부 소량의 중요한 목재를 건조시키는 데 사용된다.

25 다음 중 인공 건조법으로만 짝지어진 것은?

㉠ 훈재법	㉡ 야적법
㉢ 자재법	㉣ 가옥적법
㉤ 침수 건조법	㉥ 진공 건조법

① ㉠㉡㉢   ② ㉠㉢㉥

③ ㉡㉢㉣   ④ ㉡㉢㉥

⑤ ㉢㉣㉥

26 다음 중 속이 빈 파이프를 만드는 데 사용되는 목형은?

① 단체목형   ② 회전목형

③ 코어형   ④ 잔형

◉ ANSWER | 25.② 26.③

25 인공 건조법
   ㉠ **자재법**: 용기에 목재를 넣고 쪄서 건조시키는 방법이다.
   ㉡ **훈재법**: 훈연법이라고도 하며, 목재를 건조실에 넣고 연소가스를 이용하여 건조시키는 방법으로, 변형이 적고 작업이 용이하다.
   ㉢ **증재법**: 증기를 이용한 건조법이다.
   ㉣ **열풍 건조법**: 뜨거운 바람으로 목재를 건조시키는 방법이다.
   ㉤ **진공 건조법**: 진공상태에서 목재를 건조시키는 방법이다.
   ㉥ **약재 건조법**: 건조제를 첨가하여 목재를 건조시키는 방법으로, 일부 소량의 중요한 목재를 건조시키는 데 사용되는 방법이다.
   ㉦ **전기 건조법**: 전기저항열을 이용한 목재 건조법이다.

26 ① 간단한 형상의 주물을 제작할 때 사용된다.
   ② 주물의 형상이 어느 축에 대하여 회전 대칭일 경우, 축을 통한 단면의 반쪽 판을 축 주위로 회전시켜 주형사를 긁어내어 제작하는 방법이다.
   ④ 주형에서 뽑을 수 없는 부분의 모형을 별도로 만들어 조립하여 주형을 제작하고, 모형을 뽑을 때에는 주형에 잔류시켰다가 새로 생긴 공간을 통하여 뽑아낸다.

27 다음 중 부분목형에 대한 설명으로 옳은 것은?

① 단면이 일정한 긴 파이프 등을 제작할 때 사용되는 방법이다.

② 모양이 연속적이고 대칭이 되는 공작물을 만드는 데 사용되는 방법이다.

③ 분할모형을 판의 양면에 부착하여 주형상자 사이에 놓고 상형과 하형을 각각 다져서 주형제작을 하는 데 사용되는 방법이다.

④ 여러 조각들을 조립하여 하나의 목형을 완성하는 하는 방법이다.

28 금속을 목형에 주입하면 용융된 쇳물은 수축하는데, 이 때 수축에 대한 치수는 무엇인가?

① 가공여유   ② 수축여유
③ 목형구배   ④ 라운딩

29 다음 중 목형 제작요건으로 옳지 않은 것은?

① 가공여유   ② 라운딩
③ 덧붙임   ④ 쇳물의 용량

27 **부분목형** … 제작하고자 하는 제품이 일정한 모양으로 대칭을 이루고 있을 때 전체모양을 만들지 않고 일부분을 만들어 주형을 완성시키는 목형을 말한다.

28 ① 주물이 절삭가공을 요할 때는 가공에 필요한 치수만큼 여유를 현도에 가산하여 목형을 만들어야 하는데 이 때의 치수를 말한다.

③ 목형에서 주형을 뺄 때 주형이 파손될 염려가 있으면 목형을 빼내는 방향으로 기울기를 두어 주형의 파손없이 목형이 안전하게 빠지도록 하는 것을 말한다.

④ 용융된 쇳물이 주형 내에서 응고할 때 주형면에 대하여 직각방향으로 결정립이 생기게 되어 불순물이 모여 약하게 되는 것을 방지하기 위해 목형의 각진 모서리를 둥글게 하는 것을 말한다.

29 ① 주물이 절삭가공을 요할 때는 가공에 필요한 치수만큼 여유를 현도에 가산하여 목형을 만들어야 하는데 이 때의 치수를 가공여유라 한다.

② 목형에서 주형을 빼낼 때 주형이 파손될 염려가 있으면 목형을 빼내는 방향으로 기울기를 두어 주형의 파손 없이 목형이 안전하게 빠지도록 하는 것을 말한다.

③ 두께가 균일하지 못하거나 형상이 복잡한 주물에 대한 주형에서는 용융된 쇳물의 응고 및 냉각속도의 차에 의한 응력으로 주물이 변형되는 경우가 있는데, 이것을 방지하기 위하여 행하는 작업이다.

30 다음 중 성형성이 뛰어나고 주물의 표면이 우수하게 나올 수 있는 주물사는?

① 생형 주물사   ② 표면건조형 주물사

③ 비철합금용 주물사   ④ 코어용 주물사

31 다음 중 주물사의 조건으로 옳지 않은 것은?

① 성형성이 좋아야 한다.   ② 염가이어야 한다.

③ 열전도성이 낮아 보온성이 있어야 한다.   ④ 붕괴성이 낮아야 한다.

⑤ 내화성이 커야 한다.

32 규사와 점결제를 배합한 것으로 내화성과 통기성이 향상된 주물사는?

① 주강용 주물사   ② 코어용 주물사

③ 건조형 주물사   ④ 비철합금용 주물사

⑤ 생형 주물사

ⓒ ANSWER | 30.③   31.④   32.①

30 ① 알맞은 양의 수분이 들어 있는 모래이다.
② 내화도가 높고 입도가 가는 모래이다.
③ 모래에 소량의 소금을 첨가하며, 성형성이 우수하고 주물 표면이 좋게 나올 수 있는 주물사이다.
④ 구멍이 뚫린 주물제작시 사용되는 주물사이다.

31 주물사의 조건
㉠ 성형성 : 주물의 모양을 정확하게 만들 수 있는 성형성이 좋아야 한다.
㉡ 내화성 : 내화성이 크고 화학적 변화가 없어야 한다.
㉢ 통기성 : 주형물 안의 가스배출이 용이하도록 통기성이 좋아야 한다.
㉣ 붕괴성 : 주물표면에서 잘 털어져야 한다.
㉤ 보온성 : 열전도성이 낮아 보온성이 있어야 한다.
㉥ 복용성 : 쉽게 노화하지 않아 반복사용이 가능해야 한다.
㉦ 경제성 : 염가이어야 한다.

32 ② 구멍이 뚫린 주물제작시 사용되는 주물사로 규산분이 많은 모래에 식물유를 혼합하여 사용한다.
③ 생형 모래에 비해 점토분이 많은 모래로 건조형 주형을 제작할 때 사용된다.
④ 모래에 소량의 소금을 첨가하며, 대형 주물은 신사에 점토를 혼합하여 사용한다. 성형성이 우수하고 주물표면이 좋게 나올 수 있는 주물사를 사용한다.
⑤ 알맞은 양의 수분이 들어있는 모래이다.

33 다음 중 대칭인 주물을 제작할 때 사용되는 방법은?

① 바닥 주형법　　　　　　　　　② 고르개 주형법

③ 조립 주형법　　　　　　　　　④ 회전 주형법

⑤ 혼성 주형법

34 주형 제작법의 연결이 옳지 않은 것은?

① 혼성 주형법 – 바닥의 모래와 주형상자를 이용해서 주형을 만든다.

② 회전 주형법 – 대칭인 주물을 제작할 때 사용된다.

③ 조립 주형법 – 주형상자를 2개 또는 3개 겹쳐놓고 주형을 만든다.

④ 코어 제작법 – 원통형의 주형을 만들 때 사용된다.

35 다음 중 혼성 주형법의 제작방법은?

① 바닥의 모래와 주형상자를 이용해서 주형을 만드는 방법이다.

② 구멍이 뚫린 주물을 제작할 때 사용되는 방법이다.

③ 바닥의 모래에 목형을 넣고 다져서 주형을 만드는 방법이다.

④ 원통형의 주형을 만들 때 사용되는 방법이다.

36 용융금속의 주입시간이 너무 빠른 경우에 나타나는 문제점으로 옳지 않은 것은?

① 취성이 생긴다.　　　　　　　　② 주물 이용율이 저하된다.

③ 주형면이 파손된다.　　　　　　④ 주물에 기공이 생길 수 있다.

✓ ANSWER ｜ 33.④　34.④　35.①　36.①

33 ① 바닥의 모래에 목형을 넣고 다져서 주형을 만드는 방법이다.
② 원통형의 주형을 만들 때 사용되는 방법이다.
③ 일반적으로 사용되는 방법으로 주형상자를 이용하여 주형을 만드는 방법이다.
⑤ 하형은 바닥의 모래, 상형은 주형상자를 이용해서 주형을 만드는 방법이다.

34 ④ 코어 제작법은 구멍이 뚫린 주물제작시 사용되는 방법이다.

35 **혼성 주형법** … 하형은 바닥의 모래, 상형은 주형상자를 이용해서 주형을 만드는 방법이다.

36 ① 취성은 주입속도가 너무 느릴 때 생기게 된다.

37 단면이 일징한 긴 파이프 등을 제작할 때 사용하는 방법으로 주물 수량이 적을 때 사용하는 목형은?

① 회전목형
② 고르개목형
③ 매치 플래이트
④ 잔형

38 다음 중 주형 제작시 주의사항으로 옳지 않은 것은?

① 다지기
② 습도
③ 공기뽑기
④ 주형의 무게

39 다음 중 주형에 가스 및 불순물을 배출하기 위한 역할을 하는 것은?

① 탕도
② 라이저
③ 탕구
④ 냉각쇠
⑤ 피이터

⊘ **A N S W E R** | 37.② 38.④ 39.②

37 ① 주물의 형상이 어느 축에 대하여 회전대칭일 경우, 축을 통한 단면의 반쪽 판을 축 주위로 회전시켜 주형사를 긁어 내어 제작하는 방법이다.
③ 분할모형을 판의 양면에 부착하여 이것을 주형상자 사이에 놓고 상형과 하형을 각각 다져서 주형제작을 하는 데 사용되는 방법으로, 소형의 제품을 대량으로 생산하는 데 유리하다.
④ 모형을 주형에서 뽑을 수 없는 부분만을 별도로 만들어 조립하여 주형을 제작하고, 모형을 뽑을 때에는 주형에 잔류시 켰다가 새로 생긴 공간을 통하여 뽑아낸다.

38 주형 제작시 주의사항
㉠ 다지기 : 너무 힘을 가하면 통기도가 불량해 기공이 생기고, 너무 적게 다지면 모래가 주물에 들어갈 수 있다.
㉡ 습도 : 생형일 때는 수분 양의 조절에 주의해야 한다.
㉢ 공기뽑기 : 주조시 발생하는 공기를 뽑기 위해서는 통기성이 좋은 새 모래를 사용해야 한다.

39 ①③ 쇳물이 주형으로 들어가는 통로이다.
② 쇳물에 압력을 가하고, 주형 내의 가스 및 불순물을 배출하는 역할을 한다.
④ 주물의 두께차로 인한 냉각속도를 줄이기 위한 것이다.
⑤ 쇳물의 수축으로 인한 쇳물 부족을 공급하는 역할을 한다.

40 다음 중 주형의 각 부분과 역할이 바르게 연결된 것은?

① 주입컵 – 쇳물의 수축으로 인한 쇳물 부족을 공급하는 역할을 하는 것이다.

② 피이더 – 주형에 쇳물을 붓는 곳이다.

③ 가스뽑기 – 주형 내의 가스를 배출하기 위한 것이다.

④ 탕구 – 냉각속도를 줄이기 위한 것이다.

41 다음 중 금속의 주입조건으로 옳지 않은 것은?

① 압상력

② 주입속도

③ 금속의 용융점

④ 주입시간

42 다음 중 주물용 주철의 특징으로 옳지 않은 것은?

① 주조성이 좋다.

② 경제적이다.

③ 강도가 비교적 낮다.

④ 기계적 성질이 좋다.

⑤ 내식성이 좋다.

ANSWER | 40.③ 41.③ 42.③

40 ① 주형에 쇳물을 붓는 곳이다.
　② 쇳물의 수축으로 인한 쇳물 부족을 공급하는 역할을 한다.
　④ 쇳물이 주형으로 들어가는 통로이다.

41 **용융금속의 주입조건**
　㉠ **압상력** : 주형에 용융금속을 주입하면 탕구의 높이에 비례하는 압상력이 생기는데, 이를 방지하기 위해 중추를 올린다.
　㉡ **주입속도** : 주입속도가 너무 빠르면 열응력이 생기고, 너무 느리면 취성이 생긴다.
　㉢ **주입시간** : 주입시간이 너무 빠르면 주물 이용률이 저하되고, 주형면이 파손될 수 있으며, 주물에 기공이 생길 수 있다.

42 **주철의 특징**
　㉠ 주조성이 좋다.
　㉡ 값이 저렴하다.
　㉢ 압축강도 및 주조성이 좋다.
　㉣ 절삭가공이 쉽고 내식성이 좋다.

43 다음 중 압상력의 발생원인으로 옳은 것은?

① 쇳물의 무게   ② 코어의 무게

③ 코어의 길이   ④ 쇳물의 부력

44 주물의 면적이 0.4m×0.4m이고, 쇳물 아궁이의 높이가 0.5m, 주철의 비중이 7,200kg/m²일 때의 압상력은?

① 190   ② 288

③ 345   ④ 453

⑤ 576

45 다음 중 주물용 주강의 특징으로 옳지 않은 것은?

① 강도가 강하다.
② 용융성이 낮다.
③ 얇은 제품이나 단면변화가 심한 곳에 사용한다.
④ 풀림처리하여 사용한다.
⑤ 인성이 강하다.

Ⓒ ANSWER | 43.④ 44.⑤ 45.③

43 압상력 … 주형에 쇳물을 주입할 때 쇳물의 부력으로 인해 성형틀이 들어올려지는 형상이다.

44 압상력(P) $= A \cdot h \cdot W = 0.4 \times 0.4 \times 0.5 \times 7,200 = 576\text{kg}$

45 주강의 특성
  ㉠ 얇은 제품이나 단면변화가 심한 곳에는 사용되지 않는다.
  ㉡ 용융성이 낮아 주조성이 좋지 않다.
  ㉢ 강도와 인성이 강하다.
  ㉣ 풀림처리하여 사용한다.

46 다음 중 주물을 대량 생산하고자 할 때, 모형의 재료로 옳은 것은?

① 목재   ② 금속

③ 모래   ④ 플라스틱

47 다음 특수합금 주철에 첨가하는 원소 중 탈산제의 역할을 하는 것은?

① Cu   ② Cr

③ Ni   ④ Ti

48 다음 중 기차의 바퀴 등을 제작하는 데 사용되는 주철은?

① 미하나이트주철   ② 가단주철

③ 합금주철   ④ 구상흑연주철

⑤ 칠드주철

✅ ANSWER | 46.②   47.④   48.⑤

46 주물을 대량생산하려면 원형을 장기간 사용할 수 있어야 하므로 이때의 재료는 금속이 적당하다.

47 특수합금 주철
　㉠ Cu : 내마모성 및 내부식성이 커진다.
　㉡ Cr : 경도, 내열성, 내마모성이 증가한다.
　㉢ Ni : 내열성 · 내산성이 되며, 흑연화를 촉진시킨다.
　㉣ Ti : 탈산제로서 흑연화를 촉진하나, 다량을 첨가하면 흑연화를 방해한다.

48 ① 내마멸성이 우수해 기관의 실린더 제작에 사용된다.
　② 장강도와 연율이 연강에 가깝고 주철의 주조성을 갖고 있어 주조가 용이하므로 자동차 부품, 관이음 등에 많이 사용된다.
　③ 각종 원소 등을 첨가하여 강도, 내열성, 내부식성, 내마모성 등을 개선한 주철이다.
　④ 보통주철 중의 편상흑연을 구상화한 조직을 갖는 주철로 흑연을 구상화하기 위해서 Mg를 첨가한 것으로 펄라이트형과 페라이트형, 시멘타이트형이 있다.

49 다음 중 주물의 결함으로 옳지 않은 것은?

① 마멸   ② 수축공

③ 기공   ④ 균열

50 다음 중 기공 방지대책으로 옳지 않은 것은?

① 쇳물의 주입온도를 지나치게 높게 하지 않는다.

② 쇳물 아궁이를 작게 한다.

③ 주형 내의 수분을 제거한다.

④ 통기성을 좋게 한다.

51 다음 중 용선로의 연료로 옳은 것은?

① 코크스   ② 석유

③ 천연가스   ④ 중유

⑤ 석탄

ANSWER | 49.①   50.②   51.①

49 주물의 결함
  ⊙ **수축공** : 주형 내부에서 용융금속의 수축으로 인한 쇳물 부족으로 생기는 구멍을 말한다.
  ⓛ **기공** : 주형 내의 가스가 배출되지 못해서 주물에 남아 구멍을 만든 것을 말한다.
  ⓒ **균열** : 용융쇳물이 균일하게 수축하지 않아서 주물에 금이 생기는 현상을 말한다.

50 기공 방지대책
  ⊙ 쇳물 아궁이를 크게 한다.
  ⓛ 쇳물의 주입온도를 지나치게 높게 하지 않는다.
  ⓒ 통기성을 좋게 한다.
  ⓔ 주형 내의 수분을 제거한다.

51 용선로의 연료는 코크스이다.

52 다음 중 주조품의 장점으로 옳지 않은 것은?

① 대형제품을 만들 수 있다.　② 대량생산이 가능하다.

③ 치수정밀도가 높다.　④ 재료와 성분 조절이 용이하다.

53 다음 중 용선로의 특징으로 옳지 않은 것은?

① 구조가 간단하다.　② 열효율이 좋다.

③ 출탕량을 조절할 수 있다.　④ 시설비가 비싸다.

⑤ 성분변화가 많다.

54 다음 중 도가니로의 특징으로 옳지 않은 것은?

① 화학적 변화가 적다.

② 도가니 제작비용이 저렴하다.

③ 질 좋은 주물생산이 가능하다.

④ 소용량 용해에 사용된다.

⑤ 연료소비량이 많다.

ⓒ **A N S W E R** | 52.③　53.④　54.②

52 ③ 주조에 의해 만들어진 제품은 절삭가공에 의한 제품보다 치수정밀도가 떨어지는 경향이 있다.

53 용선로의 특징
　㉠ 구조가 간단하고, 시설비가 적게 든다.
　㉡ 열효율이 좋다.
　㉢ 출탕량을 조절할 수 있다.
　㉣ 성분변화가 많으며, 산화로 인해 탕이 감량된다.

54 도가니로의 특징
　㉠ 질이 좋은 주물생산이 가능하다.
　㉡ 화학적 변화가 적다.
　㉢ 도가니 제작이 비싸며, 수명이 짧다.
　㉣ 소용량 용해에 사용된다.
　㉤ 열효율이 낮아 연료소비량이 많다.

55 다음 중 용해로 안의 온도를 정확하게 유지할 수 있고, 온도조절이 자유로운 용해로는?

① 전기로　　　　　　　　　　　② 반사로

③ 큐폴라　　　　　　　　　　　④ 도가니로

56 다음 중 주조법과 생산되는 제품의 연결이 옳은 것은?

① 인베스트먼트 주조법 – 항공 및 선박 부품

② 원심 주조법 – 통신기기, 전기기기

③ 탄산가스 주조법 – 압연 롤러, 볼 밀 크러셔

④ 칠드 주조법 – 큰 강도의 코어

57 다음 중 주조용 금속을 용해하는 용해로로 옳지 않은 것은?

① 용선로　　　　　　　　　　　② 용광로

③ 전기로　　　　　　　　　　　④ 반사로

ANSWER | 55.① 56.① 57.②

55 전기로의 특징
ⓐ 가스발생이 적고, 용해로 안의 온도를 정확하게 유지할 수 있다.
ⓑ 온도조절이 자유롭다.
ⓒ 금속의 용융손실이 적다.

56 ② 피스톤 링, 실린더, 라이너 제작
③ 큰 강도의 코어
④ 압연 롤러, 볼 밀 크러셔

57 ② 용광로는 철광석을 용융시켜 선철을 생산하는 용해로이다.

58 다음 중 원심력에 의한 주조방법은?

① 원심 주조법

② 셀 몰드 주조법

③ 연속 주조법

④ 진공 주조법

59 얇고 작은 부품주조에 이용되는 주조법은?

① 원심 주조법

② 진공 주조법

③ 인베스트먼트 주조법

④ 칠드 주조법

⑤ 셀 몰드 주조법

60 다음 중 1회에 대량을 용해할 때 사용되는 용해로는?

① 전로

② 저주파 유도식 전기로

③ 평로

④ 도가니로

58 ① 고속으로 회전하는 원통주형 내에 용탕을 넣고 주형을 회전시켜 원심력에 의하여 주형 내면에 압착 응고하도록 주물을 주조하는 방법이다.
② 금속으로 만든 모형을 가열로에 넣고 가열한 다음, 모형의 위에 규사와 페놀계 수지를 배합한 가루를 뿌려 경화시켜 만드는 방법이다.
③ 용융된 쇳물을 직접 수냉 금형에 부어 냉각된 부분부터 하강시켜 슬래브를 연속적으로 생산하는 방법이다.
④ 진공상태에서 주조하는 방법이다.

59 셀 몰드 주조법 … 금속으로 만든 모형을 가열로에 넣고 가열한 다음, 모형 위에 규사와 페놀계 수지를 배합한 가루를 뿌려 경화시켜 만드는 주형으로, 얇고 작은 부품주조에 이용된다.

60 ① 주강을 용해할 때 사용한다.
② 동일한 금속을 연속적으로 용해할 때 사용한다.
④ 구리나 구리합금을 용해할 때 사용한다.

61 원심 주조법의 장점으로 옳지 않은 것은?

① 코어가 필요없다.

② 기포, 용재의 개입이 적다.

③ 재질이 치밀하다.

④ 잔류응력이 거의 없다.

⑤ 주형을 회전시키기 위한 장치가 필요없다.

62 인베스트먼트 주조법의 장점으로 옳은 것은?

① 왁스의 재사용이 불가능하다.

② 비용이 저렴하다.

③ 철금속의 주조가 가능하다.

④ 대형물의 주조가 가능하다.

ANSWER | 61.⑤ 62.③

61 원심 주조법의 특징
- ㉠ 장점
  - 재질이 치밀하고, 강도가 크다.
  - 코어가 필요없다.
  - 기포, 용재의 개입이 적어 탕구, 라이저, 압탕구가 필요없다.
  - 잔류응력이 거의 없다.
- ㉡ 단점
  - 주형을 회전시키기 위한 장치가 필요하다.
  - 주물의 내측부에 불순물이 포함된다.

62 인베스트먼트 주조법의 장·단점
- ㉠ 장점
  - 정밀하고 형상이 복잡하여 기계가공이 어려운 제품의 주조에 적합하다.
  - 왁스는 재사용이 가능하다.
  - 용융점이 높은 철금속의 주조가 가능하다.
- ㉡ 단점
  - 대형물의 주조가 곤란하다.
  - 주조하는 데 드는 비용이 비싸다.

63 다음 중 원심 주조법으로 제작할 수 없는 제품은?

① 파이프   ② 피스톤 링

③ 기어   ④ 라이너

⑤ 실린더

64 주물을 꺼낼 때 주형의 해체가 힘들지만 강도의 조절이 가능하고 치수정밀도가 높은 주조법은?

① 칠드 주조법   ② 탄산가스 주조법

③ 연속 주조법   ④ 진공 주조법

⑤ 다이캐스팅 주조법

65 다음 중 주조시 올바른 작업순서는?

① 주형 – 목형 – 주물 – 주입

② 목형 – 주형 – 주입 – 주물

③ 주형 – 목형 – 주입 – 주물

④ 목형 – 주입 – 주형 – 주물

⑤ 목형 – 주물 – 주입 – 주형

 ANSWER | 63.③ 64.② 65.②

---

63 원심 주조법 … 피스톤 링, 파이프, 실린더, 라이너 제작에 사용된다.

64 ① 냉각속도를 빠르게 하여 표면은 단단한 탄화철이 되고, 내부는 서서히 냉각되어 연한 주물이 되도록 주조하는 방법이다.

③ 용융된 쇳물을 직접 수냉 금형에 부어 냉각된 부분부터 하강시켜 슬래브를 연속적으로 생산하는 방법을 말한다.

④ 금속을 공기 중에서 용해하면 O_2, H_2, N_2가 흡수되어 주조품의 질이 저하되므로 이와 같은 가스의 흡수를 막기 위해 진공상태에서 주조하는 방법을 말한다.

⑤ 정밀한 금속주형에 고압, 고속으로 용탕을 주입하고 응고 중 압력을 유지하여 주물을 얻는 주조법으로 자동차 부품, 전기기기, 통신기기 용품, 기타 일용품 주조에 이용된다.

65 주조시 작업순서 … 목형 → 주형 → 주입 → 주물

66 다음 중 다이캐스팅의 장점으로 옳지 않은 것은?

① 정도가 높고 주물 표면이 깨끗하다.

② 강도가 높다.

③ 얇은 주물의 주조가 가능하다.

④ 용융점이 높은 금속의 주조도 가능하다.

⑤ 대량, 고속생산이 가능하다.

67 다음 중 기차 압연 롤러나 볼 밀 클러셔 등을 제작하는 데 사용되는 주조법은?

① 다이캐스팅

② 칠드 주조법

③ 원심 주조법

④ 셸 몰드 주조법

68 다음 중 자동차 부품, 전기기기, 통신기기 용품 등을 제작하는 데 사용되는 주조법은?

① 다이캐스팅

② 셸 몰드 주조법

③ 인베스트먼트 주조법

④ 원심 주조법

ⓒ ANSWER | 66.④ 67.② 68.①

---

66 다이캐스팅의 장점

ⓐ 정도가 높고 주물 표면이 깨끗하다.

ⓑ 강도가 높다.

ⓒ 대량, 고속생산이 가능하다.

ⓓ 얇은 주물의 주조가 가능하다.

67 **칠드 주조법** … 냉각속도를 빠르게 하여 표면은 단단한 탄화철이 되고, 내부는 서서히 냉각되어 연한 주물이 되도록 주조하는 방법으로 압연 롤러, 볼 밀 크러셔 등을 제작하는 데 사용된다.

68 ② 얇고 작은 부품 주조에 이용된다.

③ 항공 및 선박 부품 주조에 사용된다.

④ 피스톤 링, 실린더, 라이너 제작에 사용된다.

69 다음 중 셸 몰드 주조의 장점으로 옳은 것은?

① 금형이 비교적 저가이므로 소량생산도 가능하다.

② 크기가 큰 제품의 주조도 가능하다.

③ 셸 제작의 에너지가 적게 든다.

④ 모든 금속의 주조에 이용할 수 있다.

70 주물을 제작한 후 주물 표면의 모래를 제거하는 방법이 아닌 것은?

① 브러쉬 이용

② 쇼트 블라스트 이용

③ 텀블러 이용

④ 샌드 블랜더 이용

⑤ 하이드로 블라스트 이용

ANSWER | 69.④ 70.④

69 셸 몰드 주조법의 장점
　㉠ 기술적 어려움이 없으므로 미숙련공도 셸을 제작할 수 있다.
　㉡ 주물의 대량생산이 가능하고, 가격도 저렴하다.
　㉢ 모든 금속의 주조에 이용할 수 있다.
　㉣ 주물의 정밀도가 높다.

70 ① 브러쉬를 이용하여 털어낸다.
　② 쇼트 또는 그리트를 주물 표면에 투사하여 모래를 제거한다.
　③ 원통형, 다각형의 철제용기에 주물과 다각형철판을 넣고 용기를 회전시켜 모래를 제거한다.
　④ 주물사의 조건을 만족시키기 위하여 사용하는 주물사 처리용 기계로 모래를 잘 혼합하고 모래 안에 섞여 있는 금속
　　조각, 돌 등을 제거하고 통기도의 조정도 할 수 있다.
　⑤ 고압수를 주물 표면에 분사하여 모래를 제거한다.

1 소성가공에 대한 설명으로 옳지 않은 것은?

한국공항공사

① 열간가공은 냉간가공보다 치수 정밀도가 높고 표면상태가 우수한 가공법이다.
② 압연가공은 회전하는 롤 사이로 재료를 통과시켜 두께를 감소시키는 가공법이다.
③ 인발가공은 다이 구멍을 통해 재료를 잡아당김으로써 단면적을 줄이는 가공법이다.
④ 전조가공은 소재 또는 소재와 공구를 회전시키면서 기어, 나사 등을 만드는 가공법이다.

2 소성가공에서 직접(전방)압출과 간접(후방)압출을 구분하는 기준에 대한 설명으로 가장 옳은 것은?

광주도시철도공사

① 램(ram)의 진행방향과 제품의 진행방향에 따라 구분한다.
② 램(ram)과 컨테이너(container) 사이의 마찰에 따라 구분한다.
③ 압출 다이(die)의 전후 위치에 따라 구분한다.
④ 압출 다이(die)와 컨테이너(container)의 접촉 상태에 따라 구분한다.

ⓒ **ANSWER** | 1.① 2.①

1 냉간가공은 열간가공보다 치수 정밀도가 높고 표면상태가 우수한 가공법이다.
　※ **열간가공의 특징**
　　• 재질의 균일화가 이루어진다.
　　• 가공도가 커서 가공에 적합하다.
　　• 가열에 의해 산화되기 쉬워 정밀가공이 어렵다.
　※ **냉간가공의 특징**
　　• 가공경화로 인해 강도가 증가하고 연신율이 감소한다.
　　• 큰 변형응력을 요구한다.
　　• 제품의 치수를 정확히 할 수 있다.
　　• 가공면이 아름답다.
　　• 가공방향으로 섬유조직이 되어 방향에 따라 강도가 달라진다.

2 소성가공에서 직접(전방)압출과 간접(후방)압출은 램(ram)과 컨테이너(container) 사이의 마찰에 따라 구분한다. 압출방법으로는 압력 작용방향으로 제품이 나오는 직접압출법(direct extrusion)과 압력 작용 반대방향으로 제품이 나오는 간접압출법(indirect extrusion)이 있다.

3 소성가공의 종류 중 압출가공에 대한 설명으로 옳은 것은?

대전도시철도공사

① 소재를 용기에 넣고 높은 압력을 가하여 다이 구멍으로 통과시켜 형상을 만드는 가공법
② 소재를 일정 온도 이상으로 가열하고 해머 등으로 타격하여 모양이나 크기를 만드는 가공법
③ 원뿔형 다이 구멍으로 통과시킨 소재의 선단을 끌어당기는 방법으로 형상을 만드는 가공법
④ 회전하는 한 쌍의 롤 사이로 소재를 통과시켜 두께와 단면적을 감소시키고 길이 방향으로 늘리는 가공법

4 소성가공에서 이용하는 재료의 성질로 옳지 않은 것은?

대구도시철도공사

① 가소성
② 가단성
③ 취성
④ 연성

✅ ANSWER | 3.① 4.③

3 ② 단조가공 : 소재를 일정 온도 이상으로 가열하고 해머 등으로 타격하여 모양이나 크기를 만드는 가공법
③ 인발가공 : 원뿔형 다이 구멍으로 통과시킨 소재의 선단을 끌어당기는 방법으로 형상을 만드는 가공법
④ 전조가공 : 회전하는 한 쌍의 롤 사이로 소재를 통과시켜 두께와 단면적을 감소시키고 길이 방향으로 늘리는 가공법

4 취성을 가진 재료는 소성가공에 적합하지 않다. 소성가공은 재료에 외력을 가하여 변형을 일으켜 형상을 만드는 방법인데 취성은 적은 변형에 파괴가 되는 특성이기 때문이다.
※ **재료의 성질**
• 탄성 : 외력에 의해 변형된 물체가 외력을 제거하면 다시 원래의 상태로 되돌아가려는 성질을 말한다.
• 소성 : 물체에 변형을 준 뒤 외력을 제거해도 원래의 상태로 되돌아오지 않고 영구적으로 변형되는 성질이다.
• 전성 : 넓게 펴지는 성질로 가단성으로도 불린다.
• 연성 : 탄성한도 이상의 외력이 가해졌을 때 파괴되지 않고 잘 늘어나는 성질을 말한다.
• 취성 : 물체가 외력에 의해 늘어나지 못하고 파괴되는 성질로서 연성에 대비되는 개념이다.
• 인성 : 재료가 파괴되기(파괴강도) 전까지 에너지를 흡수할 수 있는 능력이다.
• 강도 : 외력에 대한 재료 단면의 저항력을 나타낸다.
• 경도 : 재료 표면의 단단한 정도를 나타낸다.

5 소성가공법 중 압연과 인발에 대한 설명으로 옳지 않은 것은?

대전도시철도공사

① 압연 제품의 두께를 균일하게 하기 위하여 지름이 작은 작업롤러(roller)의 위아래에 지름이 큰 받침 롤러(roller)를 설치한다.

② 압하량이 일정할 때, 직경이 작은 작업롤러(roller)를 사용하면 압연 하중이 증가한다.

③ 연질 재료를 사용하여 인발할 경우에는 경질 재료를 사용할 때보다 다이(die) 각도를 크게 한다.

④ 직경이 5mm 이하의 가는 선 제작 방법으로는 압연보다 인발이 적합하다.

6 소성가공법에 대한 설명으로 옳지 않은 것은?

한국중부발전

① 압출 : 상온 또는 가열된 금속을 용기 내의 다이를 통해 밀어내어 봉이나 관 등을 만드는 가공법

② 인발 : 금속 봉이나 관 등을 다이를 통해 축방향으로 잡아당겨 지름을 줄이는 가공법

③ 압연 : 열간 혹은 냉간에서 금속을 회전하는 두 개의 롤러 사이를 통과시켜 두께나 지름을 줄이는 가공법

④ 전조 : 형을 사용하여 판상의 금속 재료를 굽혀 원하는 형상으로 변형시키는 가공법

Ⓥ ANSWER | 5.② 6.④

5 압하량 … 압연 가공에서 소재를 압축해서 두께를 얇게 할 때 압연 전과 압연 후의 두께 차 압하량이 일정할 때, 직경이 작은 작업롤러(roller)를 사용하면 압연 하중이 감소한다.

6 ㉠ 전조 : 소재나 공구(롤) 또는 그 양쪽을 회전시켜서 밀어붙여 공구의 모양과 같은 형상을 소재에 각인(刻印)하는 공법. 회전하면서 하는 일종의 단조 가공법
ㄴ 굽힘가공 : 형을 사용하여 판상의 금속 재료를 굽혀 원하는 형상으로 변형시키는 가공법

7 재결정 온도에 대한 설명으로 옳은 것은?

① 1시간 안에 완전하게 재결정이 이루어지는 온도

② 재결정이 시작되는 온도

③ 시간에 상관없이 재결정이 완결되는 온도

④ 재결정이 완료되어 결정립 성장이 시작되는 온도

8 다음 중 형단조의 특징이 아닌 것은?

① 대량생산이 가능하다.

② 제품이 정밀하지 못하다.

③ 가공비용이 저렴하다.

④ 제작비용이 고가이다.

⑤ 강도 및 내마모성, 내열성이 크다.

✔ ANSWER | 7.① 8.②

7 재결정 온도…가공된 금속이 통상 1시간에 재결정을 완료하는 온도

8 형단조…스탬핑이라고도 하며, 요철이 있는 위·아래의 형 사이에 소재를 끼우고, 충격으로 압력을 가해 소재의 평면에 요철을 만드는 가공방법이다. 단조형 속에 소재를 넣고 가압하여 복잡한 모양의 제품을 성형한다. 경화나 메달의 가공, 소형기계·전기부품, 특수강으로 만들어지는 기관용 크랭크축의 제작 등에 사용한다.
  ※ 형단조의 특징
   ㉠ 강도 및 내열성, 내마모성이 크다.
   ㉡ 가공비용이 저렴하다.
   ㉢ 제품의 수명이 길다.
   ㉣ 금형제작비용이 고가이다.
   ㉤ 공정 후 폐기물이 발생한다.
   ㉥ 대량생산이 가능하다.
   ㉦ 정밀한 제품의 생산이 가능하다.

9 다음 중 전단가공에 해당하지 않는 것은?

① 구부리기(bending)
② 펀칭(punching)
③ 블랭킹(blanking)
④ 피어싱(piercing)

10 닙드로잉된 컵의 두께를 더욱 균일하게 만들기 위한 후속 공정은?

① 아이어닝
② 코이닝
③ 랜싱
④ 허빙

11 다음 설명에 해당하는 것은?

> 판재가공에서 모양과 크기가 다른 판재 조각을 레이저 용접한 후, 그 판재를 성형하여 최종 형상으로 만드는 기술이다.

① 테일러 블랭킹
② 전자기성형
③ 정밀 블랭킹
④ 하이드로포밍

✅ ANSWER | 9.① 10.① 11.①

9 전단가공 … 펀치(punch)가 다이(die) 위의 소재를 가압하여 전단응력에 의해 소재를 절단하는 작업으로, 전단작업 후 분리된 소재를 사용하면 블랭킹이라 하고 분리된 소재를 버리고 모재를 사용하면 펀칭 또는 피어싱이라 한다.
※ 구부리기 … 판재나 선재를 직선이나 곡선을 따라 일정한 각도로 구부려서 제품을 만드는 작업을 의미한다.

10 아이어닝(Ironing) … 제품의 측벽 두께를 얇게 하면서 제품의 높이를 높게 하는 훑기 가공을 말함

11 ② 자계가 갖는 에너지를 직접 금속의 성형에 이용하는 성형법, 보통 고에너지 속도 가공법이라고 하는 가공 기술의 하나이다.
③ 파인블랭킹이라고도 하며 프레스 가공 기술이다. 한 번의 공정으로 재료 두께, 전체면에 걸쳐 정밀한 가공제품을 얻을 수 있는 기술이다. 밀링, 연삭브로칭, 드릴링 등과 같은 2차 가공을 생략할 수 있으며 평평한 제품뿐만 아니라 벤딩, 오프셋, 코이닝, 압출 제품 등과 같은 여러 가지 성형 공정 제품도 가공이 가능한 장점이 있다.
④ 판금 가공 시 다이에 고무막과 액압을 사용하는 드로잉 가공의 일종이다.

12 다음 중 금속의 소성변형을 설명하는 원리로 옳지 않은 것은?

① 쌍정
② 슬립
③ 전위
④ 재결정

13 소성이 큰 재료에 압력을 가하여 다이의 구멍으로 밀어내어 일정한 단면의 제품을 만드는 가공법은?

① 단조
② 압연
③ 압출
④ 전조
⑤ 인발

14 다음 중 다이와 펀치를 사용하여 펀칭가공으로 필요한 모양과 크기의 제품을 따내는 가공법은?

① 블랭킹(blanking)
② 굽힘가공(bending)
③ 디프 드로잉(deep drawing)
④ 구멍따기(piercing)

✓ ANSWER | 12.④ 13.③ 14.①

12 금속의 소성변형 원리 … 슬립, 쌍정, 전위 등
ㄱ 슬립 : 결정내의 일정면이 미끄럼을 일으켜 이동하는 것
ㄴ 쌍정 : 결정의 위치가 어떤 면을 경계로 대칭으로 변하는 것
ㄷ 전위 : 결정내의 불완전한 곳, 결합이 있는 곳에서부터 이동이 생기는 것

13 ① 해머나 프레스와 같은 공작기계로 타격을 하여 변형하는 작업이다.
② 회전하는 2개의 롤러 사이에 재료를 통과시켜 가공하는 방법이다.
③ 재료를 일정한 용기 속에 넣고 밀어 붙이는 힘에 의하여 다이를 통과시켜 소정의 모양으로 가공하는 방법이다.
④ 다이 또는 롤러를 사용하여 재료에 외력을 가해 눌러 붙여 성형하는 가공방법이다.

14 블랭킹 … 다이와 펀치를 사용하여 소재를 가공해 제품의 외형을 따내어 가공하는 방법이다.

15 다음 중 나사나 기어를 소성가공하는 데 가장 많이 사용되는 가공방법은?

① 단조가공법　　　　　　　② 압연가공법

③ 압출가공법　　　　　　　④ 전조법

16 다음 중 온도가 상승하였을 때 빌게 되는 긴 시간효과를 무엇이라 하는가?

① 가공경화　　　　　　　　② 재결정

③ 크리프　　　　　　　　　④ 가소성

17 다음 중 소성가공으로 옳지 않은 것은?

① 드릴링　　　　　　　　　② 단조

③ 인발　　　　　　　　　　④ 나사전조

⑤ 압출

18 다음 중 철판을 만드는 가장 유용한 방법은?

① 압연　　　　　　　　　　② 단조

③ 전조　　　　　　　　　　④ 펀칭

⑤ 드로잉

✅ ANSWER ｜ 15.④　16.③　17.①　18.①

15 전조법 … 둥근 소재를 다이 사이에 넣고 회전시키면서 부분적으로 압력을 가해 필요한 형상의 제품을 제작하는 가공법으로, 볼·작은 나사·기어 등을 가공하는 데 사용된다.

16 ① 재료에 외력을 가하면 소성가공시 재료가 더욱 강해지는 현상이다.
　　② 재료 내부에 새로운 결정이 발생하고 성장하여 전체가 새 결정으로 바뀌는 현상이다.
　　④ 고체상태의 재료에 외력을 가했을 때 유동되는 성질이다.
　　※ **크리프변형**(Creep) … 하중의 증가는 없는데 시간이 경과함에 따라 변형이 계속되는 상태를 말한다. 변형속도는 일정 온도하에서는 응력과 함께 증가한다.

17 ① 드릴링은 절삭가공에 속한다.

18 압연 … 회전하는 두 개의 롤(roll) 사이를 통과시켜 강판, 형재를 만드는 가공방법이다.

19 다음 중 열간가공과 냉간가공을 결정짓는 요소는?

① 단조온도
② 용융점
③ 재결정온도
④ 변태온도

20 소성가공의 특징에 대한 설명으로 옳지 않은 것은?

① 재료에 가했던 힘을 제거하면 재료가 원상태로 되돌아오는 성질을 이용한 방법이다.
② 재료의 낭비가 적다.
③ 가공에 드는 시간이 짧다.
④ 봉재, 형재, 판재, 파이프 등을 만든다.
⑤ 주조, 절삭가공에 비해 강한 성질을 얻을 수 있다.

21 열간가공의 장점으로 옳지 않은 것은?

① 가공시간이 적게 든다.
② 재료의 파괴염려가 없다.
③ 입자구조가 불안정해진다.
④ 조직 미세화에 효과가 있다.
⑤ 큰 힘을 들이지 않고, 금속을 크게 변형시킬 수 있다.

ⓒ ANSWER | 19.③ 20.① 21.③

19 열간가공과 냉간가공
　㉠ **열간가공** : 재결정온도 이상에서 가공하는 방법이다.
　㉡ **냉간가공** : 재결정온도 이하에서 가공하는 방법이다.

20 ① 탄성에 대한 설명이다.
　※ **소성가공** … 재료에 가했던 힘을 제거해도 원상태로 돌아오지 않는 성질인 소성변형을 이용한 비절삭 가공으로 재료의 낭비가 적고, 가공에 드는 시간도 짧은 경제적인 가공법이다.

21 열간가공의 장점
　㉠ 재료의 파괴염려가 없다.
　㉡ 큰 힘을 들이지 않고, 금속을 크게 변형시킬 수 있다.
　㉢ 조직 미세화에 효과가 있다.
　㉣ 가공시간이 적게 든다.

22 다음 중 단조공구로 옳지 않은 것은?

① 손해머   ② 집게

③ 앤빌   ④ 바이트

⑤ 다듬개

23 다음 중 재료에 외력을 가했을 때 단단해지는 성질은?

① 외력경화   ② 가공경화

③ 시효경화   ④ 표면경화

24 다음 중 열간단조로 옳지 않은 것은?

① 코이닝   ② 롤단조

③ 업셋단조   ④ 프레스단조

25 다음 중 단조에 대한 설명으로 옳지 않은 것은?

① 연소나 용융시작의 온도에 100˚C 이내로 근접해야 한다.

② 화덕, 중유로, 가스로 등이 가열로로 쓰인다.

③ 가공종료온도는 재결정온도보다 약간 높은 온도로 유지시켜야 한다.

④ 재료를 가열할 때는 균일하게 서서히 가열시킨다.

ⓒ ANSWER | **22.**④ **23.**② **24.**① **25.**①

22 단조용 공구
  ㉠ 앤빌 : 주강 또는 연강의 표면에 경강을 붙인 것을 사용한다.
  ㉡ 스웨이지 블록 : 여러 가지 형상의 틀이 있어 조형용으로 사용되고, 앤빌 대용으로도 사용된다.
  ㉢ 손해머 : 경강으로 만들며 머리 부분은 열처리한다.
  ㉣ 집게 : 가공물을 집는 데 사용된다.
  ㉤ 다듬개 : 가공물을 다듬는 데 사용되며 각 다듬개, 평면 다듬개, 원형 다듬개로 나뉜다.

23 가공경화 … 재료에 외력을 가하면 단단하게 경도가 높아지는 현상이다.

24 열간단조에는 자유단조, 형단조, 프레스단조, 롤단조, 업셋단조가 있다.

25 ① 연소나 용융시작의 온도에 100˚C 이내에는 근접시키지 않아야 한다.

26 다음 중 자유단조에 속하지 않는 것은?

① 구멍뚫기　　　　　　　　　　　② 단짓기

③ 눌러 붙이기　　　　　　　　　　④ 드롭형 단조

⑤ 절단

27 다음 중 단조기계로 옳지 않은 것은?

① 순수수압프레스　　　　　　　　　② 너클조인트프레스

③ 큐폴라　　　　　　　　　　　　　④ 스프링해머

28 다음 중 일정한 높이에서 낙하시켜 그 힘으로 단조를 하는 단조용 해머는?

① 보드해머　　　　　　　　　　　　② 증기해머

③ 스프링해머　　　　　　　　　　　④ 드롭해머

Ⓢ ANSWER | 26.④　27.③　28.④

26 자유단조
  ㉠ 늘리기 : 재료를 두들겨 길이를 길게 하는 작업이다.
  ㉡ 절단 : 재료를 자르는 작업이다.
  ㉢ 눌러 붙이기 : 재료를 두들겨 길이를 짧게 하는 작업이다.
  ㉣ 굽히기 : 재료를 굽히는 작업이다.
  ㉤ 구멍뚫기 : 펀치를 이용하여 재료에 구멍을 뚫는 작업이다.
  ㉥ 단짓기 : 재료에 단을 지우는 작업이다.

27 ③ 주조시 금속을 용융시키는 용해로이다.

28 ① 딱딱한 나무보드의 아래쪽에 붙어서 회전하는 2개의 거친 표면의 롤 사이에 물려 상승된 후 떨어지는 힘으로 단조한다.
  ② 증기를 이용하여 해머를 올리고 추진하는 형태로 형상이 큰 재료에 강한 압력을 주기 위해서 사용된다.
  ③ 스프링을 장치하여 스프링의 힘으로 타격속도가 빨라지고 운동량을 확대할 수 있으며, 주로 소형 단조물에 이용된다.

29 다음 중 단조품 제조공정 과정으로 옳은 것은?

① 절단→가열→스케일 제거→소재 단련→가열→스케일 제거→다듬질 단조→핀 절단→열처리→교정→완성 다듬질→검사→완성

② 절단→가열→스케일 제거→소재 단련→가열→스케일 제거→핀 절단→다듬질 단조→열처리→교정→검사→완성

③ 절단→가열→소재 단련→열처리→스케일 제거→다듬질 단조→핀절단→가열→교정→완성 다듬질→검사→완성

④ 절단→가열→스케일 제거→교정→가열→핀 절단→열처리→소재 단련→완성 다듬질→검사→완성

30 다음 중 형 재료의 조건으로 옳지 않은 것은?

① 강도가 커야 한다.

② 내마모성과 내열성이 작아야 한다.

③ 가격이 저렴해야 한다.

④ 수명이 길어야 한다.

31 다음 중 크랭크 등을 제작하는 가공법은?

① 형단조

② 전조

③ 단접

④ 주조

32 2회전하는 롤러 사이로 재료를 통과시켜 각종 판재, 봉재, 단면재를 성형하는 가공방법은?

① 인발

② 전조

③ 압연

④ 압출

✅ ANSWER | **29.① 30.② 31.① 32.③**

29 단조품 제조공정 … 절단→가열→스케일 제거→소재 단련→가열→스케일 제거→다듬질 단조→핀 절단→열처리→교정→완성 다듬질→검사→완성

30 형 재료의 조건
  ㉠ 강도가 커야 한다.
  ㉡ 가격이 저렴해야 한다.
  ㉢ 내마모성과 내열성이 커야 한다.
  ㉣ 수명이 길어야 한다.

31 형단조 … 상·하 두 개의 금형 사이에 가열한 소재를 넣고 압력을 가해 재료를 성형하는 방법으로, 제품을 대량으로 신속하게 만들 수 있어 스패너·렌치·크랭크의 제작에 쓰인다.

32 압연 … 고온이나 상온에서 회전하는 롤러 사이로 재료를 통과시켜 재료의 소성을 이용하여 각종 판재, 봉재, 단면재를 성형하는 가공방법이다.

33 다음 중 단조공정에서 재료 가열시 주의사항으로 옳지 않은 것은?

① 갑자기 고온에서 가열하지 않는다.

② 균일하게 가열한다.

③ 급랭한다.

④ 필요 이상의 고온에서 오랫동안 가열하지 않는다.

34 재료를 일정 온도 이상으로 가열하여 연하게 되었을 때 해머 등으로 큰 힘을 가해 가공하는 방법은?

① 주조   ② 단조

③ 인발   ④ 전조

⑤ 압연

35 다음 중 단조용 재료로 옳지 않은 것은?

① 탄소강   ② 주철

③ 경화금   ④ 동합금

⑤ 특수강

ANSWER | 33.③ 34.② 35.②

33 단조공정에서 재료 가열시 주의사항
　㉠ 너무 급하게 고온에서 가열하지 말 것
　㉡ 균일하게 가열할 것
　㉢ 필요 이상의 고온에서 오랫동안 가열하지 말 것

34 ① 만들려고 하는 제품과 같은 형상으로 만들어진 공간 속에 녹은 금속을 주입시켜 굳혀서 만드는 가공방법이다.
　③ 재료를 원뿔형 다이 구멍에 통과시킨 후 선단을 축방향으로 인발기로 당기면서 선이나 둥근 봉을 만드는 가공방법이다.
　④ 둥근 소재를 다이 사이에 넣고 회전시키면서 누르면 소재의 바깥쪽이 다이에 의해 필요한 모양으로 만들어지는 가공방법이다.
　⑤ 회전하는 두 개의 롤(roll) 사이를 통과시켜 판, 형재를 만드는 가공방법이다.

35 단조용 재료
　㉠ 항복점이 낮고 연신율이 큰 재료를 사용한다.
　㉡ 탄소강·경화금·동합금·특수강 등이 적합하나, 탄소함유량이 많은 탄소강과 특수강 중 일부는 단조가 곤란하다.

36 압연에 대한 설명으로 옳지 않은 것은?

① 탄소강과 저합금강은 가열온도가 보통 1,200°C 이상이어야 한다.

② 주조, 단조에 비해 작업속도가 느리고 생산비가 비싼 단점이 있다.

③ 고온이나 상온에서 재료를 회전하는 2개의 롤러 사이를 통과시켜 판재나 형재를 만든다.

④ 압하율을 크게 하기 위해서는 압연재의 온도를 높여야 한다.

37 단조를 한 방향으로 하면 섬유조직이 발생하는 것을 무엇이라 하는가?

① 섬유선 ② 단류선

③ 전단선 ④ 강인선

38 다음 중 기차레일 등을 제작하는 가공법은?

① 전조 ② 압출

③ 인발 ④ 압연

39 다음 중 압연가공에서 압하율을 구하는 식은?

① $\dfrac{H_0 - H_1}{H_0} \times 100$ ② $(H_0 - H_1) \times 100$

③ $\dfrac{H_1 - H_0}{H_1} \times 100$ ④ $\dfrac{H_1 + H_0}{H_1} \times 100$

⑤ $\dfrac{H_0}{H_0 - H_1} \times 100$

✔ ANSWER | 36.② 37.② 38.④ 39.①

36 ② 주조나 단조에 비해서 작업속도가 빠르고 생산비가 저렴한 장점을 가지고 있다.

37 단류선 … 단조시 한 방향으로 가공하면 나타나는 섬유상의 조직이다.

38 기차레일 형상의 롤러를 사용하여 압연가공을 통해 제작한다.

39 압하율 $= \dfrac{H_0 - H_1}{H_0} \times 100$ (H_0 : 변형 전 두께, H_1 : 변형 후 두께)

40 다음 중 압연의 조건은?

① $\mu \geqq \sin\theta$

② $\mu \geqq \tan\theta$

③ $\mu \geqq \cos\theta$

④ $\mu \leqq \tan\theta$

41 다음 중 압연가공시 압하율을 크게 하는 방법으로 옳지 않은 것은?

① 롤러의 회전속도를 낮춘다.

② 지름이 큰 롤러를 사용한다.

③ 압연재를 당겨준다.

④ 압연재의 온도를 높인다.

42 다음 중 압연을 쉽게 하는 방법으로 옳지 않은 것은?

① 압하율이 클수록 공정수가 적어 압연이 쉽다.

② 롤러의 반지름이 클수록 응력이 작아 압연이 쉽다.

③ 인장력을 주면 압연압력이 작아져 압연이 쉽다.

④ 윤활을 좋게 하면 마찰계수가 작아져 압연이 쉽다.

ANSWER | **40.**② **41.**③ **42.**②

40 압연의 조건 ··· $\mu \geqq \tan\theta$ (μ : 마찰계수)

41 압연가공시 압하율을 크게 하는 방법
㉠ 롤러의 회전속도를 낮춘다.
㉡ 지름이 큰 롤러를 사용한다.
㉢ 압연재의 온도를 높인다.

42 압연을 쉽게 하는 방법
㉠ 윤활을 좋게 하면 마찰계수 μ가 작아져 압연이 쉽다.
㉡ 압하율이 클수록 공정수가 적어 경제적이므로 압연이 쉽다.
㉢ 롤러의 반지름이 작을수록 응력이 작아져 압연이 쉽다.
㉣ 인장력을 주면 압연압력이 작아져 압연이 쉽다.

43 다음 중 열간압연의 특징으로 옳지 않은 것은?

① 큰 변형이 가능하다.   ② 질이 균일하다.

③ 가공시간을 단축할 수 있다.   ④ 가공 후 강도가 커진다.

44 제품의 중간재를 생산하는 압연은?

① 판재압연   ② 분괴압연

③ 형강압연   ④ 링압연

45 인발가공에서 지름 10mm의 철사를 지름 8mm로 인발하였을 경우의 단면감소율은?

① 18%   ② 36%

③ 44%   ④ 56%

⑤ 62%

ANSWER | **43.**④   **44.**②   **45.**②

43 열간압연의 특징
- ㉠ 큰 변형이 가능하다.
- ㉡ 질이 균일하다.
- ㉢ 가공시간을 단축할 수 있다.
- ㉣ 대량생산이 가능하다.

44 제품의 중간재를 생산하는 압연을 분괴압연이라 한다.

※ 분괴압연의 종류
- ㉠ 슬래브 : 폭 220 ~ 1,000mm, 두께 50 ~ 400mm 정도의 두꺼운 강판을 뜻하며 판의 재료가 된다.
- ㉡ 시트 바 : 얇은 판의 재료가 된다.
- ㉢ 빌릿 : 원형 또는 사각단면으로 비교적 작은 단면의 재료가 된다.
- ㉣ 플랫 : 폭 20 ~ 450mm, 두께 6 ~ 18mm 정도의 평평한 재료이다.
- ㉤ 블룸 : 사각단면의 형상이며 빌릿, 슬래브, 시트 바의 재료가 된다.
- ㉥ 스켈프 : 사각단면을 압연한 띠 모양으로 좁은 것은 스크립, 넓은 것은 후프라 한다.
- ㉦ 팩 : 압연을 최종 치수까지 하지 않고 도중까지만 압연한 강판을 말한다.

45
$$\text{단면감소율} = \frac{A_0 - A_1}{A_0} \times 100 = \frac{10^2 - 8^2}{10^2} \times 100 = 36\% \ (A_0 : \text{인발 전의 단면적}, \ A_1 : \text{인발 후의 단면적})$$

1 다음 중 정극성과 역극성이 존재하며, 둘 중 한 극성을 선택하여 작업할 수 있는 용접은 어느 것인가?

한국중부발전

① 직류 아크 용접
② 산소−아세틸렌 가스 용접
③ 테르밋(thermit) 용접
④ 레이저빔(laser−beam) 용접

2 다음은 주조, 단조, 리벳 이음 등을 대신하는 금속적 결합법에 속하는 테르밋 용접(thermit welding)에 대한 설명이다. 내용 중 옳지 않은 것은?

한국중부발전

① 산화철과 알루미늄 분말의 반응열을 이용한 것이다.
② 용접 접합강도가 높다.
③ 용접 변형이 적다.
④ 주조용접과 가압용접으로 구분된다.

 ANSWER | 1.① 2.②

1 정극성과 역극성이 존재하며, 둘 중 한 극성을 선택하여 작업할 수 있는 용접방식은 직류 아크 용접이다.
  • 정극성 : 공작물이 (+)극이고, 용접봉이 (−)극인 상태로서 용접봉의 용융은 늦으나 모재의 용입이 깊다.
  • 역극성 : 공작물이 (−)극이고, 용접봉이 (+)극인 상태로서 용접봉의 용융은 늦으나 모재의 용입이 깊다.

2 테르밋 용접은 다른 용접법에 비해 용접의 접합강도가 낮은 편이다.
  ※ 테르밋 용접 … 알루미늄과 산화철의 분말을 혼합한 것을 테르밋이라 한다. 테르밋을 점화시키면 알루미나가 생성이 되면서 고열이 발생하게 되는데 이 열을 이용한 용접이다.
    • 작업이 용이하며 용접작업시간이 짧게 소요된다.
    • 용접용 기구가 간단하고 설비비가 싸고 전력을 필요로 하지 않는다.
    • 용접변형이 적으며 작업장소의 이동이 쉽다.
    • 주조용접과 가압용접으로 구분된다.
    • 접합강도가 다른 용접법에 비해 상대적으로 낮다는 단점이 있다.

3 가스 용접에 대한 설명으로 옳지 않은 것은?

대전도시철도공사

① 전기를 필요로 하며 다른 용접에 비해 열을 받는 부위가 넓지 않아 용접 후 변형이 적다.
② 표면을 깨끗하게 세척하고 오염된 산화물을 제거하기 위해 적당한 용제가 사용된다.
③ 기화용제가 만든 가스 상태의 보호막은 용접할 때 산화작용을 방지할 수 있다.
④ 가열할 때 열량 조절이 비교적 용이하다.

4 각종 용접법에 대한 설명으로 옳은 것은?

대구도시철도공사

① TIG 용접(GTAW)은 소모성인 금속전극으로 아크를 발생시키고, 녹은 전극은 용가재가 된다.
② MIG 용접(GMAW)은 비소모성인 텅스텐 전극으로 아크를 발생시키고, 용가재를 별도로 공급하는 용접법이다.
③ 일렉트로 슬래그 용접(ESW)은 산화철 분말과 알루미늄 분말의 반응열을 이용하는 용접법이다.
④ 서브머지드 아크 용접(SAW)은 노즐을 통해 용접부에 미리 도포된 용제(flux) 속에서, 용접봉과 모재 사이에 아크를 발생시키는 용접법이다.

✅ ANSWER | 3.① 4.④

3 가스 용접의 장·단점
　㉠ 장점
　　• 전기가 필요 없다.
　　• 용접기의 운반이 비교적 자유롭다.
　　• 용접장치의 설비비가 전기 용접에 비하여 싸다.
　　• 불꽃을 조절하여 용접부의 가열 범위를 조정하기 쉽다.
　　• 박판 용접에 적당하다.
　　• 용접되는 금속의 응용 범위가 넓다.
　　• 유해 광선의 발생이 적다.
　　• 용접 기술이 쉬운 편이다.
　㉡ 단점
　　• 고압가스를 사용하기 때문에 폭발, 화재의 위험이 크다.
　　• 열효율이 낮아서 용접 속도가 느리다.
　　• 금속이 탄화 및 산화될 우려가 많다.
　　• 열의 집중성이 나빠 효율적인 용접이 어렵다.
　　• 일반적으로 신뢰성이 적다.
　　• 용접부의 기계적 강도가 떨어진다.
　　• 가열 범위가 커서 용접 능력이 크고 가열 시간이 오래 걸린다.

4 ① TIG 용접(GTAW)은 비소모성인 텅스텐 전극으로 아크를 발생시키고 용가재의 첨가 없이도 아크열에 의해 모재를 녹여 용접할 수 있다.
　② MIG 용접(GMAW)은 소모성인 금속전극으로 아크를 발생시킨다.
　③ 산화철 분말과 알루미늄 분말의 반응열을 이용하는 용접법은 테르밋 용접법이다.

5 레이저 용접에 대한 설명으로 옳지 않은 것은?

대구도시철도공사

① 좁고 깊은 접합부를 용접하는 데 유리하다.
② 수축과 뒤틀림이 작으며 용접부의 품질이 뛰어나다.
③ 반사도가 높은 용접 재료의 경우, 용접효율이 감소될 수 있다.
④ 진공 상태가 반드시 필요하며, 진공도가 높을수록 깊은 용입이 가능하다.

6 다음 중 전기저항 용접법이 아닌 것은?

대구도시철도공사

① 프로젝션 용접   ② 심 용접
③ 테르밋 용접   ④ 점 용접

✅ ANSWER | 5.④ 6.③

5 레이저 용접은 진공상태가 반드시 필요하지는 않으며 열원이 빛의 빔이므로 투명재료를 써서 공기, 진공, 고압액체 등 어떤 조건에서도 용접이 가능하다. (진공상태가 반드시 필요하며 진공도가 높을수록 깊은 용입이 가능한 용접은 전자빔 용접의 특성이다.)
 ※ **레이저 용접법** … 고에너지를 갖는 적색광선의 레이저를 렌즈로 집중시켜 빔 형태로 나가는 레이저빔의 열을 이용하여 용접을 하는 방법이다.
 • 좁고 깊은 접합부를 용접하는 데 유리하므로 전자부품과 같은 작은 재료의 정밀용접에 주로 사용된다.
 • 용접 열영향부가 매우 작고, 수축과 뒤틀림이 작으며 용접부의 품질이 뛰어나다.
 • 에너지의 밀도가 매우 높으며 용융점이 높은 금속의 용접에 주로 사용된다.
 • 공기, 진공, 고압액체 등 어떤 조건에서도 용접이 가능하다.
 • 반사도가 높은 용접 재료의 경우, 용접효율이 감소될 수 있다.
 ※ **전자빔 용접법** … 고진공상태에서 고속의 전자선을 피용접물에 충돌시켜 그 에너지로 용접을 하는 방법
 • 용접 폭이 좁고 용입이 깊으며 열변형이 적다.
 • 진공상태가 필요하며 진공도가 높을수록 깊은 용입이 가능해진다.
 • 용접 가능한 두께의 범위가 넓다.
 • 용접부의 경화가 발생하기 쉽다.

6 테르밋 용접은 특수 용접법에 속한다. 프로젝션 용접, 심 용접, 점 용접은 전기저항 용접 중 겹치기식 용접에 속한다.
 ※ **전기저항 용접의 종류**
 • **맞대기 저항 용접** : 플래시 용접, 충격 용접, 업셋 용접
 • **겹치기 저항 용접** : 점 용접, 심 용접, 프로젝션 용접
 • **점 용접(spot welding)** : 환봉 모양의 구리합금 전극 사이에 모재를 겹쳐 놓고 전극으로 가압하면서 전류를 통할 때 발생하는 저항열로 접촉부위를 국부적으로 가압하여 접합하는 방법으로 자동차, 가전제품 등 얇은 판의 접합에 사용되는 용접법
 • **심 용접(seam welding)** : 전극 롤러 사이에 모재를 넣고 전류를 통하게 하여 연속적으로 가열, 가압하여 접합하는 방법이다.
 • **프로젝션 용접(projection welding)** : 모재의 한쪽에 돌기를 만들고, 여기에 평평한 모재를 겹쳐 놓은 후 전류를 통하게 하여 용융상태에 이르면 압력을 가해 접합하는 방법

7 잔류응력(residual stress)에 대한 설명으로 옳지 않은 것은?

① 변형 후 외력을 제거한 상태에서 소재에 남아 있는 응력을 말한다.

② 물체 내의 온도구배에 의해서도 발생할 수 있다.

③ 잔류응력은 추가적인 소성변형에 의해서도 감소될 수 있다.

④ 표면의 인장잔류응력은 소재의 피로수명을 향상시킨다.

8 다음 중 알루미늄 분말과 산화철을 이용하여 용접하는 방법은?

① 테르밋 용접

② 서브머지드 용접

③ 플라즈마 용접

④ 초음파 용접

⑤ 전기저항 용접

Ⓒ ANSWER | 7.④ 8.①

7 국부적인 가열 또는 불균일한 가공에서 나타나는 응력으로 용접, 주조, 단조 또는 압연 등의 결과 재료 내부에 발생하여 외력이 없음에도 남아 있는 응력을 말한다.

8 ① 산화철과 알루미늄 분말을 3 : 1의 비율로 혼합한 후 점화하면 화학반응이 전개되어 발생하는 3,000℃의 고온을 이용한 용접방법이다.

② 자동 아크 용접의 종류로 용접이음표면에 입사의 용재를 공급판을 통하여 공급시키고 그 속에 연속된 와이어로 된 전기 용접봉을 넣어 용접봉 끝과 모재 사이에 아크를 발생시켜 용접하는 방법이다.

③ 고도로 전리된 가스체의 아크를 이용한 용접방법으로 이행형의 형태에 따라 플라즈마 아크 및 플라즈마 제트로 구분한다.

④ 냉간 용접의 종류로 20KHz 정도의 초음파에 의해 발생된 고주파 진동에너지에 의해 가압된 모재 사이에 존재하는 이물질이 제거되고, 모재 사이의 틈새가 원자간 거리로 좁혀지면서 용접을 하는 방법이다.

⑤ 용접할 물체에 전류를 통하여 접촉부에 발생되는 전기의 저항열로 모재를 용융상태로 만들어 외력을 가하여 접합하는 용접방법이다.

9 다음 중 압접의 종류에 해당하지 않는 것은?

① 전기저항 용접

② 플라즈마 용접

③ 초음파 용접

④ 마찰 용접

⑤ 스터드 용접

10 가스 용접에서 사용되는 안전기의 역할로 옳은 것은?

① 역화방지

② 불순물 제거

③ 부식방지

④ 가스압력조절

⑤ 절단간격조절

11 용접봉을 용제 속에 넣고 아크를 일으켜 용접하는 것은?

① 불활성가스 아크 용접

② 이산화탄소 아크 용접

③ 서브머지드 아크 용접

④ 원자 수소용 아크 용접

✓ ANSWER | 9.② 10.① 11.③

9 ① 용접할 물체에 전류를 통하여 접촉부에 발생되는 전기 저항열로 모재를 용융상태로 만들어 외력을 가하여 접합하는 용접방법이다.

③ 20KHz 정도의 초음파에 의해 발생된 고주파 진동에너지에 의해 가압된 모재 사이에 존재하는 이물질을 제거하고, 모재 사이의 틈새는 원자간 거리로 인하여 좁혀지는 용접방법이다.

④ 용접할 물체의 접합면에 압력을 가한 상태로 상대적인 회전을 시켜 마찰발열로 접합부가 고온에 도달하였을 때 상대 회전속도를 0으로 하고 가압력을 증가시켜 용접하는 방법으로 마찰압접이라고도 한다.

⑤ 지름 10mm 이하의 강철 및 황동제의 스터드 볼트 등과 같은 짧은 봉과 모재 사이에 보조링을 끼우고 봉에 압력을 가하여 통전시키면 스터드와 모재 사이에 아크가 발생하여 1초 이내에 모재의 용접부분이 용융상태가 되고 보조링은 적열상태가 될 때 스터드에 가해진 압력으로 인하여 모재가 밀착되고 전류는 자동차단되면서 용접하는 방법이다.

※ **플라즈마 용접** … 고도로 전리된 가스체의 아크를 이용한 용접방법으로 이행형과 비이행형으로 분류하여 플라즈마 아크와 플라즈마 제트로 구분한다. 용접에서는 열이 높은 플라즈마 아크를 주로 사용한다.

10 용접작업 중 역화를 일으키거나 저압식 토치가 막혀 산소가 아세틸렌 쪽으로 역류하는 경우 이 역류작용이 발생기까지 확산되면 폭발의 위험성이 있으므로 토치와 발생기 사이에 안전밸브 등의 안전기를 설치하여 위험을 방지하여야 한다.

11 **서브머지드 아크 용접** … 모재의 표면 위에 미리 미세한 입상의 용제를 살포하여 두고, 이 용제 속에 용접봉을 꽂아 넣어 용접하는 자동 아크 용접법으로 아크가 눈에 보이지 않는다.

12 다음 E4301에서 43은 무엇을 뜻하는가?

① 피복제의 종류

② 용착금속의 최저인장강도

③ 피복제의 종류와 용접자세

④ 아크 용접시의 사용전류

13 다음 중 불활성가스 용접의 특징으로 옳지 않은 것은?

① 용제를 사용하지 않으므로 slag가 없어 용접 후 청소가 필요없다.

② 대체로 모든 금속의 용접이 가능하다.

③ 스패터나 합금원소의 손실이 많고 값이 비싸다.

④ 용접이 가능한 판의 두께 범위가 넓다.

14 일랙트로 슬래그 용접의 특징으로 옳지 않은 것은?

① 충격에 약하다.

② 용접시간이 오래 걸린다.

③ 경제적이다.

④ 두꺼운 모재용접에 용이하다.

⑤ 용접 흠을 가공할 필요가 없다.

12 E4301
 ㉠ E : 전기 용접봉의 의미
 ㉡ 43 : 용착금속의 최저인장강도
 ㉢ 0 : 용접자세
 ㉣ 1 : 피복제의 종류

13 ③ 스패터나 합금원소의 손실이 적다.

14 일랙트로 슬래그 용접의 특징
 ㉠ 충격에 약하다.
 ㉡ 두꺼운 모재용접에 용이하며, 용접 흠을 가공할 필요가 없다.
 ㉢ 용접시간이 빠르고 경제적이다.

15 불활성가스 아크 용접에서 불활성가스는 무엇을 사용하는가?

① 수소, 아세틸렌 ② 헬륨, 아르곤

③ 수소, 네온 ④ 산소, 수소

⑤ 헬륨, 수소

16 용접부에 생기는 잔류응력을 없애려면 어떻게 하면 되는가?

① 담근질을 한다. ② 뜨임을 한다.

③ 불림을 한다. ④ 풀림을 한다.

⑤ 급랭시킨다.

17 다음 중 금속 또는 비금속의 결합부분을 용해하여 접합하는 가공법은?

① 압출 ② 인발

③ 용접 ④ 프레스가공

18 다음 중 우수한 용접성의 결정요인으로 옳지 않은 것은?

① 용접방법 ② 합금조성

③ 접합부의 모양과 크기 ④ 용접자세

✅ ANSWER | 15.② 16.④ 17.③ 18.④

15 아크 용접에서 사용하는 불활성가스는 헬륨, 아르곤이다.

16 용접 후 잔류응력을 없애기 위해서는 응력제거 풀림처리를 해야 한다.

17 용접 … 금속 또는 비금속의 결합할 부분을 가열하여 용융상태 또는 반용융상태에서 접합하는 방법이다.

18 우수한 용접성의 결정요인
ⓐ 용접방법
ⓑ 주위의 분위기
ⓒ 합금조성
ⓓ 접합부의 모양과 크기

19 다음 중 용접시에 가접을 하는 이유는?

① 용접의 자세를 일정하게 하기 위해

② 용접 중 변형을 방지하기 위해

③ 용접 중 접합부의 산화물 등의 유해물 제거를 위해

④ 응력집중을 증대시키기 위해

20 다음 중 모재를 녹이지 않고 접합하는 용접방법은?

① 납땜

② 아크 용접

③ 가스 용접

④ 전기저항 용접

21 발열량 조절이 쉬워 아주 얇은 박판 용접이 가능한 것은?

① 일렉트로 슬래그 용접

② 서브머지드 아크 용접

③ 플라스마 용접

④ 전자빔 용접

22 다음 중 스폿 용접에 대한 설명으로 옳지 않은 것은?

① 열전도율이 다른 금속과 용접이 가능하다.

② 가압력, 통전시간 등을 잘 조절해야 한다.

③ 작업속도가 빠르다.

④ 변형, 잔류응력이 적다.

ANSWER | 19.② 20.① 21.③ 22.①

19 가접 … 용접 중 열에 의한 변형을 방지하기 위해 임시로 용접하는 방법이다.

20 ① 모재보다 용융점이 낮은 금속(납)을 모재 사이에 녹여 금속을 접합하는 방법이다.
② 전력을 아크로 바꾸어 그 열로 용접부와 용접봉을 녹여 접합하는 방법이다.
③ 접합할 두 모재를 가스 불꽃으로 가열하여 용융시키고 여기에 모재와 거의 같은 성분의 용접봉을 녹여 접합하는 방법이다.
④ 접합하려는 두 개의 모재를 접촉시켜 전류를 통하게 하면 접촉부에는 전기저항으로 열이 발생하는데, 이 열로 모재의 일부가 용융되거나 용융상태에 가깝게 되었을 때 큰 힘을 가해 접합하는 방법이다.

21 플라스마 용접은 발열량의 조절이 쉬워 아주 얇은 판도 용접이 가능하다.

22 스폿 용접 … 두 개의 모재를 겹쳐 전극 사이에 놓고 전류를 통하게 하여 접촉부의 온도가 용융상태에 이르면 압력을 가해 접합하는 방법으로 열전도율이 다른 금속과는 용접이 불가능하다.

23 다음 중 용접시 꼭 지켜져야 할 안전수칙으로 옳지 않은 것은?

① 헬멧 및 가죽장갑을 착용한다.

② 모든 가연성물질을 용접하는 부근에서 멀리한다.

③ 작업장은 항상 통풍이 잘 되도록 유지한다.

④ 소매나 바지의 길이가 짧은 간단한 복장을 한다.

⑤ 용접 시 반드시 보안경을 착용한다.

24 다음 중 가스 용접에 대한 설명으로 옳지 않은 것은?

① 시설비가 싸다.

② 전기가 필요없다.

③ 아세틸렌, 수소 등을 연료로 이용한다.

④ 용접속도가 아크 용접보다 빠르다.

⑤ 모재와 거의 같은 성분의 용접봉을 녹여 접합한다.

25 산소 – 아세틸렌 불꽃 중 직접 용접을 하는 불꽃의 부분은?

① 백심   ② 내염

③ 외염   ④ 모든 부분

✅ **ANSWER** | 23.④ 24.④ 25.②

23 용접시 안전수칙

㉠ 반드시 헬멧을 착용한다.

㉡ 반드시 가죽장갑을 착용한다.

㉢ 옷이나 장갑에 기름이나 오물이 묻지 않도록 한다.

㉣ 소매나 바지를 올리지 않는다.

㉤ 용접할 때 맨눈으로 아크(arc)를 보면 눈을 상하니 반드시 보안경을 착용한다.

㉥ 보신구가 불안전하면 사용하지 않는다.

㉦ 모든 가연성물질을 용접하는 부근에서 멀리한다.

㉧ 용접대 위에 뜨거운 용접봉, 동강, 강철조각, 공구 등을 놓아두지 않는다.

㉨ 용접을 하지 않을 때 홀더(holder)로부터 용접봉을 빼 둔다.

㉩ 작업장은 항상 적당한 통풍장치가 필요하다.

24 ④ 가스 용접은 용접속도가 아크 용접보다 느리다.

25 산소 – 아세틸렌 불꽃 중 직접 용접을 하는 불꽃의 부분은 가장 온도가 높은 내염부분이다.

26 다음 중 가스 용접에 사용되는 연료가스로 옳지 않은 것은?

① 수소   ② 아세틸렌
③ 암모니아   ④ 프로판
⑤ 메탄가스

27 다음 중 가스 용접에서 용제를 사용하는 이유는?

① 모재의 용융온도를 낮게 하기 위해서
② 용접속도를 낮추기 위해서
③ 침탄이나 질화 작용을 돕기 위해서
④ 용접분에 불순물 등이 들어가는 것을 방지하기 위해서

28 알맞은 비율로 가스를 적절히 혼합하여 용접불꽃을 만드는 기구는?

① 토치   ② 팁
③ 필터유리   ④ 라이저

ⓒ ANSWER | 26.③ 27.④ 28.①

26 가스 용접에 사용되는 연료가스 … 아세틸렌, 수소, 프로판, 메탄가스 등과 조연성가스인 산소 또는 공기와의 혼합가스
    등을 사용한다.

27 가스 용접에서 용제는 용접 중 용접분에 불순물이 들어가는 것을 방지하고 용융금속의 흐름을 좋게 하기 위해서 사용된다.

28 ② 토치의 머리 부분에 있는 것으로 구멍이 클수록 불꽃의 온도가 높아진다.
    ③ 보안경에서 자외선과 적외선을 막아주는 부분으로 용도에 따라 다른 것을 사용한다.
    ④ 쇳물에 압력을 가하고, 주형 내의 가스 및 불순물을 배출한다.

29 다음 중 가스 용접시 연강 용접에 사용하는 용제는?

① 사용하지 않는다.

② 중탄산나트륨 + 탄산나트륨

③ 탄산나트륨

④ 붕사 + 중탄산나트륨 + 탄산나트륨

30 아세틸렌에 대한 설명으로 옳지 않은 것은?

① 무색, 무취의 기체이다.

② 불안정하여 폭발사고를 일으킬 수 있다.

③ 물에 카바이드를 작용하여 발생시킨다.

④ 공기보다 무거운 기체이다.

⑤ 아세톤에 가장 많이 용해된다.

ANSWER | 29.① 30.④

29 가스 용접시 사용되는 용제
　㉠ 연강 : 사용하지 않는다.
　㉡ 경강 : 중탄산나트륨 + 탄산나트륨
　㉢ 주철 : 붕사 + 중탄산나트륨 + 탄산나트륨

30 ④ 아세틸렌은 공기보다 가볍다.
　※ 용접가스
　　㉠ 아세틸렌
　　　• 순수한 것은 무색, 무취의 기체이다.
　　　• 굉장히 불안정하여 폭발사고를 일으킬 수 있다.
　　　• 아세톤에 가장 많이 용해된다.
　　　• 공기보다 가볍다.
　　㉡ 산소
　　　• 공기보다 약간 무겁다.
　　　• 용접절단용 산소도는 99.3% 이상의 순도를 필요로 한다.

31 가스 용접에서 아세틸렌 발생방법으로 옳지 않은 것은?

① 투입식   ② 침지식

③ 주수식   ④ 침탄법

32 다음 중 산소 – 아세틸렌 용접의 종류에 속하는 것은?

① 스폿 용접   ② 전자빔 용접

③ 직선비드 용접법   ④ 심용접

33 다음 중 금속의 용접에 사용되는 불꽃의 용도가 바르게 연결된 것은?

① 연강 – 산화 불꽃   ② 황동 – 산화 불꽃

③ 구리 – 탄화 불꽃   ④ 주철 – 산화 불꽃

⑤ 알루미늄 – 환원 불꽃

✔ ANSWER | 31.④   32.③   33.②

31 아세틸렌 발생방법
    ㉠ 투입식 : 물속에 카바이드를 투입하는 방법이다.
    ㉡ 주수식 : 카바이드에 물을 주입하는 방법이다.
    ㉢ 침지식 : 카바이드를 물속에 담구어 두는 방법이다.

32 산소 – 아세틸렌 용접의 종류
    ㉠ 직선비드 용접법
    ㉡ 토치운봉법

33 각 금속에 사용되는 불꽃의 종류

금속의 종류	불꽃
연강	중성
경강	아세틸렌 약간 과잉
스테인레스 강	아세틸렌 약간 과잉
주철	중성
구리	중성
알루미늄	중성
황동	산소 과잉

34 용접시의 문제점과 그 대책이 잘못 짝지어진 것은?

① 불꽃이 자주 커졌다 작아졌다 할 경우 – 아세틸렌 관 속에 물이 들어간 것이므로 호스를 청소한다.

② 역화 – 가스의 유출속도가 부족한 것이므로 아세틸렌을 차단하거나 팁을 물로 식힌다.

③ 점화시 폭발이 일어날 경우 – 불대와 모재와의 각도를 맞추고 너무 가까이 접근하지 말고 표준에 맞게 접근을 해서 용접을 한다.

④ 불꽃이 거칠 경우 – 산소의 고압력, 노즐의 불결이 원인이므로 산소의 압력을 조절하거나 노즐을 청소한다.

35 정극성으로 용접하였을 경우 모재의 용입정도는?

① 교류보다 얇게 용입된다.　　　　　② 역극성보다 깊게 용입된다.

③ 역극성과 용입정도가 같다.　　　　④ 일정하지 않다.

36 납땜에서 경납과 연납으로 나뉘는 조건은?

① 재결정 온도　　　　　　　　　　② 납의 용융점 온도

③ 모재의 성질　　　　　　　　　　④ 모재의 용융점 온도

37 전극 롤러 사이에 모재를 넣고 전류를 통하여 접합하는 용접법은?

① 스폿 용접　　　　　　　　　　　② 심용접

③ 프로젝션 용접　　　　　　　　　④ 전자빔 용접

ANSWER | 34.③　35.②　36.②　37.②

34 ③ 점화시 폭발이 일어날 경우는 혼합가스 배출이 불안전하고, 산소와 아세틸렌 압력이 부족한 것이므로 불대의 혼합비를 조절하거나 호스 속의 물을 제거하고 노즐을 청소한다.

35 용입의 크기 … 정극성 > 교류 > 역극성

36 납땜은 용융점의 온도(450℃)에 따라 경납과 연납으로 나뉜다.

37 ① 두 개의 모재를 겹쳐 전극 사이에 놓고 전류를 통하게 하여 접촉부의 온도가 용융상태에 이르면 압력을 가해 접합하는 방법이다.
　② 전극 롤러 사이에 모재를 넣고 전류를 통하게 하여 연속적으로 가열·가압하여 접합하는 방법이다.
　③ 모재의 한쪽에 돌기를 만들고, 여기에 평평한 모재를 겹쳐 놓은 후 전류를 통하게 하여 용융상태에 이르면 압력을 가해 접합하는 방법이다.
　④ 진공 속에서 높은 전압으로 가속시켜 전자빔을 모재에 충돌시켰을 때 생기는 열에너지로 모재를 용융시켜 용접하는 방법이다.

38 다음 중 아크 용접의 종류로 옳지 않은 것은?

① 서브머지드 아크 용접 ② 이산화탄소 아크 용접

③ TIG 용접 ④ 테르밋 용접

⑤ MIG 용접

39 아크의 쏠림이 일어나지 않아 일반적으로 많이 사용되는 아크 용접기는?

① 교류 아크 용접기 ② 직류 아크 용접기

③ 고주파 아크 용접기 ④ 병렬 아크 용접기

40 용접봉 표시기호 E4316에서 6이 뜻하는 것은?

① 피복제의 종류

② 전기 용접봉의 뜻

③ 용접자세

④ 용착금속의 최저인장강도(kg/mm^2)

✅ ANSWER | 38.④ 39.① 40.①

38 아크 용접의 종류
- ㉠ 서브머지드 아크 용접
- ㉡ 불활성가스 아크 용접
  - TIG 용접(Tungsten Insert Gas welding)
  - MIG 용접(Metal Insert Gas welding)
- ㉢ 이산화탄소 아크 용접

39 아크 용접기의 종류
- ㉠ 교류 아크 용접기 : 가격이 싸고 아크의 쏠림이 일어나지 않아 일반적으로 많이 사용된다.
- ㉡ 직류 아크 용접기 : 아크의 안정성이 좋고, 얇은 판이나 특수목적으로 사용된다.
- ㉢ 고주파 아크 용접기 : 작은 물건이나 박판 용접에 좋다.

40 용접봉 표시기호 E4316
- ㉠ E : 전기 용접봉의 뜻
- ㉡ 43 : 용착금속의 최저인장강도(kg/mm^2)
- ㉢ 1 : 용접자세
- ㉣ 6 : 피복제의 종류

41 용입부족이 생기는 경우로 옳지 않은 것은?

① 두 대칭되는 비드가 서로 겹치지 않았을 경우

② 불대 조작 미숙 및 용접속도가 너무 느렸을 경우

③ 용접비드가 필릿용접 토부에 용입되지 않고 단순히 모재 위에 비드가 쌓여 있을 경우

④ 용접비드가 모재의 전 두께에 용입되지 않았을 경우

42 모재에 (−)극을 용접봉에 (+)극을 연결하여 접합하는 아크 용접은?

① 정극성   ② 용극성

③ 비용극성   ④ 역극성

43 피복 아크 용접에서 아크 길이가 길어지면 일어나는 현상으로 옳지 않은 것은?

① 아크가 안정된다.   ② 질화가 일어난다.

③ 산화현상이 생긴다.   ④ 스패터가 심해진다.

✅ ANSWER | 41.②   42.④   43.①

41 ② 용융부족이 생기는 경우이다.
　※ 용융부족이 생기는 경우
　　㉠ 용접금속과 모재 표면 간에 용융이 제대로 이루어지지 않았을 경우
　　㉡ 불대 조작 미숙 및 용접속도가 너무 느렸을 경우
　　㉢ 용접이음부가 너무 클 경우
　　㉣ 용접전압이 너무 낮을 경우

42 전기 용접의 극성
　㉠ 정극성 : 모재가 양(+)극이고, 용접봉이 음(−)극이다.
　㉡ 역극성 : 용접봉이 양(+)극이고, 모재가 음(−)극이다.

43 아크의 길이가 길어질 때 일어나는 현상
　㉠ 아크가 불안정해진다.
　㉡ 산화현상이 일어난다.
　㉢ 질화가 일어난다.
　㉣ 스패터가 심해진다.

44 용접봉이 녹아 용융지에 들어가는 깊이를 무엇이라 하는가?

① 용적   ② 용착

③ 용입   ④ 용융

45 아크 용접봉의 피복제의 역할로 옳지 않은 것은?

① 용접금속의 응고와 냉각속도를 빠르게 도와준다.

② 용적이행을 용이하게 한다.

③ 용접금속의 탈산 및 합금 원소를 첨가한다.

④ 스패터의 억제작용을 한다.

⑤ 용접금속의 응고와 냉각속도를 늦춘다.

46 다음 중 이산화탄소 아크 용접의 장점으로 옳지 않은 것은?

① 경제적이다.   ② 시공이 편리하다.

③ 기공이 생기지 않는다.   ④ 용입이 깊다.

⑤ 공기 중의 질소로부터 보호한다.

Ⓥ ANSWER | 44.③   45.①   46.③

44 용접봉이 녹아 용융지에 들어가는 깊이를 용입이라 한다.

45 피복제의 역할
  ㉠ 보호통을 형성하여 아크의 안정과 지향성이 향상된다.
  ㉡ 아크 분위기로 대기의 침입저지, 스패터의 억제작용을 한다.
  ㉢ 용적이행을 용이하게 하고, 각종 용접자세로의 상용성을 높인다.
  ㉣ 양호한 점성과 표면장력을 가진 슬래그를 형성하여 대기에 의한 탈화, 공화를 방지한다.
  ㉤ 용접금속의 탈산 및 합금원소를 첨가한다.
  ㉥ 용접금속의 응고와 냉각속도를 늦춘다.

46 이산화탄소 아크 용접의 장점
  ㉠ 공기 중의 질소로부터 보호한다.
  ㉡ 경제적이다.
  ㉢ 연강 용접에 주로 사용된다.
  ㉣ 용입이 깊고 시공이 편리하다.

47 다음 중 피복제의 작용으로 옳지 않은 것은?

① 전기절연작용

② 아크의 세기

③ 아크의 안정

④ 연소가스의 발생

48 서브머지드 아크 용접의 장점으로 옳지 않은 것은?

① 냉각속도가 빠르다.

② 용입이 깊다.

③ 기계적 성질이 개선된다.

④ 용접속도가 빠르다.

49 다음 중 E4311 용접봉의 피복제의 계통은 무엇인가?

① 일미나이트계

② 저수소계

③ 라임티타니아계

④ 고셀룰로스계

⑤ 철본산화티탄계

✓ ANSWER | 47.② 48.① 49.④

47 ② 아크의 세기와 피복제의 작용 사이의 연관성은 없다.

48 서브머지드 아크 용접의 장점
  ㉠ 용입이 깊다.
  ㉡ 용접속도가 빠르다.
  ㉢ 용착금속의 기계적 성질이 개선된다.

49 용접봉의 종류

용접봉의 종류	피복제 계통	특징
E4301	일미나이트계	내부결함이 적다.
E4303	라임티타니아계	언더컷 발생이 적고, 박판에 사용된다.
E4311	고셀룰로스계	스패더가 많고, 파형이 거칠다.
E4313	고산화티탄계	스패더가 적고, 언더컷의 발생이 적다.
E4316	저수소계	수소의 발생이 적고, 기계적 성질이 양호하다.
E4324	철본산화티탄계	스패더가 적고, 용입이 얕다.

50 불활성가스 아크 용접의 종류 중 용가재가 따로 필요하지 않은 용접법은?

① TIG 용접　　　　　　　　　② 이산화탄소 아크 용접

③ 점용접　　　　　　　　　　④ MIG 용접

51 다음 중 용융금속이 융합되지 못해 모재와 겹쳐진 현상은?

① 슬래그 썩임　　　　　　　　② 기공

③ 용입과다　　　　　　　　　　④ 언더컷

⑤ 오버랩

52 다음 중 언더컷의 원인은?

① 모재에 불순물이 붙어 있을 경우

② 피복제의 조성이 불량할 경우

③ 용접전류가 너무 클 경우

④ 내부응력과 구속력이 재료의 강도의 한계를 넘을 경우

✓ ANSWER | 50.④　51.⑤　52.③

50 불활성가스 아크 용접의 종류
　⊙ TIG 용접(Tungsten Insert Gas welding) : 용가재가 따로 필요하다.
　⊙ MIG 용접(Metal Insert Gas welding) : 소모성 전극이 용가재를 제공하므로 용가재가 따로 필요없다.

51 오버랩 … 용접전류가 약하거나 운봉속도가 불량하거나, 모재에 대해 용접봉이 굵을 때 용융금속이 융합되지 못해 모재와 겹쳐진 현상이다.

52 언더컷 … 용접전류가 너무 크거나 운봉속도가 너무 빠를 때 용접부의 양단에 생기는 홈이다.

53 불활성가스 아크 용접의 특성으로 옳지 않은 것은?

① 아크 주위에 불활성가스를 분출시켜 접합한다.

② 용제가 필요없고 작업이 간편하다.

③ 사용하는 가스가 비싸다.

④ 아크가 불안정하다.

54 전기저항 용접의 장점으로 옳지 않은 것은?

① 신속한 용접이 가능하다.

② 산화작용 및 변질이 적다.

③ 접합형태의 제한이 없다.

④ 장비가 완전자동화될 수 있다.

⑤ 용접분의 중량이 줄어든다.

55 다음 중 프로젝션 용접의 특성으로 옳지 않은 것은?

① 두께가 같은 모재끼리만 용접이 가능하다.

② 전극의 수명이 길다.

③ 열전도율이 다른 모재끼리 용접이 가능하다.

④ 여러 점을 동시에 용접할 수 있다.

ⓒ **ANSWER** | 53.④ 54.③ 55.①

53 ④ 불활성가스 아크 용접은 아크가 안정되고, 산화나 질화되는 일이 없다.

54 전기저항 용접의 장점
ㄱ 신속한 용접이 가능하다.
ㄴ 장비가 완전자동화될 수 있다.
ㄷ 재료를 보전하고, 용가재, 실드가스, 용제 등이 필요하지 않다.
ㄹ 작업에 숙련되지 않아도 된다.
ㅁ 서로 재료가 맞지 않은 모재도 쉽게 용접할 수 있다.
ㅂ 산화작용 및 변질이 적다.
ㅅ 용접분의 중량이 줄어든다.

55 프로젝션 용접의 특성
ㄱ 모재의 두께가 달라도 용접이 가능하다.
ㄴ 열전도율이 다른 모재끼리도 용접이 가능하다.
ㄷ 여러 점을 동시에 용접할 수 있어 작업능률이 높다.
ㄹ 전극의 수명이 길다.

1 절삭가공에서 절삭유(cutting fluid)의 일반적인 사용 목적에 해당하지 않는 것은?

광주도시철도공사

① 공구와 공작물 접촉면의 마찰 감소
② 절삭력 증가
③ 절삭부로부터 생성된 칩(chip) 제거
④ 절삭부 냉각

2 절삭가공에서 발생하는 열에 대한 설명으로 옳지 않은 것은?

광주도시철도공사

① 공작물의 강도가 크고 비열이 낮을수록 절삭열에 의한 온도 상승이 커진다.
② 절삭가공 시 공구의 날 끝에서 최고 온도점이 나타난다.
③ 전단면에서의 전단변형과, 공구와 칩의 마찰작용이 절삭열 발생의 주원인이다.
④ 절삭속도가 증가할수록 공구나 공작물로 배출되는 열의 비율보다 칩으로 배출되는 열의 비율이 커진다.

✅ **ANSWER** | 1.② 2.②

1 절삭유의 사용은 절삭력의 증가와는 직접적인 관련이 있다고 보기 어렵다.

2 절삭열의 발생
• 절삭가공에서는 여러 가지 원인에 의해 열이 발생된다. 실제로 통상적인 속도의 절삭 속도에서는 절삭에 소요된 에너지의 거의 대부분이 열로 변환된다.
• 전단면에서의 소성 변형, 칩과 공구 경사면의 마찰, 공구여유면과 가공면과의 마찰 등이 절삭열을 발생시키는 대표적인 요인이라고 할 수 있다.
• 이런 절삭가공에서 발생한 열은 60% 이상이 칩으로 빠져나간다. 절삭속도가 빨라질수록 칩으로 빠져나가는 절삭열의 비중은 커지며, 고속 가공에서는 그 비중이 90% 이상이 된다. 나머지 절삭열이 공구와 공작물의 온도를 상승시키게 되며, 비율은 보통 일반적인 절삭속도에서 공구 약 10%, 공작물 약 30% 정도이다.
• 일반적으로 절삭열은 공구의 경도 저하로 인한 공구 마모 속도 증가, 공작물의 열팽창으로 인한 가공 치수 정도 저하 등 절삭 가공에 나쁜 영향을 미친다. 특히, 절삭온도가 높아지면 공구 수명은 급속하게 짧아진다.

3 절삭가공에 대한 설명으로 옳지 않은 것은?

right한국공항공사

① 초정밀가공(ultra-precision machining)은 광학 부품 제작 시 단결정 다이아몬드 공구를 사용하여 주로 탄소강의 경면을 얻는 가공법이다.
② 경식선삭(hard turning)은 경도가 높거나 경화처리된 금속재료를 경제적으로 제거하는 가공법이다.
③ 열간절삭(thermal assisted machining)은 소재에 레이저빔, 플라즈마아크 같은 열원을 집중시켜 절삭하는 가공법이다.
④ 고속절삭(high-speed machining)은 강성과 회전정밀도가 높은 주축으로 고속 가공함으로써 공작물의 열팽창이나 변형을 줄일 수 있는 이점이 있는 가공법이다.

4 절삭가공에서 발생하는 크레이터 마모(crater wear)에 대한 설명으로 옳지 않은 것은?

대전도시철도공사

① 공구와 칩 경계에서 원자들의 상호 이동이 주요 원인이다.
② 공구와 칩 경계의 온도가 어떤 범위 이상이면 마모는 급격하게 증가한다.
③ 공구의 여유면과 절삭면과의 마찰로 발생한다.
④ 경사각이 크면 마모의 발생과 성장이 지연된다.

5 절삭가공에서 절삭온도와 공구의 경도에 대한 설명으로 옳지 않은 것은?

인천교통공사

① 전단면에서 전단소성변형에 의한 열이 발생한다.
② 공구의 온도가 상승하면 공구재료는 경화한다.
③ 칩과 공구 윗면과의 사이에 마찰열이 발생한다.
④ 공구의 온도가 상승하면 공구의 수명이 단축된다.
⑤ 절삭열은 칩, 공구, 공작물에 축적된다.

✅ ANSWER | 3.① 4.③ 5.②

3 초정밀가공(ultra-precision machining)은 광학 부품 제작 시 단결정 다이아몬드 공구를 사용하여 주로 탄소강의 경면을 얻는 가공법이다.

4 공구의 여유면과 절삭면과의 마찰로 발생하는 것은 플랭크(여유면) 마모이다.
※ 크레이터 마모 … 바이트날의 경사면 마모로서 공구의 여유면과 절삭면과의 마찰로 발생한다.

5 공구의 온도가 상승하면 공구재료는 연화된다.

6 구성인선(built-up edge)에 대한 설명으로 옳지 않는 것은?

① 구성인선은 일반적으로 연성재료에서 많이 발생한다.

② 구성인선은 공구 윗면 경사면에 윤활을 하면 줄일 수 있다.

③ 구성인선에 의해 절삭된 가공면은 거칠게 된다.

④ 구성인선은 절삭속도를 느리게 하면 방지할 수 있다.

7 암이 선회하면서 주축을 이동하며 대형가공에 사용하는 것은?

① 레이디얼 드릴링머신

② 다축 드릴링머신

③ 만능 드릴링머신

④ 다두 드릴링머신

 ANSWER | 6.④ 7.①

6 연강이나 알루미늄 등과 같은 재질이 연한 금속의 공작물을 가공할 때, 칩과 공구의 윗면 경사면 사이에 높은 압력과 마찰 저항이 크게 생긴다. 이로 인해 절삭 부분에 높은 절삭열이 발생하고 칩의 일부가 매우 단단하게 변질된다. 이 칩이 공구의 날끝 앞에 달라붙어 마치 절삭날과 같은 작용을 하면서 공작물을 절삭하는데, 이것을 빌트업에지(built up edge) 또는 구성인선이라고 한다. 빌트업에지는 매우 짧은 시간에 발생, 성장, 최대성장, 분열, 탈락의 과정을 반복한다.

※ **구성인선 방지책**

ⓐ 공구의 윗면 경사각을 크게 한다.

ⓑ 절삭속도를 크게 한다.

ⓒ 절삭깊이를 작게 한다.

ⓓ 공구의 날끝을 예리하게 한다.

ⓔ 가공 중에 절삭유를 사용한다.

ⓕ 재결정 온도 이상에서 가공한다.

7 레이디얼 드릴링머신 … 공작물을 고정시킨 채 여러 개의 구멍을 뚫을 수 있도록 칼럼에 암이 돌출되어 있으며, 이 암이 칼럼을 중심으로 선회할 수 있고 주축이 암 위를 반지름 방향으로 이동할 수 있게 되어 있다.

※ **다축 드릴링머신** … 생산성을 향상시키기 위해 여러 개의 축으로 동시에 많은 구멍을 뚫을 수 있게 만든 기계이다.

8 공구수명을 단축시키는 요인 중 하나인 치핑(chipping)에 대한 설명으로 옳은 것은?

① 절삭 중 칩이 연속적으로 흐르는 현상이다.
② 칩과 공구의 마찰에 의해 공작물에 열이 발생하는 현상이다.
③ 절삭공구 끝이 절삭저항에 견디지 못해 떨어지는 현상이다.
④ 절삭저항이 증가하여 절삭공구가 떨리는 현상이다.

9 절삭가공의 기본 운동에는 절삭운동, 이송운동, 위치조정운동이 있다. 다음 중 주로 공작물에 의해 이송운동이 이루어지는 공작기계끼리 짝지어진 것은?

① 선반, 밀링머신
② 밀링머신, 평면연삭기
③ 드릴링머신, 평면연삭기
④ 선반, 드릴링머신
⑤ 밀림머신, 드릴링머신

10 다음 중 창성법에 의한 기어 절삭에 해당하지 않는 것은?

① 총형 커터　　　　　　　　　② 랙 커터
③ 호빙머신　　　　　　　　　④ 피니언 커터

---

8 치핑은 경도가 매우 높고 인성이 작은 공구를 사용할 때 공구의 날이 모서리를 따라 작은 조각으로 떨어져 나가는 것이다.

9 선반은 원통이나 원추형의 외부표면을 가공하는 공정을 말하고 드릴링머신은 주축에 끼운 드릴이 회전운동을 하고, 축 방향으로 이송을 주어 공작물에 구멍을 뚫는 공작기계이다.

10 창성법에 의한 기어 절삭의 분류
　㉠ 호브(hob)의 사용에 따라 호빙머신, 스퍼 기어, 헬리컬 기어, 웜 기어를 가공할 수 있다.
　㉡ 피니언 커터(pinion cutter)는 셰이퍼와 피니언의 형상과 동일한 커터를 사용하며 스퍼 기어, 헬리컬 기어, 내접 기어, 단이 있는 기어를 가공할 수 있다.
　㉢ 랙 커터(rack cutter)를 사용하여 피니언 커터와 같은 효과로 기어를 가공할 수 있다.

11 다음 중 절삭저항에 영향을 주지 않는 것은?

① 일감의 재질 ② 절삭속도

③ 공구재료 ④ 절삭면적

12 절삭기계의 상대운동에 대한 설명으로 옳지 않은 것은?

① 선반 – 일감 회전, 공구 수평이송

② 밀링머신 – 일감 고정, 공구 회전

③ 드릴링 – 일감 고정, 공구 회전 및 수직이송

④ 플래너 – 일감 수평운동, 공구 수직이송

13 다음 중 구성인선 방지책으로 옳은 것은?

① 바이트의 경사각을 작게 한다.

② 절삭속도를 고속으로 한다.

③ 절삭깊이를 깊게 한다.

④ 절삭유를 사용하지 않는다.

⑤ 절입은 크게 이송속도는 저속으로 한다.

ⓥ ANSWER | 11.③ 12.② 13.②

11 절삭저항은 공구의 공구각(또는 절삭각), 절삭속도, 재료의 기계적 성질(재료의 경도, 강도, 절삭면적 등)에 의해 영향을 많이 받는다.

12 ② 밀링머신 – 일감 수평운동, 공구 회전
※ **절삭기계와 재료의 상대운동**
ㄱ 선반, 밀링머신, 드릴링머신 : 회전운동과 직선운동
ㄴ 셰이퍼, 플래너 : 직선운동과 직선운동
ㄷ 원통 연삭기, 호빙머신, 기어 절삭기계 : 회전운동과 회전운동

13 **구성인선 방지대책**
ㄱ 경사각을 크게 한다.
ㄴ 절삭속도를 고속으로 한다.
ㄷ 절삭유를 사용한다.
ㄹ 절삭깊이를 얕게 한다.

14 셰이퍼의 크기 표시법이 아닌 것은?

① 램의 최대 행정   ② 테이블의 높이

③ 테이블의 크기   ④ 램의 이동거리

15 지름이 80mm인 일감을 절삭속도 180m/min으로 가공할 때 선반주축의 회전수는 얼마인가? (단, $\pi = 3.14$로 계산하고 소수점 이하는 반올림한다)

① 4.586rpm   ② 314rpm

③ 717rpm   ④ 816rpm

⑤ 962rpm

16 다음 공작기계 중 공구를 회전시키고, 공작물에 이송을 주면서 평면가공이나 홈가공을 하는 데 주로 사용되는 공작기계는?

① 선반   ② 보링머신

③ 밀링머신   ④ 호빙머신

⑤ 드릴링머신

17 선반에서 테이퍼 부분의 길이가 짧고 경사각이 큰 일감의 테이퍼 가공에 이용되는 방법은?

① 복식공구대에 의한 방법

② 심압대 편위에 의한 방법

③ 테이퍼 절삭장치에 의한 방법

④ 총형바이트에 의한 방법

ANSWER | 14.② 15.③ 16.③ 17.①

14 셰이퍼의 크기 표시법 … 램의 최대 행정, 테이블의 크기 및 테이블의 최대 이동거리로 표시한다.

15 선반주축의 회전수$(n) = \dfrac{1,000\,V}{\pi D}$ $[V :$ 절삭속도(m/min), $D :$ 지름(mm)]

16 밀링머신 … 공작물은 바이스에 고정되어 이송을 하고, 절삭공구가 고속회전을 한다.

17 복식공구대를 회전시키는 방법 … 공작물의 테이퍼 부분이 비교적 짧고, 테이퍼량이 많을 때 사용하는 방법이다.

18 드릴링가공법 중 구멍의 다듬질에 사용되는 가공방법은?

① 카운터싱킹   ② 스폿페이싱

③ 리이머가공   ④ 탭가공

19 다음 중 키 홈 또는 다각형 홈 등을 제작하는 데 사용하는 브로치는?

① 내면 브로치   ② 인발식 브로치

③ 압입식 브로치   ④ 외면 브로치

20 다음 중 두 줄의 비틀림홈 드릴의 표준 날끝각은?

① 90°   ② 100°

③ 118°   ④ 135°

⑤ 145°

21 다음 중 평면절삭에 적당한 커터는?

① 사이드 커터   ② 메탈소

③ 앤드밀   ④ 플레인 커터

⑤ 사이드밀

⊘ ANSWER | 18.③   19.①   20.③   21.④

18 리이머가공…이미 뚫은 구멍을 정밀하게 다듬는 가공방법이다.

19 ① 키 홈, 스플라인 홈, 다각형 홈 등을 가공한다.
② 가장 일반적인 브로치로 작은 구멍, 절삭량이 많은 구멍을 가공할 때 먼저 거칠게 보링한 후 사용한다.
③ 큰 구멍이나 절삭량이 작은 공작물을 가공하는 데 사용한다.
④ 기어의 치형이나 홈의 특수모양 등을 가공한다.

20 두 줄의 비틀림홈 드릴의 날끝각의 표준각은 118°이다.

21 플레인 커터…밀링 커터의 축과 평행한 평면절삭을 말한다.

22 다음 중 수평형 브로칭머신의 장점으로 옳지 않은 것은?

① 브로치의 수명이 길다.

② 기계조작이 쉽다.

③ 긴 행정길이를 확보할 수 있다.

④ 작은 공작물의 대량생산이 가능하다.

23 다음 중 대량생산에 사용되는 것으로서 재료의 공급만 하여 주면 자동적으로 가공되는 선반은?

① 다인선반   ② 자동선반

③ 모방선반   ④ 탁상선반

⑤ 모형선반

24 유동형칩의 발생조건으로 옳지 않은 것은?

① 고속절삭을 할 때   ② 모재가 연성일 때

③ 작업이 원활하게 이루어질 때   ④ 바이트의 경사각이 클 때

⑤ 취성재료를 절삭할 때

25 다음 중 샤프연필의 끝처럼 갈라진 틈을 조여 공작물을 물리는 척을 무엇이라 하는가?

① 연동척   ② 단동척

③ 콜릿척   ④ 마그네틱척

⑤ 유압척

⊘ ANSWER | 22.④ 23.② 24.⑤ 25.③

22 수평형 브로칭머신의 장점
ⓐ 브로치의 수명이 길다.
ⓑ 긴 행정길이를 확보할 수 있다.
ⓒ 기계조작 및 점검이 쉽다.

23 자동선반 … 선반의 작동을 자동화한 것으로 대량생산에 적합하다.

24 ⑤ 균열형칩의 발생조건이다.

25 콜릿척 … 지름이 작은 가공물의 고정에 사용된다.

26 절삭가공 중 칩의 발생유형으로 옳지 않은 것은?

① 유동형   ② 전단형

③ 균열형   ④ 횡단형

⑤ 열단형

27 길이가 짧은 일감을 절삭하는 데 유용한 선반은?

① 터릿선반   ② 모방선반

③ 정면선반   ④ 수직선반

⑤ 자동선반

28 다음 중 모형이나 형판에 따라 바이트를 이동시켜 절삭하는 선반은?

① 모방선반   ② 자동선반

③ 정면선반   ④ 보통선반

⑤ 타입선반

✓ **ANSWER** | 26.④ 27.③ 28.①

26 칩의 유형
    ㉠ **유동형칩** : 칩이 바이트의 경사면을 따라 연속적으로 유동하는 모양으로, 가장 안정적인 칩의 형태이다.
    ㉡ **전단형칩** : 칩이 연속적으로 발생되지만 가로방향의 일정한 간격으로 전단이 발생하는 칩의 형태로, 유동형에 비해 미끄러지는 간격이 다소 크다.
    ㉢ **균열형칩** : 취성재료를 저속으로 절삭할 때 공구의 날끝 앞의 면에 균열이 일어나서 작은 조각형태로 불연속적으로 발생하는 칩의 형태이다.
    ㉣ **열단형칩** : 가공물이 경사면에 접착되어 날 끝에서 아래쪽으로 경사지게 균열이 일어나면서 발생하는 칩의 형태이다.

27 **정면선반** … 가공물의 길이가 비교적 짧고 지름이 큰 가공물을 절삭하는 데 사용한다.

28 **모방선반** … 가공물과 치수가 같은 모형을 제작하고, 공구대가 자동으로 이 모형의 윤곽을 따라 절삭하는 선반을 말한다.

29 다음 중 균열형칩이 발생하는 조건으로 옳지 않은 것은?

① 고속절삭을 할 때

② 취성재료를 절삭할 때

③ 공구재질에 비해 절삭깊이가 깊을 때

④ 경사각이 아주 작을 때

30 가공물에 점성이 있을 때 발생되는 칩의 유형은?

① 균열형   ② 전단형

③ 유동형   ④ 열단형

31 다음 중 구성인선의 생성을 방지하는 방법으로 옳지 않은 것은?

① 경사각을 크게 한다.   ② 절삭속도를 줄인다.

③ 절삭유를 사용한다.   ④ 절삭깊이를 작게 한다.

✅ ANSWER | 29.①   30.④   31.②

29 균열형칩의 발생조건
  ㉠ 취성재료를 절삭할 때
  ㉡ 공구재질에 비해 절삭깊이가 깊을 때
  ㉢ 경사각이 아주 작고, 절삭속도가 아주 느릴 때

30 열단형 … 가공물이 경사면에 접착되어 날 끝에서 아래쪽으로 경사지게 균열이 일어나면서 발생하는 칩의 형태로 절삭재료가 연성일 때, 절삭속도가 느릴 때, 절입이 클 때 발생한다.

31 구성인선 생성 방지법
  ㉠ 경사각을 크게 한다.
  ㉡ 절삭속도를 크게 한다.
  ㉢ 절삭유를 사용한다.
  ㉣ 절삭깊이를 작게 한다.

32 다음 중 절삭조건의 3요소로 옳지 않은 것은?

① 절삭속도　　　　　　　　　　　② 절삭깊이

③ 절삭시 온도　　　　　　　　　　④ 이송속도

33 다음 중 구성인선의 생성주기로 옳은 것은?

① 발생→성장→최대성장→분열→탈락

② 발생→분열→성장→최대성장→탈락

③ 성장→발생→최대성장→탈락→분열

④ 분열→성장→최대성장→발생→탈락

⑤ 분열→발생→성장→최대성장→탈락

34 다음 중 절삭공구 재료의 구비조건으로 옳지 않은 것은?

① 고온경도가 커야 한다.

② 마찰계수가 커야 한다.

③ 내마모성이 커야 한다.

④ 인성이 커야 한다.

⑤ 가격이 저렴하고 구입이 용이해야 한다.

ANSWER ┃ 32.③　33.①　34.②

32 절삭조건의 3요소
ㄱ **절삭속도** : 절삭가공 중에 공구와 공작물 속도를 말한다.
ㄴ **절삭깊이** : 절삭가공 중에 공구가 공작물에 잠입하여 들어간 깊이를 말하며, 공구의 수명과 가공 중의 온도상승과 관계된다.
ㄷ 이송속도

33 구성인선의 생성은 '발생→성장→최대성장→분열→탈락'의 과정을 거친다.

34 절삭공구 재료의 구비조건
ㄱ 고온경도가 커야 한다.
ㄴ 인성이 커야 한다.
ㄷ 마찰계수가 작아야 한다.
ㄹ 가격이 저렴하고 구입이 용이해야 한다.
ㅁ 내마모성이 커야 한다.

35 다음 중 절삭저항에 속하지 않는 것은?

① 전단력　　　　　　　　　　② 주분력

③ 배분력　　　　　　　　　　④ 이송분력

36 다음 절삭공구의 재료 중 구성인선이 생기지 않는 재료는?

① 합금공구강　　　　　　　　② 고속도강

③ 다이아몬드　　　　　　　　④ 세라믹

37 공구의 경사면이 파괴되어 생기는 공구의 마멸 종류는?

① 크래이터 마멸　　　　　　　② 플랭크 마멸

③ 치핑　　　　　　　　　　　④ 호밍

38 다음 중 공작기계의 기본운동으로 옳지 않은 것은?

① 절삭운동　　　　　　　　　② 이송운동

③ 왕복운동　　　　　　　　　④ 위치조정운동

ⓒ ANSWER | 35.① 36.④ 37.① 38.③

35 절삭저항의 3분력
　㉠ **주분력** : 절삭방향으로 작용하는 절삭저항 성분으로 공작물을 제거하는 주성분이다.
　㉡ **횡분력(이송분력)** : 공구의 이송방향으로 작용하는 성분으로 공구의 이송을 방해하는 저항력이다.
　㉢ **배분력** : 공구의 축방향으로 작용하는 성분이다.

36 ④ 구성인선의 발생이 없다.

37 공구마멸의 종류
　㉠ **크래이터 마멸** : 공구의 경사면에 발생하고 마멸깊이로 판단한다.
　㉡ **플랭크 마멸** : 공구의 여유면에 발생하고 공구의 폭으로 판단한다.
　㉢ **치핑** : 공구의 날 끝의 일부가 파괴되어 발생한다.

38 공작기계의 기본운동 … 절삭운동, 이송운동, 위치조정운동 등

39 절삭저항의 3분력 중 작용하는 힘이 가장 큰 것은?

① 이송분력   ② 배분력

③ 주분력   ④ 전단력

40 다음 중 수용성 절삭유가 아닌 것은?

① 에멀전형   ② 솔루블형

③ 극압유   ④ 솔루션형

41 선반과정 중 미세하게 절삭속도를 조절해야 하는 작업은?

① 정삭   ② 황삭

③ 횡삭   ④ 태핑

ANSWER | **39.**③   **40.**③   **41.**①

39 절삭저항 3분력의 대소관계 … 주분력 > 배분력 > 이송분력

40 수용성 절삭유
　㉠ 개념 : 원액을 물에 타서 사용하는 것으로 냉각성이 좋다.
　㉡ 종류
　　• 에멀전형 : 유화유라고 하며 우유빛이고 사용배율은 10 ~ 30배이다.
　　• 솔루블형 : 유화유보다 광물성유가 적고 비눗물이 많은 것으로 50배 희석한다.
　　• 솔루션형 : 무기염류가 주성분이며 투명한 것으로 50 ~ 100배 희석한다.

41 선반의 작업과정
　㉠ 황삭 : 칩두께 · 공구수명 · 선반마력 · 공작물이 허용하는 한 크게 절삭하는 방법으로, 가공시간단축과 단단한 표면부
　　를 제거하기 위한 목적으로 작업한다.
　㉡ 정삭 : 필요한 다듬질면을 만들기 위해 충분히 미세한 절삭속도를 조절한다.

42 공작물이 여러 속도로 회전할 수 있는 동력수단을 제공하는 것은?

① 베드   ② 주축대

③ 심압대   ④ 왕복대

43 선반의 주축에 설치되고, 가공물을 고정하여 회전시키는 데 사용하는 것은?

① 베드   ② 센터

③ 에이프런   ④ 척

44 다음 중 가공물을 지지해주는 부속품은?

① 센터   ② 바이트

③ 방진구   ④ 심봉

⑤ 척

⊘ ANSWER | 42.② 43.④ 44.①

42 선반의 구조
  ㉠ **베드** : 선반의 기본 골격과 같은 부분으로 다른 기본 요소가 설치될 수 있는 단단한 틀을 제공한다.
  ㉡ **주축대** : 공작물이 여러 속도로 회전할 수 있는 동력수단을 제공한다.
  ㉢ **심압대** : 3개의 부분으로 구성되어 있으며, 가공물을 지지해주는 역할을 한다.
  ㉣ **왕복대** : 베드의 상부에 놓여지는 것으로, 각종 이송운동에 의해 공작물이 절삭되도록 하는 부분이다.

43 ① 선반의 기본 골격과 같은 부분으로 다른 기본 요소가 설치될 수 있는 단단한 틀을 제공한다.
  ② 척이나 면판과 함께 가공물을 지지해주는 부속품이다.
  ③ 세로 이송장치이다.

44 선반의 부속품
  ㉠ **센터** : 센터는 척이나 면판과 함께 가공물을 지지해주는 부속품으로, 회전센터는 주축대에 고정되어 있고, 정지센터는 심압대에 고정되어 있다.
  ㉡ **척** : 선반의 주축에 설치되고, 가공물을 고정하여 회전시키는 데 사용된다.
  ㉢ **면판** : 여러 개의 구멍과 홈이 있어 이를 이용하여 형상이 불규칙한 공작물을 지지할 수 있다.
  ㉣ **맨드릴(심봉)** : 공작물을 센터로 지지할 위치에 구멍이 있을 때 구멍에 맨드릴을 끼워 공작물을 지지하여 가공하면 편리하게 작업할 수 있다.
  ㉤ **방진구** : 지름이 작고 긴 공작물을 가공할 때는 공작물이 휘어지기 때문에 안정된 가공을 할 수 없으므로 방진구를 이용하여 공작물의 굽힘과 이로 인한 진동을 방지해 준다.

45 척 중 3개의 조(jaw)로 이루어진 것은?

① 단동척   ② 공기척

③ 벨척   ④ 연동척

⑤ 공기척

46 다음 중 선반의 크기를 나타내는 방법으로 옳지 않은 것은?

① 바이트의 크기   ② 베드 위의 스윙

③ 양 센터 간의 최대거리   ④ 왕복대 위의 스윙

47 다음 중 바이트에 공작물과의 마찰을 줄이기 위해 만든 각은?

① 경사각   ② 여유각

③ 회전각   ④ 절인각

48 다음 중 이송단위인 것은?

① mm/rev   ② mm

③ min/m   ④ min/mm

✅ **ANSWER** | 45.④ 46.① 47.② 48.①

45 척의 종류
㉠ 단동척 : 4개의 조(jaw)로 되어 있고, 불규칙한 공작물을 고정하는 데 용이하다.
㉡ 연동척 : 3개의 조(jaw)로 이루어져 있으며, 동시에 움직이므로 고정시간이 빠르다.
㉢ 자석척 : 마그네틱척이라고도 하며 자성체 고정에 용이하다.
㉣ 콜릿척 : 지름이 작은 가공물의 고정에 사용된다.
㉤ 공기척 : 기계운전을 정지하지 않고, 공작물을 고정하거나 분리시킬 수 있다.
㉥ 벨척 : 볼트가 방사형으로 설치되어 불규칙한 짧은 환봉제를 가공할 때 용이하다.

46 선반의 크기를 나타내는 방법 … 베드 위의 스윙, 양 센터 간의 최대거리, 왕복대 위의 스윙

47 바이트 각도
㉠ 경사각 : 칩의 흐름을 좋게 하는 각으로 경사각이 클수록 절삭저항이 감소된다.
㉡ 여유각 : 공작물과의 마찰이 적도록 한 각이다.

48 이송단위는 공작물 1회전당 바이트의 이동거리이다.

49 다음 중 철도 차량용 차축을 가공하는 데 사용되는 선반은?

① 터릿선반

② 차륜선반

③ 탁상선반

④ 정면선반

50 터릿선반에 대한 설명으로 옳지 않은 것은?

① 필요한 다수의 절삭공구를 미리 고정할 수 있다.

② 다중절삭이 가능하다.

③ 이송이 가능한 육각형 터릿을 차례대로 회전시켜 작업을 하는 선반이다.

④ 가장 널리 사용되는 선반으로 다종 소량생산에 사용한다.

⑤ 절삭범위를 미리 정하여 공구를 고정할 수 있다.

51 맨드릴은 어떤 공작물을 가공할 때 사용되는가?

① 구멍이 많이 뚫린 공작물

② 지름에 비해 길이가 긴 공작물

③ 형상이 불규칙한 공작물

④ 센터로 지지할 구멍이 있는 공작물

ANSWER | 49.② 50.④ 51.④

49 ① 길이방향으로 이송이 가능한 육각형 터릿이 심압대 대신 사용되며, 이것을 차례대로 회전시켜 작업을 순차적으로 진행할 수 있는 선반이다.
③ 소형 선반으로 계기 또는 시계부품을 절삭하는 데 이용되는 선반이다.
④ 외경이 크고 길이가 짧은 공작물의 가공에 이용되는 선반이다.

50 ④ 터릿선반은 작은 기계부품을 대량생산할 때 사용한다.

51 맨드릴(심봉) … 공작물을 센터로 지지할 위치에 구멍이 있을 때 구멍에 맨드릴을 끼워 공작물을 지지하여 가공하면 편리하게 작업할 수 있다.

52 기존의 구멍을 확장하여 구멍의 동심도를 완성하기 위한 가공방법은?

① 밀링머신가공   ② 보링머신가공

③ 드릴링머신가공   ④ 브로칭머신가공

53 다음 중 보링작업에 사용되는 절삭공구는?

① 브로치   ② 바이트

③ 커터   ④ 드릴

54 보링머신에 대한 설명으로 옳지 않은 것은?

① 절삭공구의 마찰이 적다.   ② 절삭동력이 크다.

③ 제품의 가공결과가 좋다.   ④ 절삭저항이 작다.

⑤ 절삭공구의 수명이 길다.

✅ ANSWER | 52.②   53.②   54.②

52 ① 원통이나 원판의 둘레에 많은 날을 가진 밀링커터가 회전하면서 테이블 위에 고정된 공작물을 절삭가공하는 가공방법이다.
③ 주축에 끼운 드릴이 회전운동을 하고, 축방향으로 이송을 주어 공작물에 구멍을 뚫는 가공방법이다.
④ 다인공구를 공작물에 눌러 통과시키면서 절삭하는 가공방법이다.

53 ① 브로칭작업에 사용되는 절삭공구
③ 밀링작업에 사용되는 절삭공구
④ 드릴링작업에 사용되는 공구

54 보링머신의 피삭성
㉠ 절삭공구의 마찰이 적다.
㉡ 절삭공구의 수명이 길다.
㉢ 절삭저항이 작다.
㉣ 절삭동력이 작다.
㉤ 제품의 가공결과가 좋다.

55 보링머신의 종류 중 다이아몬드나 초경합금 바이트를 이용하는 것은?

① 정밀 보링머신

② 지그 보링머신

③ 수평식 보링머신

④ 수직 보링머신

ANSWER | 55.①

55 보링머신의 종류
  ㉠ **수평식 보링머신** : 주축이 수평인 보링머신이다.
  ㉡ **정밀 보링머신** : 원통 내면을 작은 절삭깊이와 이송량으로 높은 정밀도와 빠른 속도로 절삭하는 보링머신이며, 다이아몬드나 초경합금 바이트를 사용한다.
  ㉢ **지그(jig) 보링머신** : 드릴에서 부정확한 구멍가공이나 각종 지그(jig)의 제작 및 정밀한 구멍가공을 할 때 사용하며, 허용오차는 0.002 ~ 0.005mm 정도이다.

1 일반적인 손다듬질 작업 공정순서로 옳은 것은?

광주도시철도공사

① 정→줄→스크레이퍼→쇠톱
② 줄→스크레이퍼→쇠톱→정
③ 쇠톱→정→줄→스크레이퍼
④ 스크레이퍼→정→쇠톱→줄

2 탭 작업시 주의사항으로 옳지 않은 것은?
① 공작물을 수평으로 단단히 고정한다.
② 구멍의 중심과 탭의 중심을 일치시킨다.
③ 기름을 충분히 넣는다.
④ 탭은 한쪽 방향으로만 계속 돌린다.

3 구멍에 나사를 내는 데 사용하는 공구는?
① 다이스
② 탭
③ 스크레이퍼
④ 스패너

4 다음 금긋기 작업공구가 아닌 것은?
① 센터 펀치
② V블록
③ 서피스 게이지
④ 해머

✅ ANSWER | 1.③ 2.④ 3.② 4.④

1 손다듬질 작업순서 … 금긋기 → 펀칭 및 드릴링 → 쇠톱질 → 정 작업 → 줄 작업 → 스크레이퍼 작업
2 탭 작업은 암나사를 절삭하는 공구로서 작업시에 가끔씩 역회전을 시켜 칩 배출을 용이하게 해 주어야 한다.
3 탭은 드릴로 뚫은 구멍에 암나사를 내는 작업이다.
4 금긋기 작업공구 … 직각자, V블록, 캠퍼스, 트롬멜, 센터 펀치, 서피스 게이지 등

5 다음 중 다듬질 순서가 옳게 된 것은?

① 금긋기 작업→줄 작업→정 작업→스크레이퍼 작업→조립 작업
② 금긋기 작업→정 작업→줄 작업→조립 작업→스크레이퍼 작업
③ 금긋기 작업→정 작업→줄 작업→스크레이퍼 작업→조립 작업
④ 줄 작업→금긋기 작업→정 작업→스크레이퍼 작업→조립 작업
⑤ 줄 작업→금긋기 작업→스크레이퍼 작업→정 작업→조립 작업

6 다음 중 다듬질 면에 금긋기를 할 때 사용하는 것은?

① 청죽　　　　　　　　　　　② 호분
③ 백묵　　　　　　　　　　　④ 묵즙

7 다음 중 줄질 방법으로 옳지 않은 것은?

① 직진법　　　　　　　　　　② 횡진법
③ 사진법　　　　　　　　　　④ 회전법

---

5 가장 먼저 도면을 따라 금긋기 작업부터 이루어져 가공이 끝난 후 조립 작업을 진행한다. 따라서 다듬질은 '금긋기 작업→정 작업→줄 작업→스크레이퍼 작업→조립 작업' 순서로 이루어진다.

6 금긋기 도료
　㉠ 간단한 금긋기 : 백묵
　㉡ 흑피 재료의 금긋기 : 호분
　㉢ 다듬질 면의 금긋기 : 청죽
　㉣ 구리와 경합금의 금긋기 : 묵즙

7 줄질 방법
　㉠ 사진법 : 거친 면을 다듬질 할 때
　㉡ 직진법 : 좁은 면을 다듬질 할 때
　㉢ 횡진법 : 좁은 곳의 최종 다듬질 할 때

8 재질이 주철, 연강인 공작물에 다듬질 스크레이퍼 작업을 할 때 적당한 스크레이퍼의 각도는?

① 100°   ② 150°

③ 60°   ④ 30°

⑤ 15°

9 다음 괄호 안에 들어갈 숫자로 적절하게 짝지어진 것은?

> 탭 종류 중 수동 탭은 (   )개가 1조이며 1번 탭의 절삭량은 (   )%이다.

① 2, 55   ② 3, 55

③ 4, 25   ④ 5, 25

⑤ 6, 55

10 다음 중 드릴링 머신, 나사내기 머신이나 선반 등에 장치하여 나사를 내는 탭은?

① 건 탭   ② 파이프 탭

③ 기계 탭   ④ 드릴 탭

✅ ANSWER | 8.① 9.② 10.③

8 공작물의 재질에 따른 스크레이퍼 날끝 각도

각도 　　　　　 재료	주철, 연강	황동, 청동	연금속
거친 작업시 날끝 각도	70 ~ 90°	70 ~ 80°	60°
다듬질 작업시 날끝 각도	90 ~ 120°	75 ~ 85°	70°

9 수동탭 … 3개가 1조를 이룬다.
　㉠ 1번 탭 : 55% 절삭
　㉡ 2번 탭 : 25% 절삭
　㉢ 3번 탭 : 20% 절삭

10 ① 고속절삭이 가능하도록 제작된 탭으로, 진행방향으로 탭이 배출된다.
　② 파이프용 나사내기를 사용하는 탭이다.
　③ 드릴링 머신, 기타 공작기계에 장치하여 나사를 내는 탭이다.
　④ 드릴과 탭이 조합된 것이다.

11 손 다듬질 공구로 옳은 것은?

① 스크레이퍼   ② 드릴

③ 셰이퍼   ④ 슈퍼 피니싱

12 나사의 바깥지름이 20mm, 나사드릴의 지름이 16.5mm이면 피치는 얼마인가?

① 2.5   ② 3

③ 3.5   ④ 4

⑤ 4.5

13 줄의 크기는 무엇으로 표시하는가?

① 줄의 폭   ② 줄의 무게

③ 줄 전체의 크기   ④ 줄 본체의 길이

14 정 작업용 공구가 아닌 것은?

① 정   ② 바이스

③ 작업대   ④ 서피스 게이지

ANSWER | 11.①   12.③   13.④   14.④

11 손 다듬질 공구로는 스크레이퍼, 리머, 줄, 탭 등이 있다.

12 $d = D - p$
- d : 나사기초 드릴의 지름
- D : 나사의 바깥지름
- p : 피치

13 줄의 크기는 줄 본체의 길이로 표시한다.

14 ④ 금긋기 작업공구이다.

15 다음 중 정 작업시 주의할 점으로 옳지 않은 것은?

① 재료를 자르기 시작할 때와 끝날 때 강하게 타격한다.

② 보안경을 착용한다.

③ 열처리한 재료는 정 작업을 하지 않는다.

④ 줄 손잡이를 뺄 때는 바이스 사이에 끼워 충격을 주어 뺀다.

16 줄 작업을 행하는 경우가 아닌 것은?

① 기계가공이 곤란한 부분

② 기계가공 후의 끝 손질

③ 기계가공이 용이한 부분

④ 기계가공 후 조립품이 잘 결합되지 않을 때

17 다음 줄날의 종류 중 일반 다듬질용에 사용되는 줄날은?

① 홑줄날   ② 두줄날

③ 곡선줄날   ④ 라스프 줄날

⊘ ANSWER | 15.① 16.③ 17.②

15 ① 정 작업시 공작물을 자르기 시작할 때와 끝날 때는 약하게 타격한다.

16 줄 작업은 기계가공이 어려운 부분, 기계가공 후 끝 손질할 때, 기계가공 후 조립품이 잘 결합되지 않을 때 행한다.

17 줄날의 종류
　㉠ **홑줄날** : 주석, 납 등 비철금속의 다듬질용
　㉡ **두줄날** : 일반 다듬질용
　㉢ **곡선줄날** : 납, 알루미늄 등의 다듬질용
　㉣ **라스프 줄날** : 목재, 피혁 등의 다듬질용

18 이미 뚫은 구멍에 작업공구를 이용하여 암나사를 내는 작업을 무엇이라 하는가?

① 줄 작업

② 스크레이퍼 작업

③ 드릴 작업

④ 탭 작업

19 다음 중 챔퍼의 부분은?

① 도입부분

② 자루부분

③ 중심부분

④ 슴베부분

20 탭의 종류 중 다이스나 체이서를 만들 때 다듬질용으로 사용되는 것은?

① 건 탭

② 마스터 탭

③ 파이프 탭

④ 수동 탭

ANSWER | 18.④ 19.① 20.②

18 손다듬질의 종류
- ㉠ **줄 작업** : 공작물의 표면을 소량씩 깎아내어 원하는 모양으로 다듬질 하는 작업
- ㉡ **스크레이퍼 작업** : 최종적으로 가공물의 평면을 정밀하게 다듬는 작업
- ㉢ **드릴 작업** : 구멍을 뚫는 작업
- ㉣ **탭 작업** : 이미 뚫은 구멍에 탭을 이용하여 암나사를 내는 작업

19 **챔퍼(Chamfer)** … 구멍의 중심과 탭의 중심을 맞추기 위한 도입부분(불완전 나사부)을 말한다.

20 탭의 종류
- ㉠ **건 탭** : 고속절삭이 가능하도록 제작된 탭
- ㉡ **마스터 탭** : 다이스나 체이서를 만들 때 다듬질용으로 사용
- ㉢ **파이프 탭** : 파이프용 나사내기에 사용되는 탭
- ㉣ **수동 탭** : 가공의 정밀도를 높이기 위해 바깥지름을 몇 종류로 분류한 3개의 탭이 1조로 되어있는 탭

21 탭의 기초 구멍의 계산식으로 옳은 것은? [단, d = 나사기초 드릴의 지름(mm), p = 나사의 피치, D = 나사의 바깥지름(mm)]

① $d = D - p$

② $D = p \times d$

③ $p = D - 2d$

④ $d = \dfrac{D}{p}$

⑤ $p = D + d$

22 나사의 바깥지름이 14mm, 피치가 2.5인 나사를 가공하려 한다. 탭 구멍은 어느 정도 가공하는 것이 좋은가?

① 4.8mm

② 11.5mm

③ 12.5mm

④ 16.5mm

⑤ 17.8mm

23 금긋기용 공구 중 가공물에 선을 긋는 공구는?

① 센터 펀치

② 금긋기 바늘

③ 평행핀

④ 바이스

ANSWER | 21.① 22.② 23.②

21 나사기초 드릴의 지름(d) = 나사의 바깥지름(D) − 나사의 피치(p)

22 나사 기초 드릴의 지름 = 나사의 바깥지름 − 나사의 피치

23 ① 각종 재료의 공작물에 구멍을 뚫거나 구멍을 뚫을 부분의 자리를 표시할 때 사용하는 공구이다.
③ 굵기가 일정한 둥근 막대이다.
④ 작업대에 공작물을 고정시키는 기구이다.

24 다음 설명 중 옳은 것은?

① 평면 또는 곡면을 매끈하게 깎아 다듬질하는 공구는 하이트 게이지이다.

② 이미 뚫은 구멍에 탭을 이용하여 암나사를 내는 공구는 다이스이다.

③ 가공물에 평행선을 그을 때, 사용하는 공구는 블록이다.

④ 수평을 맞출 때 또는 평면을 검사 할 때 사용하는 것은 수준기이다.

25 다음 줄질 방법 중 좁은 면을 다듬질 할 때 사용되는 방법은?

① 직진법   ② 사진법

③ 횡진법   ④ 병진법

✅ **ANSWER** | 24.④ 25.①

24 ① 스크레이퍼 ② 탭 ③ 서피스 게이지

25 ① 줄을 길이방향으로 움직여 가공물을 가공하는 방법으로, 좁은 면을 다듬질할 때 사용된다.
② 줄을 일정한 각도로 기울여 가공물을 가공하는 방법으로, 거친 면을 다듬질할 때 사용된다.
③ 줄을 좌우로 움직여 가공물을 가공하는 방법으로, 좁은 면의 최종 다듬질에 사용된다.
④ 횡진법과 같은 말이다.

1 연마공정에 대한 설명으로 옳지 않은 것은?

한국중부발전

① 호닝(honing)은 내연기관 실린더 내면의 다듬질 공정에 많이 사용된다.

② 래핑(lapping)은 공작물과 래핑공구 사이에 존재하는 매우 작은 연마입자들이 섞여 있는 용액이 사용된다.

③ 슈퍼피니싱(superfinishing)은 전해액을 이용하여 전기화학적 방법으로 공작물을 연삭하는 데 사용된다.

④ 폴리싱(polishing)은 천, 가죽, 펠트(felt) 등으로 만들어진 폴리싱 휠을 사용한다.

2 연삭가공에 사용되는 숫돌의 경우 구성요소가 되는 항목을 표면에 표시하도록 규정하고 있다. 이 항목 중 숫자만으로 표시하는 항목은?

한국공항공사

① 결합제
② 숫돌의 입도
③ 입자의 종류
④ 숫돌의 결합도

✅ ANSWER | 1.③ 2.②

1 ① 호닝 : 원통의 내면을 정밀다듬질 하는 것으로 보링, 리밍, 연삭가공 등을 끝낸 것을 숫돌을 공작물에 대고 압력을 가하면서 회전운동과 왕복운동을 시켜 공작물을 정밀 다듬질 하는 것이다.

② 래핑 : 랩과 공작물을 누르며 상대 운동을 시켜 정밀 가공을 하는 방법이다.

③ 슈퍼피니싱 : 입도가 작고 연한 숫돌에 적은 압력으로 가압하면서 가공물에 이송을 주고 동시에 숫돌에 진동을 주어 표면거칠기를 높이는 가공방법이다.

④ 폴리싱 : 버프연마라고 한다. 공작물 표면에 윤을 내는 연마 작업을 말한다. 천, 가죽, 펠트 등으로 만들어진 버프(buff)에 연마제를 고정하여 연마한다. (즉, 폴리싱 : 목재, 피혁, 직물 등 탄성이 있는 재료로 된 바퀴 표면에 부착시킨 미세한 연삭입자로서 연삭작용을 하게 하여 가공물 표면을 버핑하기 전에 다듬질하는 방법이다.)

2 숫돌의 입도는 숫자로만 표시하며 숫자가 클수록 고운 입도이다.

3 입도가 작고 연한 연삭 입자를 공작물 표면에 접촉시킨 후 낮은 압력으로 미세한 진동을 주어 초정밀도의 표면으로 다듬질하는 가공은?

한국공항공사

① 호닝
② 숏피닝
③ 슈퍼피니싱
④ 와이어 브러싱

4 연삭가공에 대한 설명으로 옳지 않은 것은?

대전도시철도공사

① 연삭입자는 불규칙한 형상을 가진다.
② 연삭입자는 깨짐성이 있어 가공면의 치수정확도가 떨어진다.
③ 연삭입자는 평균적으로 큰 음의 경사각을 가진다.
④ 경도가 크고 취성이 있는 공작물 가공에 적합하다.

ⓒ ANSWER | 3.③ 4.②

3 ③ 슈퍼피니싱 : 입도가 작고 연한 숫돌에 적은 압력으로 가압하면서 가공물에 이송을 주고 동시에 숫돌에 진동을 주어 표면 거칠기를 높이는 가공방법이다.
　① 호닝 : 원통의 내면을 정밀다듬질 하는 것으로 보링, 리밍, 연삭가공 등을 끝낸 것을 숫돌을 공작물에 대고 압력을 가하면서 회전운동과 왕복운동을 시켜 공작물을 정밀다듬질 하는 것이다.
　② 숏피닝 : 주철, 주강제의 작은 구상의 숏을 압축공기나 원심력을 이용하여 40~50m/sec의 고속도로 공작물의 표면에 분사하여 표면을 매끈하게 하며 동시에 0.2mm의 경화층을 얻게 되며 숏이 해머와 같은 작용을 하여 피로강도와 기계적 성질을 향상시킨다.
　④ 와이어 브러싱 : 브러시 또는 드릴 등을 스프링와이어 끝에 장착하고 배관 내부로 집어넣어 와이어가 회전하면서 스케일을 제거하는 공법이다.

4 연삭가공은 높은 가공정밀도를 가지고 있으며 치수정확도가 높다.
　※ **연삭가공** … 공구 대신에 경도가 매우 높은 연삭입자를 사용하여 연삭숫돌바퀴를 만든 후 이를 고속으로 회전하여 가공면을 미세하게 가공하는 방법이다. 연삭입자의 모서리각이 예리한 절삭날을 형성하고 이것으로 공작물의 표면을 소량씩 깎아내는 정밀가공법이다. 연삭입자는 경도가 매우 크므로 일반 공작기계에서 가공이 어려운 경질의 소재를 가공할 수 있으며 정밀도가 높은 표면의 가공이 가능하다.
　• 연삭입자는 기하학적으로 일정한 형상을 갖고 있지 않으며 숫돌의 원주방향으로 임의로 배열되어 있다.
　• 연삭입자의 날 끝은 일정한 각도를 갖지 않으며 평균적으로 음의 경사각을 갖으며 전단각이 작다.
　• 절삭속도가 매우 빠르며 매우 단단한 재료의 가공이 가능하며 높은 연삭열의 발생으로 연삭점의 온도가 대단히 높다.
　• 연삭숫돌의 표면에는 수많은 절인이 존재하며 한 개의 절인이 가공하는 깊이가 작으므로 제거되는 칩은 극히 적어 가공 정밀도가 매우 높다.
　※ **연삿숫돌의 3요소**
　• 입자 : 숫돌의 재질을 말하며 공작물을 절삭하는 날의 역할을 한다.
　• 기공 : 숫돌과 숫돌 사이의 구멍으로서 칩을 피하는 장소이다.
　• 합제 : 숫돌의 입자를 결합시키는 접착제이다.

5 연삭가공에서 연삭비로 옳은 것은?

인천교통공사

① 단위체적의 숫돌마멸에 대한 제거된 재료체적
② 연삭숫돌의 속도에 대한 공작물의 속도
③ 연삭깊이와 연삭숫돌의 초당 회전속도 비율
④ 연삭숫돌의 체적에 대한 공극 비율
⑤ 숫돌의 경도와 입자의 크기 비율

6 연삭가공 및 특수가공에 대한 설명으로 옳지 않은 것은?

대구도시철도공사

① 방전가공에서 방전액은 냉각제의 역할을 한다.
② 전해가공은 공구의 소모가 크다.
③ 초음파가공 시 공작물은 연삭입자에 의해 미소 치핑이나 침식작용을 받는다.
④ 전자빔 가공은 전자의 운동에너지로부터 얻는 열에너지를 이용한다.

7 다음 중 공작물을 별도의 고정 장치로 지지하지 않고 그 대신에 받침판을 사용하여 원통면을 연속적으로 연삭하는 공정은?

① 크립 피드 연삭(creep feed grinding)
② 센터리스 연삭(centerless grinding)
③ 원통 연삭(cylindrical grinding)
④ 전해 연삭(electrochemical grinding)

✅ ANSWER | 5.① 6.② 7.②

5 연삭가공의 연삭비＝피연삭재의 연삭된 부피/숫돌바퀴의 소모된 부피

6 전해가공은 공구의 소모가 매우 적다.

7 센터리스 연삭
　㉠ 공작물을 고정하지 않고 연삭하는 방식을 말한다.
　㉡ 전용 연삭기에 의한 소형, 대량생산에 사용된다.
　㉢ 보통형인 일감 회전형을 사용하고 공작물의 형상이 복잡하거나 대형이어서 회전운동을 하기 어려운 경우에는 유성형을 사용한다.

8 WA 54 L M V라는 표시에서 54가 나타내는 것은?

① 입자   ② 입도

③ 결합도   ④ 조직

⑤ 결합체

9 연삭숫돌의 외형을 수정하여 소정의 모양으로 만드는 작업을 무엇이라고 하는가?

① 로딩   ② 트루잉

③ 드레싱   ④ 글레이징

⑤ 호닝

10 상하형에 요철다이를 붙이고 판재에 압력을 주어서 늘려 새기는 것으로 동전이나 메달을 만드는 작업은?

① 비딩   ② 코이닝

③ 벌징   ④ 엠보싱

11 숫돌의 가공부분이 너무 작거나 연질금속을 연삭할 때 나타나는 현상은?

① 드레싱   ② 트루잉

③ 로딩   ④ 호닝

⑤ 글레이징

Ⓥ **ANSWER** | 8.② 9.② 10.② 11.③

8 WA 54 L M V

ㄱ WA : 숫돌 입자

ㄴ 54 : 입도

ㄷ L : 결합도

ㄹ M : 조직

ㅁ V : 결합체

9 트루잉 … 숫돌의 연삭면을 숫돌과 축에 대하여 평행 또는 일정한 형태로 성형시켜주는 방법이다.

10 코이닝 … 판 두께의 변화에 의한 가공으로, 화폐·메탈·동전·주화 등에 이용된다.

11 로딩 … 숫돌에 구리와 같이 연한 금속을 연삭할 때 숫돌 표면의 가공에 칩이 메워지게 되어 연삭이 잘 되지 않는 현상이다.

12 전기 도금과 같은 방법으로 기공물 표면을 전기분해하여 광택이 나고 매끈한 면을 얻는 가공방법은?

① 텀블러가공　　　　　　　　　　② 전해가공

③ 화공연마　　　　　　　　　　　④ 전해연마

13 숫돌에 회전운동, 왕복운동, 작은 진동을 주어 원통, 외면, 내면, 평면 등을 가공하는 방법은?

① 래핑　　　　　　　　　　　　　② 전해연마

③ 슈퍼피니싱　　　　　　　　　　④ 액체 호닝

14 연삭숫돌의 자립에 필요한 조건이 아닌 것은?

① 피삭재보다 경할 것

② 날의 내마모성이 높을 것

③ 자립의 탈락이 발생하지 않을 것

④ 인성이 높고 열충격이 강할 것

ANSWER | 12.④ 13.③ 14.③

12 전해연마 … 전기 화학적 방법으로 표면을 다듬질하는 것을 말한다. 가공물을 인산이나 황산 등의 전해액 속에 넣어서 (+)전극을 연결하고 직류전류를 짧은 시간 동안 흐르게 하여 그 표면을 녹이고 매끈하게 하여 광택을 내는 방법으로서 원리적으로는 전기 도금의 반대적인 방법이다.

13 슈퍼피니싱 … 입도가 아주 작은 숫돌을 공작물에 가볍게 누르고 진동을 주면서 공작물에도 회전과 왕복운동을 동시에 주어 짧은 시간에 공작물의 표면을 매우 정밀하게 다듬는 가공방법이다.

14 연삭숫돌의 자립에 필요조건
　㉠ 피삭재보다 경해야 한다.
　㉡ 입자의 끝이 마모되어 탈락해야 한다.
　㉢ 탈락되지 않으면 눈메움이 일어난다.
　㉣ 가공 거칠기가 저하한다.

15 공작기계 중 숫돌차 또는 숫돌입자를 사용하지 않는 공작기계는?

① 브로칭 머신
② 호닝 머신
③ 슈퍼피니싱 머신
④ 래핑 머신

16 숫돌바퀴를 이용하여 가공물의 표면을 소량 절삭하는 가공방법은?

① 연삭
② 압연
③ 셰이핑
④ 초음파 가공

17 연삭기의 분류 중 옳지 않은 것은?

① 원통연삭기
② 공구연삭기
③ 특수연삭기
④ 회전연삭기
⑤ 평면연삭기

18 원통연삭기의 구조가 아닌 것은?

① 왕복대
② 주축대
③ 숫돌대
④ 베드
⑤ 심압대

✅ ANSWER | 15.① 16.① 17.④ 18.①

15 ① 어떠한 불규칙한 단면도 가공할 수 있는 공작기계로, 브로치로 가공면을 조금씩 깎아내는 것이다.
② 면을 깎아내기 위한 마찰가공으로 숫돌을 사용한다.
③ 원주, 외면, 평면, 구면, 원추 등의 표면을 정밀가공하는 것으로 숫돌을 사용한다.
④ 공작물의 표면과 랩 사이에 연삭입자의 분말로 되어 있는 래핑입자를 넣어, 양자에 상대운동과 압력을 가하여 정밀한 가공면을 얻는 데 사용한다.

16 연삭가공 … 공구 대신 숫돌바퀴를 고속으로 회전시켜 공작물의 원통이나 평면을 극소량 깎아내는 가공방법이다.

17 연삭기의 분류 … 원통연삭기, 평면연삭기, 내면연삭기, 공구연삭기, 특수연삭기

18 원통연삭기의 구조 … 베드, 주축대, 심압대, 숫돌대, 테이블 이송기구 등

19 연삭숫돌의 5가지 인자에 속하는 것끼리 묶은 것은?

① 결합제, 결합도
② 입자, 모양
③ 기공, 입도
④ 입도, 모양
⑤ 조직, 모양

20 다음 중 결합제의 종류가 다른 것은?

① R
② S
③ E
④ B

21 다음 중 절단용 숫돌에 쓰이는 결합제로 옳지 않은 것은?

① E
② V
③ R
④ B

22 다음 중 결합도가 높은 숫돌을 사용해야 하는 경우로 옳지 않은 것은?

① 경질의 재료를 연삭할 때
② 연삭속도가 작을 때
③ 연삭 깊이가 얕을 때
④ 재료의 표면이 거칠 때
⑤ 연삭할 면적이 작을 때

ANSWER | 19.① 20.② 21.② 22.①

19 연삭숫돌의 5가지 인자 … 숫돌입자, 입도, 조직, 결합제, 결합도

20 결합제의 종류
ㄱ 무기질 결합제 : 고무(R), 셀락(E), 레지노이드(B)
ㄴ 유기질 결합제 : 비트리파이드(V), 실리케이트(S)

21 무기질 결합제인 셀락(E), 고무(R), 레지노이드(B)는 탄성력이 우수하여 절단용 숫돌에 사용한다.

22 결합도가 높은 숫돌을 사용해야 하는 경우
ㄱ 연질재료를 연삭할 때
ㄴ 연삭속도가 작을 때
ㄷ 연삭할 면적이 작을 때
ㄹ 연삭깊이가 얕을 때
ㅁ 재료의 표면이 거칠 때

23 다음 중 초경합금의 연삭에 가장 좋은 숫돌은?

① WA

② A

③ GC

④ C

24 연삭작업시 세로이송을 잠시 정지시킨 후 역전시켜 연삭하는 작업은?

① 무딤

② 드레싱

③ 눈메움

④ 타리모션

25 연삭숫돌의 3요소 중 공작물을 절삭하는 날은 무엇인가?

① 입자

② 입도

③ 기공

④ 결합제

26 연삭숫돌의 자생작용에 가장 큰 영향을 주는 것은?

① 모양

② 기공

③ 결합제의 종류

④ 결합도

ANSWER | 23.③ 24.④ 25.① 26.④

23 숫돌입자의 종류
ㄱ WA : 담금질강
ㄴ A : 일반 강재
ㄷ GC : 초경합금
ㄹ C : 주철, 비철금속

24 타리모션(tarry motion) … 세로이송을 잠시 정지시킨 후 역전시켜 연삭하는 것을 말한다.

25 연삭숫돌의 3요소
ㄱ 입자 : 공작물을 절삭하는 날
ㄴ 기공 : 칩이 피하는 장소
ㄷ 결합제 : 숫돌의 입자를 고정시키는 접착제

26 결합도는 숫돌입자에 걸리는 연삭저항에 대하여 숫돌입자가 유지하는 힘의 크고 작음을 나타내는 것을 말한다.

27 센더리스 연삭에 대한 설명 중 옳은 것은?

① 작업자의 숙련이 필요하다.

② 센터 구멍이 필요없다.

③ 대량생산이 가능하지 않다.

④ 연삭 여유가 많아야 한다.

⑤ 지름이 작은 긴 축재료의 가공이 곤란하다.

28 일감은 이송하지 않고 연삭숫돌만 좌우회전 및 전후로 이송되는 연삭방식은?

① 센터리스 연삭　　　　　　　　　② 플런지 연삭

③ 트레버스 연삭　　　　　　　　　④ 만능 연삭

29 다음 중 연삭속도가 가장 느린 것은?

① 평면 연삭　　　　　　　　　　　② 내면 연삭

③ 공구 연삭　　　　　　　　　　　④ 외면 연삭

✓ **ANSWER** | 27.② 28.② 29.②

27 센터리스 연삭의 특징
㉠ 센터 구멍이 없다.
㉡ 대량생산이 가능하다.
㉢ 지름이 작은 긴 축재료의 가공이 용이하다.
㉣ 연삭 여유가 적어도 된다.
㉤ 작업자의 숙련도가 낮아도 된다.

28 플런지 연삭 … 원통연삭기의 방식 중의 한가지로, 일감은 그 자리에서 회전시키고, 숫돌바퀴에 좌우회전과 이송을 주어 연삭하는 방식이다.

29 연삭속도
㉠ **평면 연삭** : 1,200 ~ 1,800m/min
㉡ **내면 연삭** : 600 ~ 1,800m/min
㉢ **공구 연삭** : 1,400 ~ 1,800m/min
㉣ **외면 연삭** : 1,700 ~ 2,000m/min

30 연삭숫돌의 수정 중 드레싱에 대한 설명으로 옳지 않은 것은?

① 눈메움 현상이 나타났을 때 드레싱한다.

② 드레서는 날 내기 공구로 숫돌차의 표면을 깎아내리는 것이다.

③ 드레서로는 정밀 강철 드레서, 다이아몬드 드레서 등이 있다.

④ 숫돌의 축공부에 납을 녹여 부어서 치수를 조정하는 것이다.

31 글레이징이 생기는 원인 중 옳지 않은 것은?

① 숫돌의 원주속도가 너무 빠르다.

② 숫돌의 결합도가 높다.

③ 숫돌의 재료가 공작물의 재료에 부적합하다.

④ 숫돌차의 원주속도가 너무 느리다.

32 다음 중 기계적 특수가공으로 바르게 묶인 것은?

① 전해연마, 샌드 블라스트

② 전해연삭, 그릿 블라스트

③ 버핑, 쇼트피닝

④ 버니싱, 방전가공

⑤ 그릿 블라스트, 방전가공

30 드레싱 … 드레서를 사용하여 절삭성이 나빠진 숫돌의 면을 깎아 새로운 숫돌립을 만들어내는 것으로, 드레서는 정밀 강철 드레서, 다이아몬드 드레서, 입자봉 드레서 등이 있다.

31 글레이징의 발생원인
ㄱ 숫돌의 결합도가 높을 때
ㄴ 원주속도가 빠를 때
ㄷ 숫돌의 재질과 공작물의 재질이 서로 맞지 않을 때

32 특수가공의 종류
ㄱ 기계적 특수가공 : 버핑, 버니싱, 쇼트피닝, 샌드 블라스트, 그릿 블라스트
ㄴ 전기적 특수가공 : 전해연마, 전해연삭, 방전가공

33 다음 중 로딩의 발생원인으로 옳지 않은 것은?

① 숫돌의 결합도가 높을 때   ② 연삭깊이가 너무 깊을 때

③ 원주속도가 너무 느릴 때   ④ 숫돌의 조직이 치밀할 때

34 다음 중 래핑의 특징으로 옳지 않은 것은?

① 거울면과 같은 다듬질면을 얻을 수 있다.

② 잔류응력 및 열적 영향을 받지 않는다.

③ 다량생산에 적합하지 않다.

④ 랩제가 비산하여 다른 기계나 제품에 부착하면 마멸의 원인이 된다.

35 래핑에 사용되는 랩제로 적합한 것은?

① 알루미나계   ② 서멧

③ 규산나트륨   ④ 점토

36 강의 호닝작업시 공작액으로 무엇을 사용하는가?

① 석유   ② 석유 + 황화유

③ 모빌유   ④ 식물성유

Ⓒ **ANSWER** | **33.**① **34.**③ **35.**① **36.**②

33 로딩의 발생원인
ㄱ 숫돌의 조직이 치밀할 경우
ㄴ 연삭깊이가 너무 깊을 경우
ㄷ 원주속도가 느릴 때

34 래핑의 특징
ㄱ 거울면과 같은 다듬질면을 얻을 수 있다.
ㄴ 잔류응력 및 열적 영향을 받지 않는다.
ㄷ 다량생산에 적합하다.
ㄹ 랩제가 비산하여 다른 기계나 제품에 부착하면 마멸의 원인이 된다.

35 랩제의 유형
ㄱ 연한 금속이나 유리, 수정 등에는 탄화규소계나 산화철이 적합하다.
ㄴ 강에는 알루미나계가 적합하다.
ㄷ 마무리 다듬질에는 산화크롬이 적합하다.

36 호닝작업의 공작액
ㄱ 주철 : 석유
ㄴ 강 : 석유 + 황화유
ㄷ 연금속 : 라드유

37 연삭액의 구비조건 중 옳은 것은?

① 윤활성이 적고 유동성이 우수할 것　　② 냉각성이 낮을 것

③ 인체에 해가 없고 악취가 있을 것　　④ 화학적으로 안정될 것

⑤ 부식작용이 활발할 것

38 혼의 재료 중 강, 주강에 사용되는 재질은?

① GC　　　　　　　　　　　　　② WA

③ C　　　　　　　　　　　　　　④ 다이아몬드

39 금속의 절단, 구멍뚫기, 연마를 하는 가공법으로 수정, 루비 등의 가공에도 알맞은 것은?

① 슈퍼피니싱　　　　　　　　　　② 버핑

③ 방전가공　　　　　　　　　　　④ 초음파가공

40 다음 중 호닝의 특징으로 옳지 않은 것은?

① 발열이 적고 정밀가공이 가능하다.　　② 가공액을 사용할 필요가 없다.

③ 표면정밀도와 치수정밀도를 높인다.　　④ 진직도, 진원도, 테이퍼 등을 바로 잡아준다.

ANSWER ┊ 37.④　38.②　39.③　40.②

---

37 연삭액의 구비조건
　㉠ 냉각성이 우수할 것
　㉡ 화학적으로 안정될 것
　㉢ 인체에 해가 없고 악취가 없을 것
　㉣ 윤활성 및 유동성이 우수할 것
　㉤ 부식 등 유해작용이 없을 것

38 혼의 재질
　㉠ 강, 주강 : WA
　㉡ 주철 : A
　㉢ 초경합금 : GC
　㉣ 비금속 : C

39 방전가공 … 가공액 중에서 불꽃방전을 일으켜 재료를 미소량씩 가공하는 방법으로 금속의 절단, 구멍뚫기, 연마 등의 가공이나 수정, 루비 등의 가공에도 사용된다.

40 호닝의 특징
　㉠ 발열이 적고 정밀가공을 할 수 있다.
　㉡ 표면정밀도와 치수정밀도를 높인다.
　㉢ 진직도, 진원도, 테이퍼 등을 바로 잡아준다.
　㉣ 가공액은 윤활제의 역할을 하는 것으로, 칩을 제거하고 가공면의 열을 억제한다.

1 측정 대상물을 지지대에 올린 후 촉침이 부착된 이동대를 이동하면서 촉침(probe)의 좌표를 기록함으로써, 복잡한 형상을 가진 제품의 윤곽선을 측정하여 기록하는 측정기기는?

한국공항공사

① 공구 현미경　　　　　　　　　② 윤곽 투영기
③ 삼차원 측정기　　　　　　　　④ 마이크로미터

2 원통의 진원도, 축의 흔들림 등의 측정에 사용되는 비교 측정기로 가장 옳은 것은?

광주도시철도공사

① 다이얼 게이지(dial gauge)

② 마이크로미터(micrometer)

③ 버니어 캘리퍼스(vernier calipers)

④ 한계 게이지(limit gauge)

✅ **ANSWER** | 1.③　2.①

1 ① **공구 현미경** : 공구나 공작물을 검사, 측정하기 위해서 사용되는 현미경으로서 일반 현미경과 달라 치수나 각도 등을 정확하게 측정할 수 있는 특징이 있다. 나사, 총형 게이지, 절삭 공구 등을 현미경의 시야로 관측하면서, 그것들의 형태ㆍ치수를 측정하는 장치이다.
　② **윤곽 투영기** : 나사, 게이지, 기계부품 등의 피검물을 광학적으로 정확한 배율로 확대하고 투영하여 스크린에서 그 형상이나 치수, 각도 등을 측정하는 장치이다. 특히 편평한 부품 및 게이지, 공구, 기어, 나사 등의 치수를 측정하고, 윤곽의 형상을 검사하기 위하여 10 ~ 100배로 확대한 실상(像)을 스크린(대개는 불투명 유리)위에 투영하는 광학적 측정기를 말한다.
　③ **삼차원 측정기** : 측정 대상물을 지지대에 올린 후 촉침이 부착된 이동대를 이동하면서 촉침(probe)의 좌표를 기록함으로써, 복잡한 형상을 가진 제품의 윤곽선을 측정하여 기록하는 측정기기

2 원통의 진원도, 축의 흔들림 등의 측정에 사용되는 비교 측정기는 다이얼 게이지이다.
　① **다이얼 게이지** : 원통의 진원도, 축의 흔들림 등의 측정에 사용되는 비교 측정기이다.
　② **마이크로미터(micrometer)** : 정확한 피치를 가진 나사를 이용한 길이 측정기로서 물체의 외경, 두께, 내경, 깊이 등을 마이크로미터(μm) 정도까지 측정할 수 있다.
　③ **버니어 캘리퍼스(vernier calipers)** : 물체의 외경, 내경, 깊이 등을 0.05mm 정도의 정확도로 측정할 수 있는 기구이다.
　④ **한계 게이지** : 제품을 정확한 치수대로 가공한다는 것은 거의 불가능하므로 오차의 한계를 주게 되며 이때의 오차한계를 재는 게이지를 한계 게이지라고 한다. 한계 게이지는 통과측과 정지측을 가지고 있는데 정지측으로는 제품이 들어가지 않고 통과측으로 제품이 들어가는 경우 제품은 주어진 공차 내에 있음을 나타내는 것이다. 그 용도에 따라서 공작용 게이지, 검사용 게이지, 점검용 게이지가 있다.

3 기계요소 제작 시, 측정 정밀도가 우수한 삼침법(three wire method)과 오버핀법(over pin method)의 적용범위로 옳은 것은?

대구도시철도공사

	삼침법	오버핀법
①	수나사의 피치 측정	기어의 이두께 측정
②	수나사의 피치 측정	기어의 압력각 측정
③	수나사의 유효지름 측정	기어의 이두께 측정
④	수나사의 유효지름 측정	기어의 압력각 측정

4 다음 중 비교 측정기는 어느 것인가?

① 큐폴라   ② 다이얼 게이지
③ 셰이퍼   ④ 하이트 게이지
⑤ 캘리퍼스

5 다음 중 각도 측정에 사용되는 것은?

① 오토콜리미터   ② 옵티컬플랫
③ 블록 게이지   ④ 원통스퀘어
⑤ V블록

ANSWER | 3.③ 4.② 5.①

3 삼침법은 나사의 유효지름 측정에 주로 이용되며, 오버핀법은 기어의 이두께 측정에 이용된다.
• 삼침법 : 지름이 같은 3개의 와이어를 이용하여 나사의 유효지름을 측정하는 방법이다.
• 오버핀법 : 톱니바퀴의 이 홈과 그 반대쪽 이 홈에 핀 또는 구를 넣고, 바깥 톱니바퀴에서는 핀 또는 구의 바깥치수를, 안쪽 톱니바퀴의 경우에는 안쪽 치수를 측정하여 이의 두께를 구하는 측정법이다.

4 ① 일반 주형을 용해할 때 사용하는 용해로의 종류이다.
③ 공작물을 테이블에 고정시키고 램의 선반에 위치한 공구대에 고정시킨 바이트를 수평 왕복시켜 평면을 가공하는 공작기계이다.
④ 정반 위에서 금을 긋거나 높이를 측정하는 데 사용하는 길이 측정기이다.
⑤ 2개의 다리를 이용하여 제품의 치수를 재는 길이 측정기이다.

5 각도를 측정하는 측정기에는 오토콜리미터, 각도 게이지, 직각자, 사이버, 테이퍼 게이지 등이 있다.

6 삼침법은 나사의 무엇을 측정하는 데 사용되는가?

① 유효지름
② 리드
③ 바깥지름
④ 골지름

7 다음 중 블록 게이지의 사용상 주의점으로 옳지 않은 것은?

① 되도록 많은 블록을 조합하여 원하는 치수를 만든다.
② 먼지가 적고 건조한 실내에 보관한다.
③ 측정시 블록 게이지의 온도는 피측정물의 온도와 같은 온도로 맞춘다.
④ 블록 게이지의 측면에 흠집이 가지 않도록 조심한다.

8 다음 중 철사의 직경을 번호로 나타낼 수 있게 만든 게이지는?

① 센터 게이지
② 피치 게이지
③ 틈새 게이지
④ 와이어 게이지
⑤ 블록 게이지

ANSWER | 6.① 7.① 8.④

6 나사의 부위별 측정방법
㉠ **유효경** : 나사 마이크로미터, 삼침법
㉡ **외경** : 외경 마이크로미터
㉢ **골경** : 포인트 마이크로미터, 공구 현미경
㉣ **피치** : 공구 현미경, 피치 게이지

7 블록 게이지의 사용시 주의사항
㉠ 블록 게이지의 측면의 제품 측정시 중요한 역할을 하므로 흠집이 가지 않도록 주의한다.
㉡ 먼지가 적고 건조한 실내에 보관한다.
㉢ 블록 게이지를 조합하여 사용할 때는 되도록 블록의 개수가 적도록 조합한다.
㉣ 블록 게이지를 이용한 측정시 온도는 제품과 같은 온도로 한다.

8 와이어 게이지 … 얇은 철사의 직경을 번호로 나타낼 수 있도록 만든 게이지이다.

9 다음 중 나사의 원리를 이용한 측정기로 적합한 것은?

① 실린더 게이지　　　　　　② 마이크로미터

③ 다이얼 게이지　　　　　　④ 블록 게이지

⑤ 외어어 게이지

10 구멍의 직경을 측정할 때 사용할 수 있는 측정기가 아닌 것은?

① 실린더 게이지　　　　　　② 공기 마이크로미터

③ 오토콜리미터　　　　　　④ 3점 측정기

⑤ 측장

11 버니어 캘리퍼스에서 바깥지름을 측정할 경우 어느 부분을 이용하는가?

① 쇠부리　　　　　　　　　② 조

③ 앤빌　　　　　　　　　　④ 깊이바

12 블록 게이지의 용도별 등급 중 공작용의 등급은?

① AA　　　　　　　　　　② A

③ B　　　　　　　　　　　④ C

✅ ANSWER │ 9.② 10.③ 11.② 12.④

9 마이크로미터 … 나사를 이용한 길이 측정기이고, 나사의 리드가 슬리브 한 눈금이다(0.5mm).

10 ③ 각도 측정기이다.

11 버니어 캘리퍼스의 부분별 측정부위
　㉠ 깊이바 : 구멍의 깊이 측정
　㉡ 쇠부리 : 안지름
　㉢ 조 : 바깥지름

12 블록 게이지의 용도별 등급
　㉠ AA : 참조용
　㉡ A : 표준용
　㉢ B : 검사용
　㉣ C : 공작용

13 기하학적으로 복잡하여 직접 측정이 불가능한 경우나 측정이 간단하지 않을 경우에 사용되는 방법은?

① 간접측정　　　　　　　　　　② 직접측정

③ 비교측정　　　　　　　　　　④ 절대측정

14 높이 게이지의 종류로 옳은 것은?

① 요한슨식　　　　　　　　　　② HT

③ MH　　　　　　　　　　　　④ N.P.L 식

15 조합된 다이얼 게이지를 이용하여 내경 및 홈의 폭을 측정할 수 있는 측정기는?

① 버니어 캘리퍼스　　　　　　　② 한계 게이지

③ 실린더 게이지　　　　　　　　④ 하이트 게이지

16 다음 중 블록 게이지의 재질로 알맞지 않은 것은?

① 부식이 잘 되지 않아야 한다.　　② 경도가 낮아야 한다.

③ 온도에 의한 오차가 적어야 한다.　④ 재료의 조직과 치수가 안정되야 한다.

⑤ 내마멸성인 높아야 한다.

ⓒ **ANSWER** | 13.① 14.② 15.③ 16.②

13 측정의 종류
 ㉠ **간접측정** : 기하학적 계산에 의하여 구하는 방법
 ㉡ **직접측정** : 측정기로부터 직접 치수를 읽을 수 있는 방법
 ㉢ **비교측정** : 표준값과의 차를 구하여 피측정물의 치수를 구하는 방법
 ㉣ **절대측정** : 임의의 정의 법칙에 따른 측정방법

14 게이지의 종류
 ㉠ **높이 게이지** : HT, HM, HB
 ㉡ **각도 게이지** : 요한슨식, N.P.L 식

15 **실린더 게이지** … 조합된 다이얼 게이지로 내경 및 홈의 폭을 1/100mm로 측정할 수 있다.

16 블록 게이지의 재질
 ㉠ 재료의 조직과 치수가 안정되야 한다.
 ㉡ 경도가 높고 내마멸성이 높아야 한다.
 ㉢ 온도에 의한 오차가 적어야 한다.
 ㉣ 부식이 잘 되지 않아야 한다.

17 다음 중 제품의 미세한 틈새의 폭을 측정하는 게이지는?

① 드릴 게이지

② 와이어 게이지

③ 틈새 게이지

④ 각도 게이지

⑤ 실린더 게이지

18 다음 중 각도 측정기로 옳은 것은?

① 강철자

② 사인바

③ 수준기

④ 다이얼 게이지

⑤ 디바이더

19 나사의 절삭작업시 나사의 각도를 정확히 보정하기 위하여 사용되는 게이지는?

① 나사 마이크로미터

② 센터 게이지

③ 만능 측정기

④ 나사측정용 캘리퍼스

20 다음 중 컴비네이션 세트에 포함되지 않는 것은?

① 직각자

② 각도기

③ 트롬멜

④ 강철자

ⓥ ANSWER | 17.③ 18.② 19.② 20.③

17 틈새 게이지 … 제품의 미세한 틈새의 폭을 측정할 수 있다.

18 측정기의 종류

㉠ **평면 측정기** : 수준기, 직각자, 서피스 게이지, 정반, 옵티컬 플랫, 조도계 등

㉡ **각도 측정기** : 각도 게이지, 분도기, 컴비네이션, 베벨, 사인바, 만능각도기 등

㉢ **길이 측정기** : 강철자, 퍼스, 디바이더, 마이크로미터, 버니어 캘리퍼스, 높이 게이지, 다이얼 게이지, 두께 게이지, 표준 게이지 등

19 센터 게이지 … 나사의 절삭 작업시 나사의 각도를 정확히 보정하기 위하여 사용된다.

20 컴비네이션 세트 … 직각자, 각도기, 강철자

기계재료

필수 암기노트

02 기계재료

① 재료시험

① 파괴시험

㉠ 인장시험

- 기계적 성질을 알기 위한 가장 기본적인 시험
- 시험편을 인장시험기에 끼워 인장 하중을 주어 응력−변형률 선도를 작성해 재료의 특성을 파악

ⓐ 인장강도 : $\sigma_u = \dfrac{W}{A} = \dfrac{\text{최대하중}}{\text{시험편의 단면적}}$

ⓑ 연신율 : $\epsilon = \dfrac{l-l_0}{l_0} \times 100 = \dfrac{\text{시험 후 늘어난 길이}}{\text{표점거리}} \times 100$

ⓒ 단면 수축률 : $\phi = \dfrac{A_0-A}{A} \times 100 = \dfrac{\text{시험 후 줄어든 굵기}}{\text{원단면적}} \times 100$

ⓓ 파괴강도 : $\sigma_f = \dfrac{W}{A} = \dfrac{\text{파괴하중}}{\text{시험편의 단면적}}$

㉡ 경도시험

- 브리넬 경도 : 일정한 크기의 고탄소강 강구(steel ball)로 시편에 일정한 하중을 가해 생긴 자국의 넓이로 하중을 나눈 값

$$H_B = \frac{P}{\pi Dt} = \frac{2P}{\pi D(D - \sqrt{D^2 - d^2})} (\text{kgf}/\text{mm}^2)$$

- 비커스 경도 : 일정한 크기의 다이아몬드 사각뿔로 시편에 일정한 하중을 가해 생긴 자국의 넓이로 하중을 나눈 값

$$H_V = \frac{P}{A} = \frac{1.8544P}{d^2} (\text{kgf}/\text{mm}^2)$$

- 록웰 경도 : 경질의 재료에는 다이아몬드 원뿔로, 연질의 재료에는 강구로 시편에 일정한 하중을 가해 압입된 깊이로 경도를 계산

> ⓐ B스케일 – 1.588mm 강구 : $H_{RB} = 130 - 500t$ (t : 자국의 깊이)
>
> ⓑ C스케일 – 120℃의 다이아몬드 원뿔 : $H_{RC} = 100 - 500t$ (t : 자국의 깊이)

- 쇼어 경도 : 다이아몬드 구를 시편 위로 낙하시켜 다이아몬드 구가 튀어 오른 높이를 측정하여 재료의 경도를 계산

$$H_s = \frac{10,000}{65} \times \frac{h_0}{h}$$

> ∘ h_0 : 추의 높이 ∘ h : 튀어 오른 높이

ⓒ **충격시험** : 해머 등을 일정한 높이에서 떨어뜨려 재료에 충격을 가했을 때 시편이 파괴되는 정도를 측정
- 샤르피 충격시험기 : 시편을 양쪽에서 고정
- 아이조드 충격시험기 : 시편을 한쪽만 고정

ⓔ **피로시험** : 시편에 반복응력을 주어 피로한도를 측정하는 방법

ⓜ **크리프시험** : 고온에서 시편에 일정한 하중을 가하여 고온에서의 기계적 특성을 측정하는 방법

② **비파괴시험**

ⓖ **자분 탐상법** : 재료의 표면에 자분 또는 자분을 혼합한 액체를 뿌린 후 재료에 자속을 흘려 자속의 흐트러짐을 보고 결함을 찾는 방법으로, 결함이 있는 부분에서 자속이 흐트러짐

ⓛ **침투 탐상법** : 재료의 표면에 침투제를 침투시킨 후 나머지 표면의 침투제를 닦아낸 뒤 현상제(MgO, $BaCo_3$)를 이용하여 결함을 찾는 방법

ⓒ **초음파 탐상법** : 초음파의 파장을 이용하여 재료 내부의 결함을 찾아내는 방법

ⓔ **방사선 탐상법** : 방사선을 재료 내부에 투과시켜 방사선의 세기를 측정하여 재료 내부의 결함을 찾아내는 방법

③ **조직시험**

ⓖ **매크로 조직시험** : 재료의 파단면의 기름기를 제거하고 부식제를 이용하여 표면을 부식시킨 후 파단면의 조직을 육안으로 직접 관찰하거나 10배 이내의 확대경을 사용하여 관찰

ⓛ **현미경 조직시험** : 시편의 파단면을 매끈하게 연마한 후 부식제로 부식시켜 현미경으로 파단면을 관찰

ⓒ **파면해석** : 재료의 파단면을 육안이나 광학현미경 및 전자현미경을 이용해 결함을 찾는 방법

② 철강재료

① **순철** : 탄소 함유량 0.02% 이하인 철

※ **순철의 성질**
- 유동성 및 열처리성이 떨어진다.
- 항복점, 인장강도가 낮다.
- 단면수축률, 충격 및 인성이 높다.
- 인장강도는 18 ~ 25kgf/mm^2, 비중은 7.87, 용융온도는 1,538℃이다.

---

② **탄소강**

　㉠ **표준조직**

　　• 페라이트
　　−순철에 가까운 조직
　　−강자성체이고 연성, 전성이 우수
　　• 펄라이트
　　−오스테나이트가 페라이트와 시멘타이트의 층상으로 된 조직
　　−페라이트보다 강도가 크고, 자성이 존재
　　−0.77C%의 탄소를 함유하는 공석조직
　　• 오스테나이트
　　−γ 철에 탄소가 최대 2.11C%까지 고용된 γ 고용체
　　−상자성체이고, 인성이 큼
　　• 시멘타이트
　　−철과 6.67C% 탄소의 화합물인 탄화철
　　−경질에 취성이 큼
　　• 레데뷰라이트
　　−γ 고용체와 시멘타이트의 공정조직
　　−4.3C%에서 발생

ⓛ 강의 열처리

• 열처리

- 노멀라이징(불림) : 강을 A_3 또는 A_{cm}점보다 30 ~ 50℃ 정도 높은 온도로 가열하여 균일한 오스테나이트 조직으로 만든 다음 대기 중에서 냉각하는 열처리방법으로 결정립을 미세화시켜서 어느 정도의 강도증가를 꾀하고, 주조품이나 단조품에 존재하는 편석을 제거시켜서 균일한 조직을 만들기 위한 것이 목적

- 어닐링(풀림) : 기본적으로 경화를 목적으로 행하는 열처리로서, 일반적으로 적당한 온도까지 가열한 다음 그 온도에서 유지한 후 서냉하는 방법으로 경화된 재료를 연화시키기 위한 것이 목적

- 퀜칭(담금질) : 강을 A_3 또는 A_1점 보다 30 ~ 50℃ 정도 높은 온도로 가열한 후 기름이나 물에 급냉시키는 방법으로, 강을 가장 연한 상태에서 가장 강한 상태로 급격하게 변화시킴으로서 강도와 경도를 증가시키기 위한 것이 목적

- 템퍼링(뜨임) : 담금질한 강을 A_1점 이하의 온도에서 재가열한 후 냉각시키는 방법으로, 담금질한 강의 인성을 증가시키기 위한 것이 목적

- 심랭처리 : 퀜칭한 강을 0℃ 이하의 온도로 냉각하여 조직을 마르텐사이트화하는 방법으로 내마모성을 향상시키고, 치수안정성을 제고시키기 위한 것이 목적

• 표면경화법

- 화염경화법 : 산소 – 아세틸렌가스 불꽃을 사용하여 강의 표면을 담글질 온도로 가열한 후 냉각시켜 재료 표면만을 담금질하는 방법

- 고주파경화법 : 고주파 전류를 이용하여 표면만 가열한 후 급랭시키는 방법

- 침탄법 : 저탄소강으로 만든 제품의 표면에 탄소를 침탄시켜 재료표면에 침탄층을 형성시키는 방법

- 질화법 : 강을 암모니아가스 중에서 고온으로 장시간 가열하여 강의 표면에 질화층을 형성시키는 방법

③ 주철

㉠ 탄소 1.7 ~ 6.68%를 함유, 철 외 탄소, 규소, 망간, 인, 황을 포함

㉡ 조직 : 흑연, 시멘타이트, 페라이트, 펄라이트

㉢ 성질 : 용융점이 낮고, 유동성이 우수, 가격 저렴, 내식성 우수, 마찰저항 우수, 압축강도 큼, 인장강도 및 휨강도 · 충격값은 작음

㉣ 종류

• 보통주철

- 조직 : 편상흑연 + 페라이트

- 인장강도 : 10 ~ 20kgf/mm^2

- 성분 : 탄소(C) 3.2 ~ 3.8%, 규소(Si) 1.4 ~ 2.5%, 망간(Mn) 0.4 ~ 1.0%, 인(P) 0.3 ~ 0.8%, 황(S) 0.06% 이하

-특징 : 기계가공성과 주조성이 좋고, 값이 저렴
-용도 : 일반기계부품, 수도관, 공작기계의 베드, 프레임 등에 사용
• 고급주철
-조직 : 펄라이트 + 흑연
-인장강도 : 25kgf/mm^2 이상
-미하나이트주철 : 연성과 인성이 우수
-용도 : 브레이크 실린더, 기어 등의 기계부품에 사용
• 가단주철
-탄소(C) 2.0~2.6%, 규소(Si) 1.1~1.6%의 백주철을 가열하여 탈탄, 흑연화 방법으로 제조
-주조성, 절삭성이 좋고 대량생산이 가능
-유니버설 조인트, 요크 등에 사용
• 구상흑연주철
-주조성, 가공성, 강도, 내마멸성이 우수
-인성, 연성, 경화능이 강과 비슷
-인(P)과 황(S)의 양이 회주철보다 $\dfrac{1}{10}$ 정도 낮게 유지
-마그네슘(Mg), 세륨(Ce), 칼슘(Ca) 등을 첨가
• 칠드주철
-표면은 단단하고, 내부는 연하므로 강인성이 우수
-압연용 롤, 철도 차륜, 분쇄용 롤, 제지용 롤 등에 사용

1 정적인장시험으로 구할 수 있는 기계재료의 특성에 해당하지 않는 것은?

한국공항공사

① 변형경화지수   ② 점탄성
③ 인장강도   ④ 인성

2 기계요소의 표면은 견고하게 하여 내마멸성이 크고, 내부는 강인하여 내충격성이 우수한 두 가지의 요구를 충족시킬 수 있는 기계재료의 표면 경화에 대한 설명이다. 다음 중 옳지 않은 것은?

한국중부발전

① 금속재료의 표면에 $\phi 1.0mm$ 이하 작은 강철 입자를 약 $40 \sim 50m/s$ 속도로 분사시키는 숏피닝(shot peening)은 표면층의 경도를 증가시킨다.

② 강의 표면을 크로마이징 할 때, 확산제로는 금속 Si 55%, TiO_2 45%의 분말 혼합물을 사용한다.

③ 화염 경화의 깊이는 일반적으로 단면의 두께 및 용도에 따라 $1.5 \sim 6mm$까지 가능하여, 기계부품의 국부 경화에 이용된다.

④ 강의 표면에 아연분말을 확산시켜 경화층을 형성하는 세라다이징(sheradizing)은 내식성 및 특히 담수에 의한 방청성이 우수하다.

✅ ANSWER | 1.② 2.②

1 논란의 여지가 있는 문제이다. 점탄성 역시 정적인장시험으로 구하는 것이 충분히 가능하다.
  ※ **점탄성** … 재료의 점성과 탄성을 겸비하고 있는 성질이다. 즉, 물체에 힘을 가했을 때 탄성변형과 점성을 지닌 흐름이 동시에 나타나는 현상을 말한다. 모든 물체는 이러한 점탄성을 가지고 있다. 탄성만을 갖는 고체는 외력을 가하였을 때에 시간적인 늦음 없이 순간적으로 변형을 하며, 외력을 제거하였을 때 시간적 늦음 없이 순간적으로 원래의 상태로 다시 되돌아간다. 이에 비하여 점성을 합하여 갖는 점탄성 고체는 외력을 가하거나 제거하였을 때 그 응답이 순간적으로 완료되지 않고 시간이 걸린다. (이러한 현상은 인장시험기로도 어느 정도 측정이 충분히 가능하다.)

2 크로마이징 … 확산침투 도금법(시멘테이션)의 일종으로 크롬확산 피복법이라고도 한다. 철강에 대해 실시되는 경우가 많다. 몇 가지 방법이 있으며, 분말팩법에서는 크롬분말과 확산제로 피도금부를 뒤덮어 열처리로써 크롬을 철강표면에 확산시켜 내식성의 층을 만든다.

3 새료의 비파괴시험에 해당하는 것은?

한국공항공사

① 인장시험   ② 피로시험

③ 방사선 탐상법   ④ 샤르피 충격시험

4 다음 설명에 해당하는 경도시험법은?

광주도시철도공사

> • 끝에 다이아몬드가 부착된 해머를 시편의 표면에 낙하시켜 반발 높이를 측정한다.
> • 경도값은 해머의 낙하 높이와 반발 높이로 구해진다.
> • 시편에는 경미한 압입자국이 생기며, 반발 높이가 높을수록 시편의 경도가 높다.

① 누우프 시험(Knoop test)

② 쇼어 시험(Shore test)

③ 비커스 시험(Vickers test)

④ 로크웰 시험(Rockwell test)

✅ **ANSWER** | 3.③ 4.②

3 비파괴 시험법
   ⊙ **내부결함파악** : 방사선 탐상법, 초음파 탐상법
   ⓛ **표면결함파악** : 자분 탐상법, 침투 탐상법, 누설검사, 외관검사

4 보기의 내용은 쇼어 시험(Shore test)에 관한 설명이다.
   ※ **제품의 시험검사 종류**
     ⊙ **쇼어 경도시험** : 끝에 다이아몬드가 부착된 해머를 시편의 표면에 낙하시켜 반발 높이를 측정하는 시험으로, 경도 값은 해머의 낙하 높이와 반발 높이로 구해진다. (시편에는 경미한 압입자국이 생기며, 반발 높이가 높을수록 시편의 경도가 높다.)
     ⓛ **샤르피 충격시험** : 재질의 인성을 측정하는 시험으로 보통 샤르피 V노치 충격 시험으로 알려져 있다. 이 시험은 높은 변형율 변화율(high strain rate, 빠른 변형 상태)에서 파단 전에 재질이 흡수하는 에너지의 양을 측정하는 표준화된 시험이다. 이 흡수된 에너지는 재질의 노치 인성을 나타내며 온도에 따른 연성-취성 변화를 알아보는데도 사용된다. 추를 일정한 높이로 들어 올리고 시편을 하부에 고정시킨 다음에 추를 놓아 시편이 파단되면서 추는 초기 높이보다 조금 낮아진 높이로 올라간다. 이 높이를 측정해서 시편이 흡수한 에너지를 계산한다.(측정 기에서 자동으로 표시해준다.) 연성 재질은 특정한 온도에서 취성 재질로 변하게 되는데 이러한 온도를 측정하는 데도 사용된다. 단순지지된 시편을 사용한다.
     ⓒ **아이조드 충격시험** : 일정한 무게의 추(Pendulum)를 이용한 방법으로 시편에 추를 가격하여 회전 시 돌아가는 높이로 얻어지는 흡수에너지를 시편 노치부의 단면적으로 나누어 주어 충격강도를 얻는다. 캔틸레버 형상의 시편을 사용한다.
     ⓔ **브리넬 경도시험** : 압입자인 강구를 재료에 일정한 압력으로 누르고, 이 때 생기는 우묵한 자국의 크기로 경도를 나타낸다.
     ⓜ **비커스 경도시험** : 압입자로 눌러 생긴 자국의 표면적으로 경도값을 구한다. (주로 다이아몬드의 사각뿔을 눌러서 생긴 자국의 표면적으로 경도를 나타낸다.)
     ⓗ **로크웰 경도시험** : 압입자인 강구에 하중을 가하여 압입자국의 깊이를 측정하여 경도를 측정한다.

5 재료의 마찰과 관련된 설명으로 옳지 않은 것은?

대전도시철도공사

① 금형과 공작물 사이의 접촉면에 초음파 진동을 가하여 마찰을 줄일 수 있다.

② 접촉면에 작용하는 수직 하중에 대한 마찰력의 비를 마찰계수라 한다.

③ 마찰계수는 일반적으로 링압축시험법으로 구할 수 있다.

④ 플라스틱 재료는 금속에 비하여 일반적으로 강도는 작지만 높은 마찰계수를 갖는다.

6 금속결정 중 체심입방격자(BCC)의 단위격자에 속하는 원자의 수는?

① 1개 ② 2개

③ 4개 ④ 8개

⑤ 12개

7 다음 중 인성(toughness)에 대한 설명으로 옳은 것은?

① 국부 소성 변형에 대한 재료의 저항성

② 파괴가 일어나기까지의 재료의 에너지 흡수력

③ 탄성변형에 따른 에너지 흡수력과 하중 제거에 따른 이 에너지의 회복력

④ 파괴가 일어날 때까지의 소성 변형의 정도

8 금속의 재료시험 중 비파괴검사에 해당하는 것은?

① 초음파 탐상법 ② 경도시험

③ 인장시험 ④ 충격시험

ⓥ ANSWER | 5.④ 6.② 7.① 8.①

5 플라스틱 재료는 금속에 비하여 일반적으로 강도가 작고 낮은 마찰계수를 갖는다.(그러나 특수 플라스틱의 경우 금속보다 강도가 높은 경우도 있다.)

6 ㉠ 체심입방격자(B.C.C) : 원자수 2개, 배위수 8개
ㄴ 면심입방격자(F.C.C) : 원자수 4개, 배위수 12개
ㄷ 조밀육방격자(H.C.P) : 원자수 2개, 배위수 12개

7 인성…시편이 파괴가 일어날 때까지 재료가 에너지를 흡수할 수 있는 능력을 말한다.

8 재료시험의 분류
㉠ 파괴시험 : 인장시험, 경도시험, 충격시험, 피로시험, 크리프시험
ㄴ 비파괴시험 : 자분 탐상법, 침투 탐상법, 초음파 탐상법, 방사선 탐상법
ㄷ 조직시험 : 매크로 조직시험, 현미경 조직시험, 파면해석

9 전기전도율이 가장 우수한 금속은?

① Ag

② Au

③ Al

④ Ni

⑤ W

10 금속의 공통된 성질이 아닌 것은?

① 열전도율이 크다.

② 실온에서 고체이고 결정체이며, 수은은 예외이다.

③ 용융점 및 비중이 낮고 경도는 비교적 크다.

④ 금속 특유의 광택을 가지고 있다.

⑤ 전연성이 커서 가공이 용이하다.

11 금속 파단면의 기름기를 제거하고 부식제로 표면을 부식시켜 재료의 결정입도, 개재물 및 결함 등을 검사하는 시험법은?

① 방사선 탐상법

② 침투 탐상법

③ 매크로 검사법

④ 초음파 탐상법

12 완성 가공된 제품의 경도시험을 하려고 한다. 경도시험 후 자국이 남는 것을 되도록 적게 하려면, 어떤 방법이 가장 적절한가?

① 브리넬 경도

② 비커스 경도

③ 로크웰 경도

④ 쇼어 경도

ⓥ ANSWER | 9.① 10.③ 11.③ 12.④

9 전기전도율 ··· Ag > Cu > Au > Al > W

10 금속의 공통된 성질은 용융점은 높고 비중은 비교적 크다는 것이다. 또한, 전연성이 커서 가공이 용이하고 변형이 쉬우며 열과 전기를 잘 전달한다.

11 매크로 시험법 ··· 재료의 파단면의 기름기를 제거하고 부식제를 이용하여 표면을 부식시킨 후 파단면의 조직을 육안으로 직접 관찰하거나 10배 이내의 확대경을 사용하여 관찰하는 방법이다.

12 쇼어 경도 ··· 다이아몬드 구를 시편 위로 낙하시켜 다이아몬드 구가 튀어 오른 높이를 측정하여 재료의 경도를 구한다.

13 금속의 소성변형을 설명하는 원리에 해당되지 않는 것은?

① 쌍정

② 슬립

③ 전위

④ 재결정

14 다음 중 136° 정사각뿔 다이아몬드 압입자를 사용하는 경도시험법은?

① 브리넬 경도시험법

② 비커스 경도시험법

③ 로크웰 경도시험법

④ 쇼어 경도시험법

15 경도시험기 중 B스케일과 C스케일을 가진 경도계는?

① 쇼어

② 브리넬

③ 로크웰

④ 비커스

16 기계재료의 분류 중 그 성질이 다른 것은?

① 합성수지

② 보온재료

③ 탄소강

④ 내화재료

ANSWER | 13.④ 14.② 15.③ 16.③

13 금속의 소성변형원리 … 슬립, 전위, 쌍정

14 경도시험법
  ㉠ 비커스 경도시험법 : 다이아몬드 사각뿔의 자국의 넓이로 측정한다.
  ㉡ 브리넬 경도시험법 : 다이아몬드 대신 강구의 자국의 넓이로 측정한다.
  ㉢ 로크웰 경도시험법 : 단단한 재료에는 다이아몬드로, 연한 재료에는 강구로 일정한 하중을 가해 생긴 자국의 깊이로 측정한다.

15 로크웰 경도 … 경질의 재료에는 다이아몬드 원뿔로, 연질의 재료에는 강구로 시편에 일정한 하중을 가해 압입된 깊이로 경도를 구한다.
  ㉠ B스케일 : 1.588mm 강구
  ㉡ C스케일 : 120°의 다이아몬드 원뿔

16 기계재료의 분류
  ㉠ 금속재료 : 탄소강, 순철, 주철
  ㉡ 비금속재료 : 합성수지, 보온재료, 내화재료, 도료, 플라스틱

17 충격시험의 종류 중 시편을 양쪽에서 고정하는 시험기는?

① 아이조드 충격 시험기   ② 크리프시험

③ 샤르피 충격 시험기   ④ 피로시험

18 다음 중 동적 시험에 속하는 파괴시험 방법은?

① 인장강도   ② 피로시험

③ 굽힘시험   ④ 경도시험

19 다음 중 압입 경도시험이 아닌 것은?

① 로크웰 경도시험법   ② 비커스 경도시험법

③ 브리넬 경도시험법   ④ 쇼어 경도시험법

20 다음 금속의 재료시험 중 조직시험에 속하는 것은?

① 침투 탐상법   ② 현미경 조직시험

③ 자분 탐상법   ④ 단면 해석법

ⓒ ANSWER | 17.③ 18.② 19.④ 20.②

17 충격 시험기의 종류
    ㉠ 아이조드 충격 시험기 : 시편을 한쪽에서 고정한다.
    ㉡ 샤르피 충격 시험기 : 시편을 양쪽에서 고정한다.

18 피로시험법 … 재료가 피로강도에 견딜 수 있는 능력을 측정하는 시험법으로서, 하중과 방향과 주기를 변화시키면서 시험한다.

19 경도시험법의 분류
    ㉠ 압입 경도시험법 : 브리넬 경도시험법, 비커스 경도시험법, 로크웰 경도시험법 등이 있다.
    ㉡ 반발 경도시험법 : 쇼어 경도시험법 등이 있다.

20 조직시험 … 매크로 조직시험, 현미경 조직시험, 파면해석

21 기계적 성질 중 충격에 대한 재료의 저항하는 성질은?

① 전성   ② 연성

③ 취성   ④ 인성

22 다음 중 금속의 조직검사로 측정이 불가능한 것은?

① 결함   ② 기공

③ 내부응력   ④ 내부 균열

23 다음 중 조직시험방법으로 옳지 않은 것은?

① 매크로 조직시험   ② 충격시험

③ 현미경 조직시험   ④ 파면해석

24 비파괴검사 중 침투제와 현상제를 사용하여 결함을 검출하는 방법은?

① 방사선 탐상법   ② 음향 방출법

③ 초음파 탐상법   ④ 침투 탐상법

ⓒ **ANSWER** | 21.④   22.③   23.②   24.④

21 재료의 기계적 성질
    ㉠ **전성** : 얇은 판으로 넓게 펼 수 있는 성질
    ㉡ **연성** : 가느다란 선으로 늘릴 수 있는 성질
    ㉢ **인성** : 충격에 대한 재료의 저항하는 성질
    ㉣ **취성** : 잘 부서지고 잘 깨지는 성질

22 내부응력은 응력을 가한 하중을 시편의 단면적으로 나눈 계산에 의해 구해진다.

23 ② 충격시험은 파괴시험방법이다.
    ※ **조직시험**
        ㉠ **매크로 조직시험** : 재료의 파단면의 기름기를 제거하고 부식제를 이용하여 표면을 부식시킨 후 파단면의 조직을
            육안으로 직접 관찰하거나 10배 이내의 확대경을 사용하여 관찰한다.
        ㉡ **현미경 조직시험** : 시편의 파단면을 매끈하게 연마한 후 부식제로 부식시켜 현미경으로 파단면을 관찰한다.
        ㉢ **파면해석** : 재료의 파단면을 육안이나 광학현미경 및 전자현미경을 이용해 결함을 찾는 방법이다.

24 침투 탐상법
    ㉠ 침투 탐상법은 물체표면에 존재하는 결함을 검출하는 검사법이다.
    ㉡ 침투 탐상시험에는 액체 침투법과 형광 침투법이 있으며, 결함이 있는 물체의 표면을 깨끗이 하고 물체와의 젖음
         성이 좋은 액체 침투제 또는 형광 침투제를 결함의 내부에 침투시킨다.

25 금속의 결정구조 중 옳지 않은 것은?

① 체심입방격자　　　　　　　　② 조밀육방격자

③ 육밀육방격자　　　　　　　　④ 면심입방격자

26 다음 중 체심입방격자가 아닌 것은?

① Cr　　　　　　　　　　　　② Mo

③ Cu　　　　　　　　　　　　④ Li

⑤ Ba

27 다음 중 용융점이 비교적 높은 금속의 결정구조는?

① 체심입방격자

② 면심입방격자

③ 조밀육방격자

④ 용융점과 금속의 결정구조는 아무 관계가 없다.

ANSWER | 25.③　26.③　27.①

25 금속 결정구조는 체심입방격자, 면심입방격자, 조밀육방격자로 나뉜다.

26 금속의 결정구조
ㄱ **체심입방격자** : Cr, Mo, Li, Ba 등
ㄴ **면심입방격자** : Au, Ag, Al, Cu 등
ㄷ **조밀육방격자** : Mg, Zn, Cd, Ti 등

27 금속의 결정구조
ㄱ **체심입방격자** : 용융점이 비교적 높고, 전연성이 떨어진다.
ㄴ **면심입방격자** : 전연성은 좋으나 강도가 충분하지 않다.
ㄷ **조밀육방격자** : 전연성이 떨어지고 강도가 충분하지 않다.

28 다음 중 파괴강도를 구하는 공식은?

① $\sigma = \dfrac{\text{최대하중}}{\text{시험편의 단면적}}$

② $\sigma = \dfrac{\text{탄성한계}}{\text{시험편의 단면적}}$

③ $\sigma = \dfrac{\text{파괴하중}}{\text{시험편의 단면적}}$

④ $\sigma = \dfrac{\text{시험편의 단면적}}{\text{파괴하중}}$

29 시편의 늘어난 길이와 원래의 길이의 비를 백분율로 나타낸 값은?

① 경도

② 열전도율

③ 연신율

④ 인장강도

30 기계재료가 갖추어야 할 성질 중 가공에 필요한 성질이 아닌 것은?

① 주조성

② 용접성

③ 희소성

④ 절삭성

⑤ 소성 가공성

31 금속의 변태 중 고체 내에서 원자의 배열에 변화가 있는 것은?

① 재결정 변태

② 자기 변태

③ 동소 변태

④ 공정 변태

ANSWER | 28.③ 29.③ 30.③ 31.③

28 파괴강도 $= \dfrac{\text{파괴하중}}{\text{시험편의 단면적}}$

29 연신율 $\epsilon = \dfrac{l - l_0}{l_0} \times 100 = \dfrac{\text{시험 후 늘어난 길이}}{\text{표점거리}} \times 100$

30 가공상의 성질 … 주조성, 용접성, 절삭성, 소성 가공성

31 금속의 변태
  ㉠ 동소 변태 : 고체 내에서 원자의 배열이 변하는 현상
  ㉡ 자기 변태 : 원자의 배열은 변화하지 않고, 자기의 강도만 변하는 현상

32 순철의 A4 변태(동소 변태)는 몇 도에서 생기는가?

① 723℃   ② 768℃

③ 910℃   ④ 1,400℃

⑤ 1,800℃

33 전연성이 떨어지고, 강도가 충분하지 않은 금속의 결정구조는?

① 면심입방격자   ② 체심입방격자

③ 조밀육방격자   ④ 면심육방격자

34 순철의 A2 변태(자기 변태)는 몇 도에서 생기는가?

① 668℃   ② 768℃

③ 868℃   ④ 910℃

⑤ 1,400℃

35 다음 중 용융점이 가장 높은 것은?

① 철   ② 주석

③ 백금   ④ 텅스텐

⑤ 이리듐

✔ ANSWER | 32.④ 33.③ 34.② 35.④

32 순철의 동소 변태
   ㉠ A3 : 910℃
   ㉡ A4 : 1,400℃

33 결정구조의 성질
   ㉠ **면심입방격자** : 전연성은 좋으나 강도가 충분하지 않다.
   ㉡ **체심입방격자** : 용융점이 비교적 높고, 전연성이 떨어진다.
   ㉢ **조밀육방격자** : 전연성이 떨어지고, 강도가 충분하지 않다.

34 순철의 A2 변태는 768℃에서 생긴다.

35 용융점 순서 … 텅스텐(W) > 몰리브덴(Mo) > 이리듐(Ir) > 철(Fe) > 백금(Pt) > 주석(Sn)

02 철강재료

1 철강재료에 대한 설명으로 옳지 않은 것은?

서울교통공사

① 합금강은 탄소강에 원소를 하나 이상 첨가해서 만든 강이다.
② 아공석강은 탄소함유량이 높을수록 강도와 경도가 증가한다.
③ 스테인리스강은 크롬을 첨가하여 내식성을 향상시킨 강이다.
④ 고속도강은 고탄소강을 담금질하여 강도와 경도를 현저히 향상시킨 공구강이다.

2 회주철을 급랭하여 얻을 수 있으며 다량의 시멘타이트(cementite)를 포함하는 주철로 옳은 것은?

대전도시철도공사

① 백주철
② 주강
③ 가단주철
④ 구상흑연주철

 ANSWER | 1.④ 2.①

---

1 고속도강은 고탄소강과는 전혀 다른 재료이다.
  ※ **고속도강(High Speed Steel)**
   • 금속재료를 고속도로 절삭하는 공구에 사용되는 내열성을 지닌 특수강이다.
   • 표준조성은 텅스텐 18%, 크롬 4%, 바나듐 1%이며, 예전의 공구강은 250℃ 이하에서 무디어졌으나, 이것은 500~600℃까지 무디어지지 않는다.
   • 오늘날 주로 사용되는 것은 1900년에 미국인 T. 화이트가 크롬을 넣어 만든 것으로, 코발트나 몰리브덴을 첨가하기도 한다.

2 ① 회주철을 급랭하여 얻을 수 있으며 다량의 시멘타이트(cementite)를 포함하는 주철은 백주철이다.
  ※ **주철의 종류**
   ㉠ **가단주철** : 백선철을 열처리해서 가단성을 부여한 것으로 백심가단주철과 흑심가단주철로 나뉘며, 인장강도와 연율이 연강에 가깝고 주철의 주조성을 갖고 있어 주조가 용이하므로 자동차 부품, 관이음 등에 많이 사용된다.
   ㉡ **회주철** : 주철 중의 탄소의 일부가 유리되어 흑연화되어 있는 것을 말하며, 인장강도를 크게 하기 위하여 강 스크랩을 첨가하여 C와 Si를 감소시켜 백선화되는 것을 방지한 것이다.
   ㉢ **구상흑연주철** : 보통주철 중의 편상흑연을 구상화한 조직을 갖는 주철로 흑연을 구상화하기 위해서 mg를 첨가한 것으로 펄라이트형과 페라이트형, 시멘타이트형이 있다.
   ㉣ **칠드주철** : 용융상태에서 금형에 주입하여 접촉면을 백주철로 만드는 것으로, 주로 기차의 바퀴나 롤러를 제작하는 데 사용된다.

3 회주철의 부족한 연성을 개선하기 위해 용탕에 직접 첨가물을 넣음으로써 흑연을 둥근 방울형태로 만들 수 있다. 이와 같이 흑연이 구상으로 되는 구상흑연주철을 만들기 위해 첨가하는 원소로서 가장 적합한 것은 어느 것인가?

인천교통공사

① P   ② Mn
③ Si   ④ C
⑤ Mg

4 철강의 열처리와 표면처리에 대한 설명 중 옳은 것으로만 묶인 것은?

한국중부발전

> ㈎ 트루스타이트(troostite) 조직은 마텐자이트(martensite) 조직보다 경도가 크다.
> ㈏ 오스템퍼링(austempering)을 통해 베이나이트(bainite) 조직을 얻을 수 있다.
> ㈐ 철의 표면에 규소(Si)를 침투시켜 피막을 형성하는 것을 세라다이징(sheradizing)이라 한다.
> ㈑ 심랭처리를 통해 잔류 오스테나이트(austenite)를 줄일 수 있다.

① ㈎, ㈐   ② ㈎, ㈑
③ ㈏, ㈐   ④ ㈏, ㈑

5 철(Fe)에 탄소(C)를 함유한 탄소강(carbon steel)에 대한 설명으로 옳지 않은 것은?

대구도시철도공사

① 탄소함유량이 높을수록 비중이 증가한다.
② 탄소함유량이 높을수록 비열과 전기저항이 증가한다.
③ 탄소함유량이 높을수록 연성이 감소한다.
④ 탄소함유량이 0.2% 이하인 탄소강은 산에 대한 내식성이 있다.

Ⓒ ANSWER | 3.⑤ 4.④ 5.①

3 주철 용탕에 세륨 또는 마그네슘(또는 그 합금)을 주입 직전에 첨가하면 구상 조직을 가진 흑연이 정출되는데 이것이 구상 흑연 주철이며, 강에 가까운 성질을 지니고 있다.
　※ **구상 흑연 주철** … 주철의 인성과 연성을 현저히 개선시킨 것으로 용융상태의 주철에 Mg, Ce, Ca 등을 첨가하여 제작하며 자동차의 크랭크 축, 캠 축 및 브레이크 드럼 등에 사용된다.

4 ㈎ 트루스타이트(troostite) 조직은 마텐자이트(martensite) 조직보다 경도가 낮다.(경도의 비교 : 마텐자이트＞트루스타이트＞소르바이트＞오스테나이트)
　㈐ 철의 표면에 규소(Si)를 침투시켜 피막을 형성하는 것은 실리코나이징(Siliconizing)이라 한다.

5 탄소가 많이 함유될수록 비중은 작아진다.

6 금형용 합금공구강의 KS 규격에 해당하는 것은?

① STD 11
② SC 360
③ SM 45C
④ SS 400

7 표면경화 열처리 방법에 대한 설명으로 옳지 않은 것은?

대구도시철도공사

① 침탄법은 저탄소강을 침탄제 속에 파묻고 가열하여 재료 표면에 탄소가 함유되도록 한다.
② 청화법은 산소 아세틸렌 불꽃으로 강의 표면만을 가열하고 중심부는 가열되지 않게 하고 급랭시키는 방법이다.
③ 질화법은 암모니아 가스 속에 강을 넣고 가열하여 강의표면이 질소 성분을 함유하도록 하여 경도를 높인다.
④ 고주파경화법은 탄소강 주위에 코일 형상을 만든 후 탄소강 표면에 와전류를 발생시킨다.

ANSWER | 6.① 7.②

6

기호	설명	기호	설명
SM	기계구조용 탄소강재	SBB	보일러용 압연강재
SBV	리벳용 압연강재	SBH	내열강
SKH	고속도 공구강재	BMC	흑심 가단주철
WMC	백심 가단주철	SS	일반 구조용 압연 강재
DC	구상 흑연 주철	SK	자석강
SNC	Ni-Cr 강재	SF	단조품
GC	회주철	STC	탄소공구강
SC	주강	STS	합금공구강
		STD	금형용 합금공구강
SWS	용접 구조용 압연강재	SPS	스프링강

7 청화법은 침탄질화법이라고도 하며 NaCN, KCN 등의 청화물 중의 CN이 철과 작용하여 침탄과 질화가 동시에 행해지는 방법이다. 산소 아세틸렌 불꽃으로 강의 표면만을 가열하고 중심부는 가열되지 않게 하고 급랭시키는 방법은 화염경화법이다.
　※ **표면경화법의 종류**
　　㉠ **침탄방법** : 저탄소강의 표면에 탄소를 침투시켜 고탄소강으로 만든 후 담금질
　　㉡ **질화방법** : 암모니아 가스 속에 강을 넣고 장시간 가열하여 철과 질소가 작용하여 질화 철이 되도록 하는 것
　　㉢ **청화방법** : NaCN, KCN 등의 청화물질이 철과 작용하여 금속표면에 질소와 탄소가 동시에 침투되도록 하는 것
　　㉣ **화염경화 방법** : 산소-아세틸렌 불꽃으로 강의 표면만 가열하여 열이 중심 부분에 전달되기 전에 급랭하는 것
　　㉤ **고주파 경화방법** : 금속표면에 코일을 감고 고주파 전류로 표면만 고온으로 가열 후 급랭하는 것

8 다음의 공구재료를 200℃ 이상의 고온에서 경도가 높은 순으로 옳게 나열한 것은?

광주도시철도공사

> 탄소공구강, 세라믹공구, 고속도강, 초경합금

① 초경합금 > 세라믹공구 > 고속도강 > 탄소공구강

② 초경합금 > 세라믹공구 > 탄소공구강 > 고속도강

③ 세라믹공구 > 초경합금 > 고속도강 > 탄소공구강

④ 고속도강 > 초경합금 > 탄소공구강 > 세라믹공구

9 스테인레스강에 대한 설명으로 옳지 않는 것은?

① 스테인레스강은 뛰어난 내식성과 높은 인장강도의 특성을 갖는다.

② 스테인레스강은 산소와 접하면 얇고 단단한 크롬산화막을 형성한다.

③ 스테인레스강에서 탄소량이 많을수록 내식성이 향상된다.

④ 오스테나이트계 스테인레스강은 주로 크롬, 니켈이 철과 합금된 것으로 연성이 크다.

10 회주철의 기호로 GC300과 같이 표시할 때 300이 의미하는 것은?

① 항복강도(N/mm^2) ② 인장강도(N/mm^2)

③ 굽힘강도(N/mm^2) ④ 전단강도(N/mm^2)

✅ ANSWER | 8.③ 9.③ 10.②

8 공구재료를 200℃ 이상의 고온에서 경도가 높은 순으로 나열하면 세라믹공구 > 초경합금 > 고속도강 > 탄소공구강 순이다.
※ 일반적으로 공구강의 경도는 다이아몬드 > 세라믹공구 > 초경합금 > 고속도강 > 스텔라이트 > 합금공구강 > 탄소공구강 순이다.

9 스테인리스강(STS : stainless steel) … 강에 Cr과 Ni 등을 첨가하여 내식성을 갖게 한 강
㉠ 13Cr스테인리스강 : 페라이트계 스테인리스강
㉡ 18Cr-8Ni 스테인리스강 : 오스테나이트계, 비자성체, 담금질 안 됨, 13Cr 보다 내식, 내열 우수

10 GC300은 인장강도가 300 이상인 주철을 의미한다.

11 자동차의 크랭크축, 캠, 스핀들 등의 제품에 사용하는 표면 경화법은?

① 질화법　　　　　　　　　　　　　　② 정화법

③ 화염 경화법　　　　　　　　　　　　④ 침탄법

⑤ 고주파 경화법

12 케이스 하드닝(case hardening)에 관한 정의 중 옳은 것은?

① 가스 침탄법을 말한다.　　　　　　　② 고체 침탄법을 말한다.

③ 침탄법을 말한다.　　　　　　　　　④ 침탄 후의 담금질 열처리를 말한다.

13 탄소강을 연화시킬 목적으로 적당한 온도까지 가열하고 서서히 냉각하여 연화시키는 열처리 방법으로 잔류응력 제거, 절삭성능 향상, 냉각가공 성능개선 등을 이루는 열처리는?

① 불림　　　　　　　　　　　　　　② 담금질

③ 뜨임　　　　　　　　　　　　　　④ 풀림

14 다음 중 Si를 표면에 침투시키는 표면 경화법은?

① 크로마이징　　　　　　　　　　　② 세라다이징

③ 실리코나이징　　　　　　　　　　④ 캘러라이징

⑤ 브로나이징

ANSWER | 11.① 12.④ 13.④ 14.③

11 **질화법** … 강을 암모니아 가스 내에서 고온으로 장시간 가열하여 강의 표면에 질화층을 형성시키는 방법으로 자동차의 크랭크축, 캠, 스핀들, 동력전달용 체인, 밸브, 톱니바퀴 등의 제품의 표면경화법으로 사용된다.
　⑤ 강의 표면에 니켈(Ni)를 확산, 침투시키는 처리방법이다.

12 케이스 하드닝(case hardening) … 침탄 후 담금질을 하여 중심부의 조직을 미세화하고 표면층을 정화하기 위해 다시 담금질을 따로 실시하는 열처리를 말한다.

13 탄소강 열처리의 종류
　㉠ 담금질 : 재료의 경도와 강도가 향상되는 열처리 방법이다.
　㉡ 뜨임 : 담금질한 탄소강을 가열하여 재료의 인성을 증가시키는 열처리 방법이다.
　㉢ 풀림 : 탄소강을 고온으로 가열하여 오스테나이트 상태로 용광로 내에서 서냉시키는 열처리 방법으로, 내부 응력을 제거하고 열처리로 인해 경화된 재료를 연화시키는 방법이다.
　㉣ 불림 : 강 주물이나 압연재료의 내부구조를 균일하게 하기 위한 목적으로, 고온으로 가열하여 오스테나이트화하여 고용되게 한 후 공냉시키는 열처리 방법이다.

14 ① 강의 표면에 크롬(Cr)을 확산, 침투시키는 처리방법이다.
　② 강의 표면에 아연(Zn)을 확산, 침투시키는 처리방법이다.
　④ 강의 표면에 알루미늄(Al)을 확산, 침투시키는 처리방법이다.
　⑤ 강의 표면에 브롬(B)을 확산, 침투시키는 처리방법이다.

15 다음 중 백주철을 사용하는 것은?

① 칠드주철
② 고급주철
③ 회주철
④ 합금주철
⑤ 가단주철

16 보통주철의 인장강도는 얼마인가?

① $5 \sim 10 \text{kg/mm}^2$
② $10 \sim 20 \text{kg/mm}^2$
③ $20 \sim 30 \text{kg/mm}^2$
④ $30 \sim 40 \text{kg/mm}^2$
⑤ $40 \sim 50 \text{kg/mm}^2$

17 다음 중 크랭크축, 기어, 볼트 등의 재료로 가장 적합한 것은?

① 강인강
② 합금공구강
③ 내열강
④ 스프링강
⑤ 불연강

ANSWER | 15.⑤ 16.② 17.①

ANSWER | 15.⑤ 16.② 17.①

15 가단주철
ㄱ 탄소 $2.0 \sim 2.6\%$, 규소 $1.1 \sim 1.6\%$의 백주철을 가열하여 탈탄, 흑연화 방법으로 제조한다.
ㄴ 주조성, 절삭성이 좋고 대량생산이 가능하다.
ㄷ 유니버설 조인트, 요크 등에 사용한다.

16 주철의 인장강도
ㄱ 보통주철의 인장강도 : $10 \sim 20 \text{kg/mm}^2$
ㄴ 고급주철의 인장강도 : 25kg/mm^2

17 강인강 … 담금질 성질이 좋고, 담금질에 의해서 강도와 경도가 높아지며 뜨임을 통해서 강인한 성질을 지닌다.

18 다음 중 탄소강의 열처리에 대한 설명으로 옳지 않은 것은?

① 담금질하면 경도가 증가한다.

② 템퍼링(뜨임)하면 강의 인성이 증가된다.

③ 풀림하면 연성 및 전성이 증가한다.

④ 노멀라이징(불림)하면 내부응력이 증가된다.

19 다음 중 청동의 재료는?

① Cu + Mg   ② Cu + Sn

③ Cu + Zn   ④ Cu + Cr

⑤ Cu + Mn

20 용해로의 용량을 표시한 것 중 옳지 않은 것은?

① 큐폴라 – 1시간에 용해할 수 있는 최대량

② 전로 – 1시간에 용해할 수 있는 양

③ 평로 – 1회에 용해할 수 있는 양

④ 전기 아크로 – 1회에 용해할 수 있는 최대량

ANSWER | 18.④   19.②   20.②

18 ④ 노멀라이징(불림)하면 내부응력이 제거된다.

19 청동은 구리(Cu)와 주석(Sn)의 합금이다.

20 전로의 용량 … 1회에 정련할 수 있는 무게를 톤(ton)으로 표시한다.

21 다음 중 주철과 주강에 대한 비교설명으로 옳은 것은?

① 주강에 비해 주철의 수축률이 크다.

② 주강에 비해서 주철의 용융점이 낮다.

③ 주강에 비해서 주철이 주조하기가 어렵다.

④ 주강에 비해서 주철의 기계적 성질이 우수하다.

22 강의 5대 원소 중 적열취성의 원인이 되는 것은?

① C   ② S

③ P   ④ Mn

⑤ Si

23 다음 중 탄소함유량이 가장 적은 것은?

① 탄소강   ② 주철

③ 선철   ④ 순철

✅ ANSWER | 21.② 22.② 23.④

21 주철은 용융점이 낮고, 쇳물상태에서 유동성이 우수하며, 응고할 때 수축률이 적기 때문에 주로 주조에 이용된다.

22 S(황) … 인장강도 · 연신율 · 충격치 · 용접성 등을 저하시키며, 적열취성의 원인이 된다.

23 탄소함유량
ⓐ 순철 : 0.02% 이하
ⓑ 탄소강 : 0.02 ~ 2.0%
ⓒ 주철 : 2.0 ~ 6.0%

24 다음 중 연료의 사용없이 공기를 통풍시켜 불순물을 제거하여 강을 만드는 제강법은?

① 평로 제강법　　　　　　　　　　② 제선법

③ 전기로 제강법　　　　　　　　　　④ 전로 제강법

25 강을 탈산시킬 때 탈산제로 사용하는 것은?

① 알루미나　　　　　　　　　　　② 탄화규소

③ 페로망간　　　　　　　　　　　④ 마그네슘

26 다음 중 용광로의 크기를 바르게 나타낸 것은?

① 1시간에 용해할 수 있는 쇳물의 무게

② 1일 동안 생산된 선철의 무게를 톤으로 표시

③ 1회에 용해할 수 있는 양을 톤으로 표시

④ 1회에 정련할 수 있는 무게를 톤으로 표시

27 칠드주철의 표면조직은 어느 것인가?

① 펄라이트　　　　　　　　　　　② 페라이트

③ 마텐자이트　　　　　　　　　　④ 시멘타이트

⑤ 오스테나이트

⊘ ANSWER | 24.④　25.③　26.②　27.④

---

24 제강법의 종류
- ⊙ **평로 제강법** : 바닥이 넓은 반사로인 평로를 이용하여 선철을 용해시키고, 여기에 고철·철광석 등을 첨가하여 강을 만든다.
- ⓛ **전로 제강법** : 용해된 선철을 전로에 주입한 후 연료의 사용없이 노 밑에 뚫린 구멍을 통하여 공기를 송풍시켜 탄소, 규소와 그 밖의 불순물을 제거시켜 강을 만든다.
- ⓒ **전기로 제강법** : 전열을 이용하여 선철, 고철 등의 제강원료를 용해시켜 강을 만든다.

25 탈산제로 페로망간, 페로실리콘을 사용한다.

26 용광로의 용량은 1일 동안 생산된 선철의 무게를 톤으로 표시한 것이다.

27 칠드주철의 표면조직은 경도가 높은 시멘타이트 조직이다.

28 표면 경화법 중 고주파 전류를 이용하여 표면만 가열한 후 급랭시키는 방법은?

① 질화법　　　　　　　　　　　② 화염 경화법

③ 고주파 경화법　　　　　　　　④ 고주파 질화법

29 강의 표준조직에 속하지 않는 것은?

① 페라이트　　　　　　　　　　② 시멘타이트

③ 오스테나이트　　　　　　　　④ 마퀜칭

⑤ 레데뷰나이트

30 다음 중 풀림 열처리의 목적으로 옳은 것은?

① 재질을 경화한다.　　　　　　② 담금질 효과를 저하한다.

③ 연화 절삭성을 저하한다.　　　④ 재결정 및 입도를 조정한다.

31 탄소강 중에 함유되어 상온취성을 유발하는 원소는?

① 황　　　　　　　　　　　　　② 수소

③ 망간　　　　　　　　　　　　④ 인

⑤ 칼륨

⊘ A N S W E R ｜ 28.③　29.④　30.④　31.④

28 고주파 경화법 … 표면 경화법 중의 한 방법으로, 고주파 전류를 이용하여 표면만 가열한 후 급랭시키는 방법이다.

29 강의 표준조직 … 페라이트, 펄라이트, 오스테나이트, 시멘타이트, 레데뷰나이트

30 풀림
　　　㉠ 재료의 연화
　　　㉡ 잔류응력 제거
　　　㉢ 절삭성 향상
　　　㉣ 냉각가공의 개선
　　　㉤ 결정조직의 조정

31 취성유발의 원인
　　　㉠ 적열취성 : 황
　　　㉡ 청열취성 : 200 ~ 300℃
　　　㉢ 상온취성 : 인

32 다음 중 철강의 분류기준은?

① 각종 원소의 함유량 ② 탄소의 함유량

③ 철강의 조직 상태 ④ 함유성분의 용융점

33 합금 공구강에 첨가된 것이 아닌 것은?

① Cr ② Mo

③ W ④ Ni

⑤ V

34 다음 중 주철에 함유되어 있는 원소 중 내열성과 강인성을 좋게 하는 원소는?

① C ② Mn

③ P ④ S

35 탄소강의 기계적 성질로서 옳은 것은?

① 탄소량이 많을수록 강도, 경도가 저하된다.

② 탄소량이 많을수록 연성, 전성이 증가된다.

③ 탄소량이 많을수록 인성과 충격값은 증가된다.

④ 탄소강의 성질은 탄소량에 의해 가장 많이 좌우된다.

ANSWER | 32.② 33.④ 34.② 35.④

32 철강의 분류기준은 탄소의 함유량이다.

33 합금 공구강 … Cr, V, Mo, W 등이 첨가되어 성질을 향상시킨 합금강을 말한다.

34 ① 주철에 가장 큰 영향을 미치는 원소로 탄소함유량이 증가하면 용융점이 저하되고, 주조성이 좋아진다.
　③ 쇳물의 유동성을 좋게 하고, 주물의 수축을 적게 한다.
　④ 쇳물의 유동성을 저하시키고, 기공이 생기기 쉽고 수축률이 증가된다.

35 탄소량이 많을수록 강도 · 경도는 증가하나, 연성 · 전성은 감소한다.

36 템퍼링의 목적으로 적당한 것은?

① 재질을 연화
② 담금질한 강의 인성 증가
③ 재결정 및 입도를 조정
④ 절삭성의 향상

37 온도가 변해도 선팽창계수와 탄성률 등이 변하지 않는 것은?

① 스프링강
② 불변강
③ 내열강
④ 강인강
⑤ 합금공구강

38 다음 중 탄소강에 함유되어 압연시 균열의 원인이 되는 원소는?

① Mn
② S
③ Cu
④ Si

39 고급주철의 인장강도로 옳은 것은?

① $1 \sim 5kg/mm^2$
② $5 \sim 10kg/mm^2$
③ $10 \sim 15kg/mm^2$
④ $15 \sim 20kg/mm^2$
④ $25kg/mm^2$

✅ **ANSWER** | 36.② 37.② 38.③ 39.⑤

36 템퍼링(뜨임)은 담금질한 강의 인성을 증가시키는 것이 목적이다.

37 불변강 … 온도가 변해도 선팽창계수와 탄성률 등은 변하지 않는 강이다.

38 ① 황과 화합하여 적열취성을 방지하며, 결정성장을 방지하고 강도·경도·인성 및 담금질 효과를 증가시킨다.
　② 인장강도·연신율·충격치·유동성·용접성 등을 저하시키며, 적열취성의 원인이 된다.
　③ 인장강도, 탄성한도, 내식성이 증가하나 압연시 균열의 원인이 된다.
　④ 강의 인장강도·탄성한계·경도 및 주조성을 좋게 하며, 연신율·충격값·전성·가공성 등은 떨어진다.

39 고급주철의 인장강도는 $25kg/mm^2$ 이상이다.

40 탈산의 정도를 중간 정도로 한 약탈산 강은?

① 킬드강   ② 림드강
③ 세미킬드강   ④ 세미림드강

41 스프링 강에서 반드시 첨가하여야 할 원소는?

① 망간   ② 알루미늄
③ 마그네슘   ④ 몰리브덴

42 강을 열처리할 때 조직이 변화하는 순서는?

① 오스테나이트 – 마텐자이트 – 소르바이트 – 트루스타이트
② 마텐자이트 – 소르바이트 – 오스테나이트 – 트루스타이트
③ 마텐자이트 – 오스테나이트 – 소르바이트 – 트루스타이트
④ 오스테나이트 – 마텐자이트 – 트루스타이트 – 소르바이트
⑤ 오스테나이트 – 트루스타이트 – 마텐자이트 – 소르바이트

ANSWER | 40.③   41.①   42.④

40 강괴
ㄱ **킬드강** : 완전 탈산한 강
ㄴ **세미킬드강** : 중간 정도 탈산한 강
ㄷ **림드강** : 가볍게 탈산한 강

41 규소 성분이 증가하면 스프링 강의 표면에 탈탄층이 형성되어, 피로파괴의 원인이 되며, 이 원인을 감소시키기 위해 망간을 첨가한다.

42 강을 열처리할 때의 조직변화 순서 ⋯ 오스테나이트 → 마텐자이트 → 트루스타이트 → 소르바이트

43 다음 중 0.77%의 탄소를 함유하고 있는 공석조직은?

① 오스테나이트   ② 페라이트

③ 펄라이트   ④ 시멘타이트

⑤ 레데뷰나이트

44 다음 중 순철에 가까운 조직을 가지고 있는 것은?

① 오스테나이트   ② 페라이트

③ 펄라이트   ④ 시멘타이트

45 합금 공구강이란 어디에 특수 원소를 첨가한 강인가?

① 강인강   ② 내열강

③ 탄소강   ④ 크롬강

46 다음 중 압연용 롤, 철도 차륜, 분쇄용 롤 등에 사용되는 주철은?

① 가단주철   ② 구상흑연주철

③ 칠드주철   ④ 노듈라주철

⑤ 편상흑연주철

ANSWER | 43.③ 44.② 45.③ 46.③

43 펄라이트
    ㉠ 오스테나이트가 페라이트와 시멘타이트의 충상으로 된 조직이다.
    ㉡ 페라이트보다 강도·경도가 크고, 자성이 있다.
    ㉢ 0.77C%의 탄소를 함유하는 공석조직이다.

44 페라이트 … 순철에 가까운 조직이며, 강자성체이고 연성·전성이 좋다.

45 합금 공구강 … 탄소강에 Cr, W, V, Mo 등을 첨가한 것이다.

46 칠드주철
    ㉠ 표면은 단단하고, 내부는 연하므로 강인성이 우수한 주철이다.
    ㉡ 압연용 롤, 철도 차륜, 분쇄용 롤, 제지용 롤 등에 쓰인다.

47 다음 중 퀴리점을 무엇이라 하는가?

① 비점   ② 용융점

③ 자기변태점   ④ 동소변태점

48 탄화텅스텐 가루와 코발트 가루를 혼합하여 금형에 넣어 가압 성형한 후 고온에서 가열하여 만든 소결합금은?

① 초경합금   ② 세라믹

③ 고탄소강   ④ 고속도강

⑤ 내열강

49 다음 중 가격은 저렴하지만 기공과 편석으로 질이 떨어지는 강은?

① 세미킬드강   ② 림드강

③ 킬드강   ④ 세미림드강

50 용융금속을 서서히 냉각시키면 어떤 모양의 결정을 만드는가?

① 편상 결정   ② 망상 결정

③ 주상 결정   ④ 수지상 결정

✅ ANSWER | 47.③ 48.① 49.② 50.④

47 A2변태점(자기변태점)을 퀴리점이라 한다.

48 초경합금공구 … 탄화 텅스텐 분말과 코발트 분말을 섞어서 성형한 후 고온에서 가열하여 만든 소결합금으로, 강은 아니며 고온경도 · 내마멸성 · 내열성이 좋고 취성이 크다.

49 림드강의 특성
　㉠ 전로나 평로에서 제조된 것을 페로망간으로 가볍게 탈산시킨 강이다.
　㉡ 기공과 비금속의 편석으로 인하여 강의 질이 나쁘다.
　㉢ 저렴한 가격으로 생산할 수 있다.

50 수지상 결정 … 금속을 냉각시키면 수많은 원자가 규칙적인 배열을 형성하여 결정립을 형성하고, 이를 중심으로 결정격자가 나뭇가지 형태로 형성되는 것을 말한다.

51 다음 중 스테인리스강에 대한 설명으로 옳지 않은 것은?

① 주성분은 Cr, Ni이다.

② 내식성이 우수하다.

③ 기계적 성질이 조금 떨어진다.

④ 화학공업장치, 가정용품, 내식강판 등의 재료로 사용된다.

52 강인강의 종류 중 옳지 않은 것은?

① 니켈강   ② 크롬강

③ 니켈−크롬−몰리브덴강   ④ 질화강

53 자동차 부품이나 정밀기계 부품에 사용되는 쾌삭강은?

① 납 쾌삭강   ② 황 쾌삭강

③ 엘린바   ④ 내열강

ⓥ ANSWER | 51.③ 52.④ 53.①

51 스테인리스강
ㄱ Cr(13%) 스테인리스강
• 내식성 및 기계적 성질이 우수하다.
• 터빈 날개, 기계부품, 의료기기 등의 재료로 사용된다.
ㄴ Cr(18%) − Ni(8%) 스테인리스강
• 내식성, 용접성, 기계적 성질이 매우 좋다.
• 화학공업장치, 가정용품, 내식강판 등의 재료로 사용된다.

52 강인강의 종류 … 니켈강, 크롬강, 니켈−크롬강, 니켈−크롬−몰리브덴강

53 납 쾌삭강
ㄱ 절삭성이 좋고 열처리 효과도 변하지 않는다.
ㄴ 자동차 부품이나 정밀기계 부품에 사용한다.

54 불변강의 종류가 아닌 것은?

① 코엘린바　　　　　　　　② 플래티나이트

③ 초불변강　　　　　　　　④ 크롬강

⑤ 인바

55 니켈 · 탄소 · 망간이 주성분이고, 줄자 · 정밀기계 부품 · 시계추 등의 재료에 사용되는 것은?

① 인바　　　　　　　　　　② 초불변강

③ 플래티나이트　　　　　　④ 엘린바

⑤ 코엘린바

54 불변강의 종류 … 인바, 초불변강, 엘린바, 코엘린바, 플래티나이트

55 인바
   ⊙ 니켈 36%, 탄소 0.02%, 망간 0.4%가 주성분이다.
   ⓒ 줄자, 정밀기계 부품, 시계추 등의 재료로 사용된다.

1 다음 설명에 가장 적합한 소재는?

광주도시철도공사

> • 우주선의 안테나, 치열 교정기, 안경 프레임, 급유관의 이음쇠 등에 사용한다.
> • 소재의 회복력을 이용하여 용접 또는 납땜이 불가능한 것을 연결하는 이음쇠로도 사용 가능하다.

① 압전재료
② 수소저장합금
③ 파인세라믹
④ 형상기억합금

2 알루미늄 합금인 두랄루민에 대한 설명으로 옳지 않은 것은?

광주도시철도공사

① Cu, Mg, Mn을 성분으로 가진다.
② 비중이 연강의 약 1/3 정도로 경량재료에 해당된다.
③ 주물용 알루미늄 합금이다.
④ 고온에서 용체화 처리 후 급랭하여 상온에 방치하면 시효경화 한다.

✅ **ANSWER** | 1.④ 2.③

1 ④ **형상기억합금** : 변형이 일어나도 처음에 모양을 만들었을 때의 형태를 기억하고 있다가 일정 온도가 되면 그 형태로 돌아가는 특수 금속이다. 우주선의 안테나, 치열 교정기, 안경 프레임, 급유관의 이음쇠 등에 사용한다.
　① **압전재료** : 압전효과를 갖는 재료이다.
　② **수소저장합금** : 금속과 수소가 반응하여 생성된 금속수소화물로서 수소를 흡입하여 저장하는 성질을 가진 합금이므로, 폭발할 염려 없이 수소를 저장할 수 있다.
　③ **파인세라믹** : 유리나 도자기 등의 세라믹을 발전시켜 이용하려는 과학 분야 혹은 그 제품을 말한다. (세라믹 : 비금속 또는 무기질 재료를 높은 온도에서 가공, 성형하여 만든 제품이다.)

2 두랄루민은 알루미늄에 구리, 마그네슘, 망간을 섞어 만들어서 가볍다. 중량당 강도가 매우 우수하기에 항공기의 재료로 주로 사용된다. (주물이란 용해된 금속을 주형 속에 넣고 응고시켜서 원하는 모양의 금속제품으로 만드는 일, 또는 그 제품을 말하는 것인데 두랄루민은 주물용 알루미늄 합금으로 보기에는 무리가 있다.)

3 비철금속인 구리, 아연, 알루미늄, 황동의 특성에 대한 설명 중 옳지 않은 것은?

한국공항공사

① 구리는 열과 전기의 전도율은 좋으나 기계적 강도가 낮다.
② 황동은 구리와 아연의 합금이며 주조와 압연이 용이하다.
③ 아연은 비중이 2.7 정도로 알루미늄보다 가벼우며, 매우 연한 성질을 가지고 있다.
④ 알루미늄은 공기나 물속에서 표면에 얇은 산화피막을 형성 할 때 내부식성이 우수하다.

4 상원사의 동종과 같이 고대부터 사용한 청동의 합금은?

대전도시철도공사

① 철과 아연
② 철과 주석
③ 구리와 아연
④ 구리와 주석

5 비철금속에 대한 설명으로 옳지 않은 것은?

대전도시철도공사

① 비철금속으로는 구리, 알루미늄, 티타늄, 텅스텐, 탄탈럼 등이 있다.
② 지르코늄은 고온강도와 연성이 우수하며, 중성자 흡수율이 낮기 때문에 원자력용 부품에 사용한다.
③ 마그네슘은 공업용 금속 중에 가장 가볍고 진동감쇠 특성이 우수하다.
④ 니켈은 자성을 띠지 않으며 강도, 인성, 내부식성이 우수하다.

Ⓥ ANSWER | 3.③ 4.④ 5.④

3 아연은 비중이 7.14 정도이며 단단하나 부스러지기 쉬운 은빛의 금속이다.
4 청동은 구리와 주석의 합금이다. 구리와 아연의 합금은 황동이다.
5 니켈은 자성이 있다.

6 다음 중 실루민 합금의 주성분은?

① Fe – Sn

② Mg – Zn

③ Cu – Pb

④ Al – Si

⑤ Al – Sn

7 알루미늄의 제조법으로 옳은 것은?

① Al_2O_3 – Al 광석 – 순수 Al

② Al 광석 – 순수 Al – Al_2O_3

③ Al 광석 – Al_2O_3 – 순수 Al

④ Al_2O_3 – 순수 Al – Al 광석

8 다음 중 베어링용 합금으로 사용되는 합금은?

① 황동

② 라우탈

③ 인 청동

④ 다우 메탈

9 실루민에 대한 설명 중 옳지 않은 것은?

① 주조성이 좋다.

② Al – Si계 합금에 미량의 Mg, Mn이 함유된다.

③ 다이캐스팅에 사용된다.

④ 절삭성이 좋다.

⑤ 열처리 효과가 크다.

ANSWER | 6.④ 7.③ 8.③ 9.④

6 실루민
ㄱ Al – Si계 합금에 미량의 마그네슘과 망간이 함유되어 있다.
ㄴ 주조성은 좋으나, 절삭성이 좋지 않다.
ㄷ 열처리 효과가 없고, 개량처리로 성질을 개선할 수 있다.

7 알루미늄의 제조법 … Al 광석 – Al_2O_3 – 순수 Al

8 베어링용 합금 … 화이트 메탈, 켈밋, 인 청동

9 실루민
ㄱ Al – Si계 합금에 미량의 마그네슘과 망간이 함유되어 있다.
ㄴ 주조성은 좋으나, 절삭성이 좋지 않다.
ㄷ 열처리 효과가 없고, 개량처리로 성질을 개선할 수 있다.

10 Al−Cu−Mg−Ni계 합금이고 내열성이 좋으며, 피스톤·실린더 헤드에 사용되는 합금은?

① 톰백　　　　　　　　　　　　　　② Y합금

③ 청동　　　　　　　　　　　　　　④ 켈밋

11 다음 알루미늄의 성질 중 옳은 것은?

① 체심입방격자이다.

② 산, 황산, 바닷물에 불안정한 표면 산화막을 형성한다.

③ 내식성이 좋다.

④ 전성은 좋으나 연성은 나쁘다.

12 다음 중 Cu + Pb의 합금을 나타내는 것은?

① 켈밋　　　　　　　　　　　　　　② 베빗 메탈

③ 델타 메탈　　　　　　　　　　　　④ 크로멜

⑤ 다우 메탈

13 다음 중 방전가공의 전극으로 사용되지 않는 것은?

① 아연　　　　　　　　　　　　　　② 탄소

③ 구리　　　　　　　　　　　　　　④ 텅스텐

ANSWER | 10.② 11.③ 12.① 13.①

10 Y합금
　㉠ Al − Cu − Mg − Ni계 합금이다.
　㉡ 고온강도가 커서 피스톤, 실린더 헤드에 사용된다.

11 알루미늄의 성질
　㉠ 면심입방격자이다.
　㉡ 내식성이 좋다.
　㉢ 전성, 연성이 좋다.
　㉣ 산, 황산, 바닷물에 안정한 표면 산화막을 형성한다.
　㉤ 냉간·열간 가공이 우수하다.

12 ② 구리, 아연, 안티몬, 주석 등이 주성분인 합금으로 고온에서는 열전도율이 좋지 않으며 강도가 낮으나 취급이 용이하고 내부식성이 좋아 베어링에 사용한다.
③ 황동에 철이 첨가된 것으로 강인성, 내식성이 증가된다. 광산, 선박용, 화학기계 등에 사용한다.
④ 니켈에 크롬이 첨가된 것으로 열전대 재료에 사용한다.
⑤ 마그네슘에 알루미늄이 첨가된 것으로 주조성과 단조성이 좋다. 알루미늄의 양에 따라 경도, 연신율, 인장강도 등이 달라진다.

13 방전가공 … 금속 전극 사이에 전압을 가하면 전극 사이에 발생하는 방전에 의해 전극이 소모되어 가는 현상을 이용하여 구멍뚫기, 조각, 절삭 등을 하는 가공방법이다. 전극의 재료는 보통 탄소, 구리, 텅스텐을 사용한다.

14 다음 내식 알루미늄 합금 중 두랄루민에 Al을 피복한 것은?

① 알민
② 알클래드
③ 알드리
④ 하이드로날륨

15 자주 급유해서는 안 되는 곳과 급유에 의해 더러워져서는 안 되는 곳에 사용되고, 녹음기 · 식품제조기 · 선풍기 등의 베어링으로 많이 사용되는 것은?

① 화이트 메탈
② 켈밋
③ 오일리스 베어링
④ 인청동

16 다음 중 황동의 합금원소로 옳은 것은?

① 철, 구리
② 구리, 주석
③ 주석, 아연
④ 구리, 아연
⑤ 철, 주석

---

14 내식 알루미늄의 종류
㉠ 알민 : Al – Mn계로 내식성, 가공성 및 용접성이 우수하다.
㉡ 알드리 : Al – Mg – Si계로 내식성과 강도가 우수하다.
㉢ 알클래드 : 두랄루민에 알루미늄을 피복한 것이다.
㉣ 하이드로날륨 : Al – Mg계로 내식성과 용접성이 우수하다.

15 오일리스 베어링의 성질
㉠ 철, 구리 등의 금속가루를 소결시켜 윤활유를 침투시킨 베어링이다.
㉡ 자주 급유해서는 안 되는 곳과 급유에 의해 더러워져서는 안 되는 곳에 사용된다.
㉢ 녹음기, 식품제조기, 선풍기 등의 베어링으로 많이 사용된다.

16 구리합금
㉠ **황동** : 구리(Cu) + 아연(Zn)
㉡ **청동** : 구리(Cu) + 주석(Sn)

17 양은은 7 : 3 황동에 무엇을 첨가한 것인가?

① Mn

② Al

③ Ni

④ Sn

⑤ Zn

18 다음 중 청동의 종류가 아닌 것은?

① 문쯔메탈

② 켈밋

③ 인 청동

④ 알루미늄 청동

⑤ 콜슨 합금

19 6 : 4 황동에 납 1.5 ~ 3%를 첨가하고, 절삭성이 우수하며 대량생산이 가능한 황동은?

① 델타 메탈

② 주석 황동

③ 납 황동

④ 양은

⑤ 강력 황동

✅ ANSWER | 17.③ 18.① 19.③

17 양은(백동, 양백)
ㄱ 7 : 3 황동에 니켈을 7 ~ 30% 첨가한 것이다.
ㄴ 니켈의 탈색효과로 은백색이며, 탄성과 내식성이 우수하다.
ㄷ 냉간 가공성은 떨어지나, 열간 가공성은 우수하다
ㄹ 장식용, 악기, 식기, 은 대용품 등에 사용된다.

18 구리합금
ㄱ **청동의 종류** : 베어링용 청동, 켈밋, 인 청동, 알루미늄 청동, 콜슨 합금 등
ㄴ **황동의 종류** : 톰백, 고 황동, 문쯔메탈, 납 황동, 주석 황동, 델타 황동, 강력 황동 등

19 납 황동
ㄱ 6 : 4 황동에 납 1.5 ~ 3%를 첨가한다.
ㄴ 절삭성이 우수하고 대량생산이 가능하다.
ㄷ 정밀가공품, 스크루 등에 사용된다.

20 Ni의 성질 중 옳지 않은 것은?

① 360℃ 이상에서는 자성을 잃는다.　　② 내식성이 좋다.

③ 알칼리에 대한 저항력이 좋다.　　　　④ 열전도와 전연성이 나쁘다.

21 퓨즈용 합금의 재료에 들어가는 저용융 합금이 아닌 것은?

① Sn

③ Bi

⑤ Cd

② W

④ Pb

22 납땜에서 연납과 경납을 구분하는 온도는 450℃이다. 어떤 재료의 용융점을 기준으로 한 것인가?

① Fe

③ Pb

⑤ Zn

② Ni

④ Sn

23 다음 중 주조용 알루미늄 합금에 속하지 않는 것은?

① 실루민

③ 로엑스

⑤ 하이드로날륨

② 라우탈

④ 알루미늄 청동

✓ ANSWER | 20.④　21.②　22.③　23.④

20 Ni의 성질
　　㉠ 360℃ 이상에서는 자성을 잃는다.
　　㉡ 내식성이 좋다.
　　㉢ 알칼리에 대한 저항력이 좋다.
　　㉣ 열전도와 전연성이 우수하다.

21 퓨즈용 합금
　　㉠ Pb, Sn, Bi, Cd 등의 저용융 합금이 첨가된다.
　　㉡ 화재경보장치, 보일러 안전밸브, 전기용 퓨즈에 사용된다.

22 납의 용융점인 450℃를 기준으로 한다.

23 주조용 알루미늄 합금의 종류 … 실루민, 라우탈, Y합금, 로엑스, 하이드로날륨 등

24 주석을 1% 첨가한 황동으로 어드미럴티 메탈과 네이벌 황동으로 나눌 수 있는 황동은?

① 델타 황동
② 강력 황동
③ 주석 황동
④ 양은

25 다음 중 납의 성질로 옳은 것은?

① 방사선 차단력이 좋다.
② 체심입방격자이다.
③ 용융점이 높다.
④ 전기전도율이 높다.

26 인 청동에 대한 설명으로 옳은 것은?

① 인장강도가 나쁘다.
② 탄성계수가 떨어진다.
③ 0.6% 이하의 인을 첨가한 것이다.
④ 유동성이 떨어진다.
⑤ 내마멸성이 좋지 않다.

Ⓥ **A N S W E R** | 24.③ 25.① 26.③

24 주석 황동 … 주석을 1% 첨가한 것이다.
  ㉠ 에드미럴티 메탈 : 7 : 3 황동에 주석 1%를 첨가한 것으로, 전연성이 우수하다.
  ㉡ 네이벌 황동 : 6 : 4 황동에 주석 1%를 첨가한 것으로, 내해수성이 우수하다.

25 납의 성질
  ㉠ 비중은 11.34이고, 면심입방격자이다.
  ㉡ 용융점과 전기전도율이 낮다.
  ㉢ 방사선 차단력이 좋다.

26 인 청동의 성질
  ㉠ 인장강도가 우수하다.
  ㉡ 탄성한계가 증가한다.
  ㉢ 유동성 및 내마멸성이 우수하다.
  ㉣ 0.6% 이하의 인을 첨가한 것이다.

27 다음 중 금모소품이나 황동 단추를 만드는 데 사용되는 황동은?

① 델타 메탈

② 강력 황동

③ 연 황동

④ 톰백

⑤ 주석 황동

28 정밀계측용으로 적당한 스프링의 재료는?

① 고속도강

② 구리 합금

③ 스테인리스강

④ 엘린바

⑤ 인바

29 고력 알루미늄 합금의 종류가 아닌 것은?

① 알민

② 알드리

③ 두랄루민

④ 초두랄루민

30 구리의 종류가 아닌 것은?

① 전기 구리

② 전해 구리

③ 무산소 구리

④ 탈황 구리

⑤ 탈산 구리

Ⓒ **ANSWER** | 27.④ 28.④ 29.② 30.④

27 톰백
- ㉠ 8 ~ 20%의 아연(Zn)을 함유한다.
- ㉡ 연성이 크고, 색깔은 황금색이다.
- ㉢ 금모조품, 황동 단추, 금박 등에 사용된다.

28 엘린바
- ㉠ 온도가 변해도 재료의 탄성이 변하지 않는 특성을 가지고 있다.
- ㉡ 스프링 재료, 고급시계에 사용된다.

29 고력 알루미늄 합금의 종류 ··· 알민, 두랄루민, 초두랄루민

30 구리의 종류 ··· 전기 구리, 전해 구리, 무산소 구리, 탈산 구리

31 산소함유량이 0.001 ~ 0.002%로 산소가 거의 함유되지 않은 구리로 전자기기, 진공관용 구리에 사용되는 구리는?

① 탈활 구리 ② 전기 구리
③ 전해 구리 ④ 무산소 구리

32 가용 합금의 용도로 옳은 것은?

① 전열선 ② 다리미
③ 전기 밥솥 ④ 자동스위치

33 녹는 점이 주석보다 낮은 금속으로 납, 주석, 카드뮴, 비스무트 등의 합금은 무엇인가?

① 세라믹 합금 ② 마그네슘 합금
③ 가용 합금 ④ 알루미늄 합금

34 비중이 7.3이고 연질이며 독성이 없어 의약품, 식품의 포장용 튜브 등에 사용되는 재료는?

① 마그네슘 ② 니켈
③ 주석 ④ 세라믹
⑤ 아연

✅ ANSWER | 31.④ 32.④ 33.③ 34.③

31 무산소 구리 … 산소함유량이 거의 없고, 전자기기 · 진공관용 구리에 사용된다.

32 가용 합금의 용도 … 퓨즈, 자동스위치, 화재경보기, 안전용 플러그

33 가용 합금
ㄱ 일반적으로 용융점이 200℃ 이하인 합금을 말한다.
ㄴ 주성분은 비스무트, 납, 주석, 카드뮴, 인듐 등에서 3 ~ 4종류를 조합한 것이다.

34 주석의 성질
ㄱ 비중이 7.3이고 용융점이 232℃이다.
ㄴ 연질이며 값이 싸다.
ㄷ 독성이 없어 식품이나 의약품의 포장에 사용된다.

35 은의 성질 중 옳지 않은 것은?

① 전자, 전기재료, 장식품, 화폐 등으로 사용된다.

② 은백색이며 내식성이 우수하다.

③ 전기 및 열전도도가 가장 우수하다.

④ 체심입방격자이다.

⑤ 비중이 납보다 작다.

36 다음 중 색깔이 은백색이며, 탄성과 내식성이 우수한 합금은?

① 콜슨 합금　　　　　　　　　　② 알루미늄 청동

③ 양은　　　　　　　　　　　　④ 포금

37 다음 중 아연 합금의 종류가 아닌 것은?

① 다이캐스팅용 합금　　　　　　② 베어링용 합금

③ 금형용 합금　　　　　　　　　④ 수공용 합금

✓ **ANSWER** | 35.④ 36.③ 37.④

35 은의 성질
　㉠ 비중이 10.5이고, 용융점이 960℃이다.
　㉡ 은백색이며 내식성이 우수하다.
　㉢ 전기 및 열전도도가 가장 우수하다.
　㉣ 전자, 전기재료, 장식품, 화폐 등으로 사용한다.
　㉤ 면심입방격자이다.

36 양은(양백, 백동)
　㉠ 7 : 3 황동에 니켈(Ni) 7~30%를 첨가한 것이다.
　㉡ 니켈(Ni)의 탈색효과로 은백색이며, 탄성과 내식성이 우수하다.
　㉢ 냉간 가공성은 떨어지나 열간 가공성은 우수하다.
　㉣ 장식용, 악기, 식기, 은 대용품, 탄성재료 등에 사용된다.

37 아연 합금의 종류
　㉠ 다이캐스팅용 합금 : Zn – Cu – Al계 합금으로 강도와 내식성을 증가시킨 합금이다.
　㉡ 베어링용 합금 : 비중이 작고, 경도가 크며, 내마멸성이 우수하다.
　㉢ 금형용 합금 : 강도와 경도가 크다.
　㉣ 가공용 합금 : 강도와 고온 크리프가 우수하다.

38 구리 합금을 용해하는 데 사용되는 용해로는?

① 용선로   ② 반사로

③ 도가니로   ④ 용광로

39 청동의 성질 중 옳지 않은 것은?

① Cu + Zn의 합금이다.

② 강도가 우수하다.

③ 주조성이 우수하다.

④ 내마멸성이 우수하다.

⑤ 주석(Sn) 4%에서 연신율이 최대이다.

40 마그네슘의 성질 중 옳은 것은?

① 비중은 2.7이다.   ② 체심입방격자이다.

③ 강도와 절삭성이 나쁘다.   ④ 해수에 약하다.

⑤ 냉간 가공성이 우수하다.

ⓒ A N S W E R | **38.**③   **39.**①   **40.**④

38 도가니로 … 원료 금속이 연소가스에 직접 접촉되지 않으므로 구리합금, 경합금, 합금강과 같이 정확한 성분을 필요로 하는 금속을 용해하는 데 적합하다.

39 청동의 성질
  ⊙ Cu + Sn의 합금이다.
  ⓒ 주조성, 내마멸성, 강도가 우수하다.
  ⓒ 주석(Sn) 4%에서 연신율이 최대이다.

40 마그네슘의 성질
  ⊙ 비중은 1.74, 용융점은 650℃이며, 조밀육방격자이다.
  ⓒ 강도가 크고 절삭성이 좋다.
  ⓒ 해수에 약하다.
  ⓔ 냉간 가공성은 떨어지나, 열간 가공성은 우수하다.

1 합성수지에 대한 설명으로 옳지 않은 것은?

서울교통공사

① 합성수지는 전기 절연성이 좋고 착색이 자유롭다.
② 열경화성 수지는 성형 후 재가열하면 다시 재생 할 수 없으며 에폭시 수지, 요소 수지 등이 있다.
③ 열가소성 수지는 성형 후 재가열하면 용융되며 페놀 수지, 멜라민 수지 등이 있다.
④ 아크릴 수지는 투명도가 좋아 투명 부품, 조명 기구에 사용된다.

ANSWER | 1.③

1 페놀수지, 멜라민수지는 열경화성수지이다.
　※ **열경화성 수지** … 열과 압력을 가하면 용융되어 유동상태로 되고, 일단 고화되면 다시 열을 가하더라도 용융되지 않으므로 재사용이 불가능한 수지이다. (경화과정에서 화학적 반응으로 새로운 합성물을 형성하기 때문이다.)
　• 중합이 일어나는 동안에 분자의 반응부분이 긴 분자간의 가교결합을 형성하고, 일단 고화가 일어나면 수지는 가열하여도 연화하지 않는다.
　• 페놀수지, 우레아수지, 에폭시수지, 멜라민수지, 알키드수지 등 있다.
　• 높은 열안정성, 크리프 및 변형에 대한 치수안정성, 높은 강성과 경도를 특징으로 한다.
　※ **열가소성 수지** … 열을 가하면 용융되고 고화된 수지라 할지라도, 다시 가열하면 용융되어 재사용이 가능하며, 주로 사출성형용 재료로 많이 사용한다.
　• 긴 분자들로 구성되어 있으며, 이 분자들을 다른 분자들과 연결도지 않는 분자군으로 되어있다. (가교결합이 되어 있지 않다)
　• 반복해서 가열연화와 냉각경화를 시킬 수가 있다.
　• 폴리에틸렌, 폴리아세탈수지, 폴리스티렌수지, 염화비닐수지, 나일론, ABS수지, 아크릴수지 등이 있다.
　• 사출성형에 주로 사용되며, 전기 및 열의 절연성이 좋다.
　• 고온에서 사용할 수 없으며 내후성이 한계가 있다.
　• 성형하기가 쉽고 가공이 용이하며 착색이 자유로우며 외관이 아름답다.
　• 열팽창계수가 크며 연소성이 있다.

2 다음 중 윤활유의 특징이 아닌 것은?

① 인화점이 낮아야 한다.

② 점도가 높아야 한다.

③ 유막형성이 잘 되어야 한다.

④ 마찰저항과 마모를 감소시킬 수 있어야 한다.

⑤ 마찰열로 인한 가열된 부위를 냉각시킬 수 있어야 한다.

3 세라믹에 대한 설명 중 옳지 않은 것은?

① 고온경도는 1,200℃까지 거의 변화가 없다.

② 금속가공시 구성인선이 생기지 않는다.

③ 보통강의 절삭속도는 300m/min 정도이다.

④ 주성분은 Cr_2O_3이다.

✅ ANSWER | 2.① 3.④

2 윤활유의 특징
ⓐ 유막형성이 잘 되어야 한다.
ⓑ 점도가 높아야 한다(사용 부위에 따라 다름).
ⓒ 인화점이 높아야 한다.
ⓓ 마찰저항과 마모를 감소시킬 수 있다.
ⓔ 마찰열로 인한 가열된 부위를 냉각시킬 수 있어야 한다.

3 세라믹 … 알루미나 등의 미분말을 적당한 결합제와 함께 소결한 것으로 1,200℃까지 경도가 변화하지 않는다. 주철이나 담금질한 강의 절삭 등에 사용되고, 또한 고온 및 고속절삭에 사용되는데 잘 부러지는 결점이 있다.

4 내연기관에 사용되는 윤활유가 갖추어야 할 조건으로 옳지 않은것은?

① 산화 안정성이 클 것

② 기포 발생이 많을 것

③ 부식 방지성이 좋을 것

④ 적당한 점도를 가질 것

⑤ 충분한 유동성을 가질 것

5 다음 중 경화된 제품을 다시 가열하면 연하게 되는 것은?

① 열경화성 수지

② 실리콘

③ 열가소성 수지

④ 폴리에스테르

6 다음 중 타이어의 표면이나 소형공업용 바퀴 등의 재료로 사용되는 것은?

① 우레탄 고무

② 실리콘

③ 플루오르 고무

④ 에보나이트

7 열경화성 수지의 종류로 옳은 것은?

① 에폭시

② 폴리염화비닐

③ 폴리프로필렌

④ 폴리에틸렌

⑤ 폴리스티렌

Ⓒ ANSWER | 4.② 5.③ 6.① 7.①

4 윤활유가 갖추어야 할 조건
㉠ 엔진의 사용 환경에 적합한 점도를 가져야 한다.
㉡ 연료의 연소로 생기는 슬러지 등의 불순물을 분해할 수 있는 성능을 가져야 한다.
㉢ 윤활유의 과도한 산성화를 막을 수 있어야 한다.
㉣ 고온 고하중에서의 저항을 막을 수 있어야 한다.
㉤ 엔진의 중요한 부품의 부식을 막을 수 있어야 한다.
㉥ 엔진의 부품의 손상을 방지하고 보호할 수 있어야 한다.
㉦ 사용 최저 온도와 최고온도에서 충분한 유동성과 점도 유지력이 있어야 한다.

5 합성수지
㉠ 열가소성 수지 : 경화된 제품을 다시 가열하면 연하게 되는 것을 말한다.
㉡ 열경화성 수지 : 한 번 경화되면 가열해도 연화되지 않는 것을 말한다.

6 우레탄 고무 … 내마멸성과 경도, 탄성, 내유성 등이 좋아 타이어의 표면이나 소형공업용 바퀴 등의 재료로 사용된다.

7 열경화성 수지의 종류 … 에폭시, 실리콘, 폴리에스테르, 폴리우레탄, 멜라민, 페놀

8 염기성 내화벽돌의 주성분은?

① 마그네시아
② 알루미나
③ 이산화규소
④ 멀라이트

9 윤활제의 작용 중 옳지 않은 것은?

① 피스톤과 실린더 틈의 밀봉작용, 청정작용, 밀폐작용을 한다.
② 마찰부분의 열을 제거한다.
③ 동력을 전달한다.
④ 마찰부분을 윤활한다.

10 열가소성 수지의 종류로 옳은 것은?

① 폴리에틸렌
② 페놀
③ 멜라민
④ 에폭시
⑤ 폴리우레탄

11 다음 중 비등점이 작을수록 점성이 적은 액체 윤활유는?

① 동물유
② 식물유
③ 식용유
④ 광물유

✅ A N S W E R | 8.① 9.③ 10.① 11.④

8 내화벽돌의 종류
㉠ 산성 내화벽돌 : 이산화규소가 주성분이다.
㉡ 중성 내화벽돌 : 알루미나가 주성분이다.
㉢ 염기성 내화벽돌 : 마그네시아가 주성분이다.

9 ③ 작동유의 역할에 해당된다.

10 열가소성 수지의 종류 … 폴리에틸렌, 폴리프로필렌, 폴리염화비닐, 폴리스티렌, 폴리아미드 등

11 액체 윤활유의 종류
㉠ 광물유 : 스핀들유 · 머신유 · 실린더유 등이 있고, 비등점이 작을수록 점성이 적다.
㉡ 식물유 : 채종유, 낙화생유, 올리브유, 피마자유, 야자유 등이 있다.
㉢ 동물유 : 소기름, 돼지기름, 고래기름 등이 있다.

12 절삭유제의 역할이 아닌 것은?

   ① 냉각작용을 한다.   ② 윤활작용을 한다.

   ③ 공구의 수명을 길게 한다.   ④ 동력을 전달한다.

   ⑤ 다듬질면을 좋게 한다.

13 작동유의 역할로 옳은 것은?

   ① 다듬질면을 좋게 한다.   ② 금속면의 방청작용을 한다.

   ③ 마찰부분의 열을 제거한다.   ④ 청정작용을 한다.

14 도료가 갖추어야 할 조건 중 옳지 않은 것은?

   ① 농도가 진하고 점도는 작아야 한다.

   ② 빨리 마를 수 있어야 한다.

   ③ 광택이 좋은 도막면을 형성해야 한다.

   ④ 연화성을 가지고 있어야 한다.

   ⑤ 도료층이 굳고 질기며, 충분한 부착성을 가지고 있어야 한다.

ⓒ **ANSWER** | 12.④ 13.② 14.④

12 절삭유제의 역할
   ㉠ 공구의 수명을 길게 한다.
   ㉡ 다듬질면을 좋게 한다.
   ㉢ 냉각작용 및 윤활작용을 한다.

13 작동유의 역할
   ㉠ 동력을 전달한다.
   ㉡ 활동부에 윤활작용을 한다.
   ㉢ 금속면의 방청작용을 한다.

14 도료가 갖추어야 할 조건
   ㉠ 농도가 진하고 점도는 작아야 한다.
   ㉡ 빨리 마를 수 있어야 한다.
   ㉢ 경화성을 가지고 있어야 한다.
   ㉣ 매끄럽고 광택이 좋은 도막면을 형성해야 한다.
   ㉤ 도료층이 굳고 질기며, 충분한 부착성을 가지고 있어야 한다.
   ㉥ 도료층은 외부환경 변화나 화학약품에 대한 충분한 내구성을 가지고 있어야 한다.

15 도료의 종류가 아닌 것은?

① 니스

② 페인트

③ 에나멜

④ 식물유

16 섬유소 또는 합성수지 용액에 안료를 섞은 도료로, 건조가 빠르고 오래가는 것은?

① 래커

② 세라믹

③ 페인트

④ 실루민

17 다음 중 녹을 방지하기 위해 도료에 첨가하는 것으로 옳지 않은 것은?

① 산화납

② 마그네슘 가루

③ 산화철

④ 크로뮴산납

⑤ 알루미늄 가루

18 안료를 물과 섞은 것을 무엇이라 하는가?

① 에나멜

② 수성페인트

③ 유성페인트

④ 니스

✓ ANSWER | 15.④ 16.① 17.② 18.②

15 도료의 종류 ··· 니스, 페인트(유성페인트, 수성페인트, 에나멜)

16 래커
  ㉠ 섬유소 또는 합성수지 용액에 안료를 섞은 도료이다.
  ㉡ 광택과 건조가 우수하다.
  ㉢ 분사형식으로 되어 있어 작업이 용이하다.

17 녹을 방지하기 위한 도료에 산화납(Pb_3O_4), 산화철(Fe_2O_3), 크로뮴산납($PbCrO_4$), 알루미늄 가루 등을 첨가한다.

18 페인트
  ㉠ 유성페인트 : 안료를 기름, 물, 니스 등과 섞은 것이다.
  ㉡ 수성페인트 : 안료를 물과 섞은 것이다.
  ㉢ 에나멜 : 안료를 니스와 섞은 것이다.

19 보온재료를 재질에 따라 분류한 것에 속하지 않는 것은?

① 유기질 보온재　　　　　　　　② 무기질 보온재

③ 금속 보온재　　　　　　　　　④ 비금속 보온재

20 다음 중 내열성이 우수하여 제트기, 가스 터빈 날개 등에 사용되는 재료는?

① 세라믹　　　　　　　　　　　② 고무

③ 탄소강　　　　　　　　　　　④ 델타 메탈

⑤ 스텔라이트

21 서멧의 특징이 아닌 것은?

① 고온에서 안정하다.　　　　　　② 높은 열충격에 강하다.

③ 강도가 높다.　　　　　　　　　④ 방직섬유, 카펫, 로프 등에 사용된다.

22 녹과 부식을 방지하고, 장식 등을 위해서 사용되는 것은?

① 유리　　　　　　　　　　　　② 도료

③ 접착제　　　　　　　　　　　④ 고무

ⓒ ANSWER | 19.④　20.①　21.④　22.②

19 보온재료의 재질에 따른 분류 … 유기질 보온재, 무기질 보온재, 금속 보온재

20 세라믹 코팅
㉠ 고온에서 발생하는 부식 및 침식을 방지하기 위한 대표적인 내열피복이다.
㉡ 제트엔진, 로켓엔진 등의 내열부품에 사용된다.
㉢ 금속소지의 종류, 용도에 따라 적당한 세라믹 코팅의 조성과 가열방법을 선택한다.

21 서멧의 특징
㉠ 고온에서 안정하다.
㉡ 높은 열충격에 강하다.
㉢ 강도가 높다.
㉣ 제트기, 가스터빈 날개 등에 사용된다.

22 도료
㉠ 녹과 부식을 방지하고, 장식 등을 위해서 사용된다.
㉡ 도료의 종류
　• 니스 : 천연수지와 합성수지 등을 지방유에 가열 중합하여 적당한 용제로 녹인 것으로 천연의 것인 옻과 나이트로셀룰로스에 녹인 래커가 있다.
　• 페인트 : 안료를 기름 · 물 · 니스 등과 섞은 것으로 기름과 섞은 것을 유성페인트, 물과 섞은 것을 수성페인트, 니스와 섞은 것을 에나멜이라고 한다.

23 열에너지는 고온에서 저온으로 이동하는 성질이 있으므로 이에 따른 열손실을 방지하기 위해 사용되는 재료는?

① 내열재료
② 외열재료
③ 세라믹
④ 보온재료

24 Al_2O_3가 주가 되고 화학적으로 안정되며 산화나 부식이 되지 않는 특성을 가지고 있는 것은?

① 스텔라이트
② 세라믹
③ 마그네슘 합금
④ 초전도 합금

25 비결정 구조를 가지고 있는 재료이고, 산성 성분과 염기성 성분을 알맞게 조합하여 1,300 ~ 1,600℃의 고온에서 용융 · 고화시켜 만드는 것은?

① 고무
② 유리
③ 세라믹
④ 탄소강
⑤ 스텔라이트

ⓥ A N S W E R | 23.④ 24.② 25.②

23 보온재료 … 열에너지는 고온에서 저온으로 이동하는 성질이 있으므로 이에 따른 열손실을 방지하기 위해 보온재료를 사용한다.

24 세라믹
ⓐ Al_2O_3가 주성분이다.
ⓑ 화학적으로 안정된다.
ⓒ 산화나 부식이 되지 않는다.
ⓓ 높은 온도에서도 잘 견딘다.

25 유리
ⓐ 비결정 구조를 가지고 있는 재료이다.
ⓑ 이산화규소 · 붕산 · 인산 등과 같은 산성 성분과 수산화나트륨 · 수산화칼륨 · 탄산칼슘 · 금속산화물류 등의 염기성 성분을 알맞게 조합하여 1,300 ~ 1,600℃의 고온에서 용융 · 고화시켜 만든다.
ⓒ 용융상태에서 고화시킬 때 결정이 생기지 않도록 해야 하는데, 만약 결정이 생기면 불투명한 유리가 된다.

1 탄소 함유량이 0.77%인 강을 오스테나이트 구역으로 가열한 후 공석변태온도 이하로 냉각시킬 때, 페라이트와 시멘타이트의 조직이 층상으로 나타나는 조직으로 옳은 것은?

인천교통공사

① 오스테나이트(austenite) 조직

② 베이나이트(bainite) 조직

③ 마텐자이트(martensite) 조직

④ 펄라이트(pearlite) 조직

⑤ 레데뷰라이트(ledeburite) 조직

✅ ANSWER | 1.④

1 탄소 함유량이 0.77%인 강을 오스테나이트 구역으로 가열한 후 공석변태온도 이하로 냉각시킬 때, 페라이트와 시멘타이트의 조직이 층상으로 나타나는 조직은 펄라이트이다. 펄라이트는 페라이트와 시멘타이트가 상호교대로 겹쳐서 구성된 층상조직으로서 펄라이트는 원래 이 층상조직(조개껍질)에 붙여진 명칭이다.

※ 냉각에 따른 강의 조직

냉각방법	강의 조직
노중 냉각	펄라이트
공기중 냉각	소르바이트
유중 냉각	트루스타이트
수중 냉각	마텐자이트

- 오스테나이트 : 전기저항은 크나 경도가 작고, 강도에 비해 연신율이 크다. 최대 2%까지 탄소를 함유하고 있으며 v철에 시멘타이트가 고용되어 있어 v고용체라고도 한다. (고용체 : 2종 이상의 물질이 고체 상태로 완전히 융합된 것)
- 소르바이트 : 트루스타이트를 얻을 수 있는 냉각속도보다 느리게 냉각했을 때 나타나는 조직이다. (마텐자이트+펄라이트 조직으로 구성된다.)
- 트루스타이트 : 오스테나이트를 점점 더 냉각했을 때, 마텐자이트를 거쳐 탄화철(시멘타이트)이 큰 입자로 나타나는 조직으로 a-Fe가 혼합된 조직이다.
- 마텐자이트 : 부식에 대한 저항이 크며 강자성체이고, 경도와 강도는 크나 여린 성질이 있어 연성이 작다.
- 펄라이트 : 탄소 함유량이 0.77%인 강을 오스테나이트 구역으로 가열한 후 공석변태온도 이하로 냉각시킬 때, 페라이트와 시멘타이트의 조직이 층상으로 나타나는 조직
- 베이나이트 : 연속냉각변태에서 발생하는 조직으로서 마텐자이트와 트루스타이트의 중간상태의 조직이다.
- 레데뷰라이트 : 오스테나이트와 시멘타이트가 층으로 된 조직이다.

2 흙이나 모래 등의 무기질 재료를 높은 온도로 가열하여 만든 것으로 특수 타일, 인공 뼈, 자동차 엔진 등에 사용하며 고온에도 잘 견디고 내마멸성이 큰 소재는?

대전도시철도공사

① 파인 세라믹   ② 형상기억합금

③ 두랄루민   ④ 초전도합금

3 다음 중 자성재료의 종류가 아닌 것은?

① 페라이트   ② 연자성 재료

③ 시멘타이트   ④ 경자성 재료

4 다음 중 쉽게 자화되고 탈자화하기 쉬운 재료는?

① 세라믹   ② 연자성 재료

③ 경자성 재료   ④ 페라이트

ANSWER | 2.① 3.③ 4.②

2 ① 파인 세라믹: 흙이나 모래 등의 무기질 재료를 높은 온도로 가열하여 만든 것으로 특수 타일, 인공 뼈, 자동차 엔진 등에 사용하며 고온에도 잘 견디고 내마멸성이 큰 소재이다.
② 형상기억합금: 형상기억이란 어떤 온도에서 변형시킨 것을 온도를 올리면 당초의 형태로 되돌아가는 형상을 말하며, 형상기억합금이란 어떤 형상을 기억하여 여러 가지 형태로 변형시켜도 적당한 온도로 가열하면 다시 변형 전의 형상으로 돌아오는 성질을 가진 합금을 말한다.
③ 두랄루민: 대표적인 단조용 알루미늄 합금으로서 Al−Cu−Mg−Mn계 합금이다. 고강도 재료이며 항공기 등에 주로 사용된다.
④ 초전도합금: 어떤 임계온도에서 전기 저항이 완전히 소실되어 0이 되는 것을 초전도라 하며, 이러한 재료를 초전도 합금이라 한다.

3 **자성재료의 종류** … 연자성 재료, 경자성 재료, 페라이트

4 **연자성 재료**
㉠ 쉽게 자화되고 탈자화되는 재료를 말한다.
㉡ 변압기, 전동기, 발전기의 철심재료 등에 사용된다.

5 복합재료의 특성으로 옳은 것은?

① 대량생산이 불가능하다

② 우주항공용 부품, 고급 스포츠용품 등에 사용하지 못한다.

③ 가볍고 낮은 강도를 가지고 있다.

④ 이방성 재료이다.

6 파인 세라믹의 특징으로 옳은 것은?

① 내마멸성이 작다.

② 충격, 저항성 등이 강하다.

③ 내열, 내식성이 작다.

④ 특수 타일, 자동차 엔진 등에 사용된다.

✅ ANSWER | 5.④ 6.④

5 복합재료의 특성
ⓐ 가볍고 높은 강도를 가지고 있다.
ⓑ 이방성 재료이다.
ⓒ 단일재료로서는 얻을 수 없는 기능성을 갖추고 있다.
ⓓ 우주항공용 부품, 고급 스포츠용품 등에 주로 사용되어 왔으나, 대량생산으로 생산가격이 낮아지면서 경량화를 위한 자동차 등에도 사용된다.

6 파인 세라믹의 특징
ⓐ 내마멸성이 크다.
ⓑ 충격, 저항성 등이 약하다.
ⓒ 내열, 내식성이 우수하다.
ⓓ 특수 타일, 인공뼈, 자동차 엔진 등에 사용된다.

7 초전도재료의 응용분야가 아닌 것은?

① 고속열차

② 자기부상열차

③ 원자로 자기장치

④ 자기분리와 여과

⑤ 초전도 자석

7 초전도재료의 응용

ⓐ **초전도 자석** : 자속밀도를 증가시켜 자성체의 크기를 줄일 수 있다.

ⓑ **자기분리와 여과** : 자기분리 장치의 자화계에 초전도체를 이용하여 강화시키면 원광석으로부터 약자성을 띤 불순물을 제거할 수 있다.

ⓒ **자기부상열차** : 시속 500km 이상의 속도를 낼 수 있는 수송수단을 개발하기 위해서는 자기현가 장치와 추진 장치의 개발이 필요하다.

ⓓ **원자로 자기장치** : 낮은 전력소모로 높은 자속밀도를 낼 수 있는 대형의 초전도성 자석은 원자핵 융합에서 자기제어에 유용한 방법이다.

기계요소

03

필수 암기노트

03 기계요소

① 결합용 기계요소

① 나사 · 와셔

　㉠ 나사의 종류

　　• 삼각나사(체결용 나사) : 기계부품을 결합하는 데 쓰이는 것으로 나사산의 모양에 따라 미터 나사, 유니파이 나사로 분류

　　－미터나사 : 나사산의 지름과 피치를 mm로 나타내고, 나사산의 각도는 60°, 기호는 M으로 표기. 보통나사와 가는나사로 나뉘며, 보통나사는 지름에 대하여 피치가 한 종류이지만, 가는나사는 피치의 비율이 보통나사보다 작게 되어 있어 강도를 필요로 하거나 두께가 얇은 원통부, 기밀을 유지하는 데 사용

　　－유니파이나사 : 피치를 1인치 사이에 들어있는 나사산의 수로 나타내는 나사로 나사산의 각도는 60°, 기호는 U로 표기. 이 나사 역시 유니파이 보통나사와 유니파이 가는나사로 나뉘며, 유니파이 가는나사는 항공용 작은나사에 사용

　　－관용나사 : 주로 파이프의 결합에 사용되는 것으로, 관용 테이퍼 나사와 관용 평행 나사로 나뉘며, 나사산의 각도는 55°, 피치는 1인치에 대한 나사산의 수로 표기

　　• 운동용 나사

　　－사각나사 : 나사산의 단면이 정사각형에 가까운 나사로 비교적 작은 힘으로 축방향에 큰 힘을 전달하는 장점이 있으며 잭, 나사 프레스 등에 사용

　　－사다리꼴나사 : 나사산이 사다리꼴로 되어 있는 나사로, 고정밀도의 것을 얻을 수 있어 선반의 이송나사 등 스러스트를 전하는 운동용 나사에 사용되며, 나사산의 각도가 30°와 29° 두 종류가 존재

　　－톱니나사 : 나사산의 단면 형상이 톱니모양으로 축방향의 힘이 한 방향으로 작용하는 경우 등에 사용되며, 가공이 쉽고 맞물림 상태가 좋으며, 마멸이 되어도 어느 정도 조정할 수가 있으므로 공작기계의 이송나사로 널리 사용

　　－둥근나사 : 나사산의 모양이 둥근 것으로 결합작업이 빠른 경우나 쇳가루, 먼지, 모래 등이 많은 곳이나 진동이 심한 경우에 사용

　　－볼나사 : 수나사와 암나사 대신에 홈을 만들어 홈 사이에 볼을 넣어, 마찰과 뒤틈을 최소화한 것으로 항공기, NC, 공작기계의 이동용 나사에 사용

ⓒ 와셔
- 와셔의 용도
  - -볼트의 구멍이 클 때
  - -볼트 자리의 표면이 거칠 때
  - -압축에 약한 목재, 고무, 경합금 등에 사용될 때
  - -풀림을 방지하거나 가스켓을 조일 때
- 와셔의 종류
  - -평와셔 : 둥근와셔와 각와셔로 육각볼트, 육각너트와 함께 주로 사용
  - -특수와셔 : 풀림방지에 주로 쓰이며, 스프링 와셔, 이붙이 와셔, 접시 스프링 와셔, 스프링관 와셔, 로크 너트 등으로 본류

② 리벳이음과 용접이음
　ⓐ 리벳이음
- 겹쳐진 금속판에 구멍을 뚫고, 리벳을 끼운 후 머리를 만들어 영구적으로 결합시키는 방법
- 사용목적에 따른 분류 : 관용리벳, 저압용 리벳, 구조용 리벳
- 판의 이음방법에 따른 분류 : 겹치기 이음, 맞대기 이음
- 리벳의 열수 : 한줄 리벳이음, 복줄 리벳이음
- 리벳이음 작업방법
  - -리베팅(Rivetting) : 스냅공구를 이용하여 리벳의 머리를 만드는 작업
  - -코킹(Caulking) : 리벳의 머리 주위 또는 강판의 가장자리를 끌을 이용하여 그 부분을 밀착시켜 틈을 없애는 작업
  - -플러링(Fullering) : 완벽한 기밀을 위해 끝이 넓은 끌로 때려 붙이는 작업
　ⓑ 용접이음
- 두 개 이상의 금속을 용융온도 이상의 고온으로 가열하여 접합하는 금속적 결합으로 영구적인 이음
- 맞대기 용접이음 : 재료를 맞대고 홈을 용접하는 방법
- 겹치기 이음 : 재료를 겹쳐놓고 용접하는 방법
- 변두리 이음
- T형 이음
- 모서리 이음

2 **축에 관한 기계요소**

① **축**

　ㄱ **축** : 기계에서 동력을 전달하는 중요한 부분이므로 피로에 의한 파괴가 일어나지 않도록 허용응력 선정, 축의 단면은 일반적으로 원형이며 원형 축에는 속이 꽉 찬 실축과 속이 빈 중공축이 사용

　ㄴ **종류**

　　• 차축 : 주로 굽힘 하중을 받으며, 토크를 전하는 회전축과 전하지 않는 정지축으로 구성

　　• 전동축 : 주로 비틀림과 굽힘 하중을 동시에 받으며, 축의 회전에 의하여 동력을 전달하는 축

　　• 스핀들 : 주로 비틀림 하중을 받으며, 공작기계의 회전축에 사용

　　• 직선축 : 일반적으로 동력을 전달하는데 사용

　　• 크랭크축 : 왕복운동과 회전운동의 상호 변환에 사용되는 축

　　• 플렉시블 : 철사를 코일 모양으로 2~3중으로 감아 자유롭게 휠 수 있도록 만든 것

　ㄷ **축 설계시 고려사항** : 강도, 강성, 진동, 부식, 열응력

② **베어링**

　ㄱ 회전하는 부분을 지지하는 축을 의미, 베어링에 둘러싸여 회전하는 축의 부분을 저널이라 함

　ㄴ **분류**

　　• 베어링 구조에 의한 분류 : 미끄럼 베어링, 구름 베어링

　　－미끄럼 베어링 : 축과 베어링이 직접 접촉하여 미끄럼 운동을 하는 베어링으로 주철, 동합금, 주석, 아연, 납을 주성분으로 함

　　－구름 베어링 : 내륜, 외륜, 전동체, 리테이너로 구성, 내륜과 외륜 사이에 롤러나 볼을 넣어 마찰을 적게 하고 구름 운동을 할 수 있게 한 구조

　　• 베어링이 지지할 수 있는 힘의 방향에 따른 분류

　　－레이디얼 베어링 : 축에 수직방향으로 작용하는 힘을 받는 베어링

　　－스러스트 베어링 : 축방향으로 작용하는 힘을 받는 베어링

③ 구름 베어링의 규격과 호칭번호

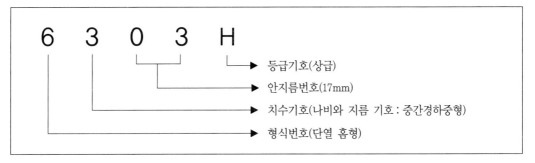

㉠ 형식번호
  • 1 : 복렬 자동 조심형
  • 2, 3 : 복렬 자동 조심형(큰 나비)
  • 6 : 단열 홈형
  • 7 : 단열 앵귤러 컨택트형
  • N : 원통 롤러형
㉡ 치수기호
  • 0, 1 : 특별경하중형
  • 2 : 경하중형
  • 3 : 중간경하중형
  • 4 : 중하중형
㉢ 안지름기호 : 구름 베어링의 내륜 안지름을 표시하는 것으로 안지름 20mm 이상 500mm 미만은 안지름을 5로 나눈 수가 안지름번호이며, 안지름이 10mm 미만인 것은 지름 치수를 그대로 안지름 번호로 사용
  • 안지름번호 16 : 안지름 80mm
  • 00 : 안지름 10mm
  • 01 : 안지름 12mm
  • 02 : 안지름 15mm
  • 03 : 안지름 17mm
㉣ 등급기호
  • 무기호 : 보통등급
  • H : 상급
  • P : 정밀급
  • SP : 초정밀급

❸ 동력 전달용 기계요소

① **마찰차**

   ㉠ 두 개의 바퀴를 맞붙여 그 사이에 작용하는 마찰력을 이용하여 두 축 사이의 동력을 전달하는 장치

   ㉡ 종류

     • 원통마찰차 : 평행한 두 축 사이에서 접촉하여 동력을 전달하는 원통형 바퀴

     • 원뿔마찰차 : 서로 교차하는 두 축 사이에 동력을 전달하는 원뿔형 바퀴

     • 변속마찰차 : 변속이 가능한 마찰차

   ㉢ 속도비

$$i = \frac{\text{피동차의 회전속도}(v_2)}{\text{구동차의 회전속도}(v_1)} = \frac{n_2}{n_1} = \frac{D_1}{D_2}$$

     • n_1, n_2 : 원동차와 피동차의 회전수(rpm)

     • D_1, D_2 : 원동차와 피동차의 지름(mm)

② **기어전동장치**

   ㉠ 이의 크기

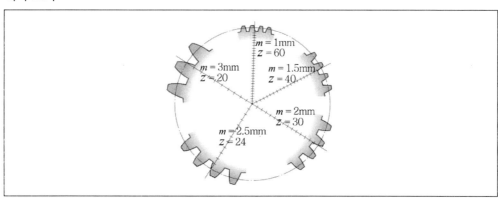

     • 원주피치 : 이의 크기를 정의하는 가장 확실한 방법, 피치원 둘레를 잇수로 나눈 값

$$p = \frac{\pi D}{z} = \pi m$$

• 모듈 : 원주피치를 간단한 값으로 표시하기 위해 π로 나누어 나타낸 값

$$m = \frac{D}{z} = \frac{p}{\pi}$$

ⓒ **치형곡선** : 일정 각속도비가 일정해야 하며, 가장 널리 사용하는 것은 인벌류트 곡선과 사이클로이드 곡선

ⓒ **간섭과 언더컷**

• 간섭 : 인벌류트 기어에서 두 기어의 잇수비가 현저히 크거나 잇수가 작은 경우 한쪽 기어의 이끝이 상대편 기어의 이뿌리에 닿아 회전하지 않는 현상

• 언더컷 : 이의 간섭이 발생하면 회전을 저지하게 되어 기어의 이뿌리 부분은 커터의 이 끝부분 때문에 파여져 가늘게 되는 현상

> ※ **언더컷 방지방법**
> • 한계잇수를 조정
> • 전위기어로 가공

ⓔ **기어의 종류**

• 두 축이 평행한 경우에 사용되는 기어

-스퍼 기어 : 이가 축과 나란한 원통형 기어, 나란한 두 축 사이의 동력 전달에 가장 널리 사용되는 일반적인 기어

-헬리컬 기어 : 이가 헬리컬 곡선으로 된 원통형 기어, 스퍼 기어에 비하여 이의 물림이 원활하나 축 방향으로 스러스트가 발생하며, 진동과 소음이 적어 큰 하중과 고속 전동에 사용

-래크와 피니언 : 래크는 기어의 피치원 지름이 무한대로 큰 경우 일부분이라 볼 수 있으며, 피니언의 회전에 대하여 래크는 직선운동

• 두 축이 교차하는 경우 사용되는 기어

-베벨 기어 : 원뿔면에 이를 낸 것으로 이가 원뿔의 꼭지점을 향하는 것을 직선 베벨 기어라고 하며, 두 축이 교차하여 전동할 때 주로 사용

-헬리컬 베벨 기어 : 이가 원뿔면에 헬리컬 곡선으로 된 베벨 기어로 큰 하중과 고속의 동력 전달에 사용

• 두 축이 평행도 교차도 하지 않는 경우 사용되는 기어

-웜 기어 : 웜과 웜 기어로 이루어진 한 쌍의 기어로 두 축이 직각을 이루며, 큰 감속비를 얻고자 하는 경우 사용

-하이포이드 기어 : 헬리컬 베벨 기어와 모양이 비슷하나 두 축이 엇갈리는 경우 사용되며, 자동차의 차동 기어장치의 감속기어로 사용

-스크루 기어 : 나사 기어라고도 하며, 비틀림각이 서로 다른 헬리컬 기어를 엇갈리는 축에 조합시킨 것

4 완충 및 제동용 기계요소

① 완충용 기계요소

- ㉠ 개념 : 각종 기계에는 완충 또는 방진장치를 설치하여 기계 자체의 진동을 감소시키고 다른 기계로부터의 진동을 차단하여야 함. 스프링은 기계가 받는 충격과 진동을 완화하고 운동이나 압력을 억제하며 에너지의 축적 및 힘의 측정에 사용

- ㉡ 스프링
  - 재료 : 스프링강, 피아노선, 스테인리스강, 구리 합금, 고속도강, 합금 공구강, 스테인리스강, 고무, 합성수지, 유체 등
  - 종류
  - 코일 스프링 : 단면이 둥글거나 각이 진 봉재를 코일형으로 감은 것으로 스프링의 강도는 단위 길이를 늘이거나 압축시키는 데 필요한 힘으로 표시(스프링상수). 스프링상수가 클수록 강함
  - 판 스프링 : 길고 얇은 판으로 하중을 지지하도록 한 것으로 판을 여러 장 겹친 것을 겹판 스프링이라 하며 에너지 흡수 능력이 좋고, 스프링 작용 외에 구조용 부재로서 사용이 가능
  - 토션 바 : 비틀림 하중을 받을 수 있도록 만든 막대 모양의 스프링으로 경량이며 큰 비틀림 에너지를 축척 가능
  - 공기 스프링 : 공기의 탄성을 이용한 것으로 스프링상수를 작게 설계하는 것이 가능하고 공기압을 이용하여 스프링의 길이를 조정 가능. 내구성이 우수하고 공기가 출입할 때 저항에 의해 충격을 흡수하는 능력이 우수하여 차량용으로 많이 사용

- ㉢ 스프링상수

$$k = \frac{하중}{변위량} = \frac{W}{\delta}$$

- ㉣ 완충장치
  - 링 스프링 완충장치 : 하중의 변화에 따라 안팎에서 스프링이 접촉하여 생기는 마찰로 에너지를 흡수
  - 고무 완충기 : 고무가 압축되어 변형될 때 에너지를 흡수
  - 유압 댐퍼 : 쇼크 업소버라고도 하며 축 방향에 작용하면 피스톤이 이동하여 작은 구멍인 오리피스로 기름이 유출되면서 진동을 감소시키는 것으로 자동차 차체에 전달되는 진동을 감소, 승차감 향상

② 제동용 기계요소

- ㉠ 개념 : 일반적으로 브레이크를 말하며 기계의 운동속도를 감속시키거나 그 운동을 정지시키기 위해 사용

ⓛ 종류
- 블록 브레이크 : 회전축에 고정시킨 브레이크 드럼에 브레이크 블록을 눌러 그 마찰력으로 제동
- 밴드 브레이크 : 브레이크 드럼 주위에 강철밴드를 감아 장력을 주어 밴드와 드럼의 마찰력으로 제동
- 드럼 브레이크 : 내측 브레이크라도고 하며, 회전하는 드럼의 안쪽에 있는 브레이크 슈를 캠이나 실린더를 이용하여 브레이크 드럼에 밀어붙여 제동
- 원판 브레이크 : 축과 일체로 회전하는 원판의 한 면 또는 양 면을 유압 피스톤 등에 의해 작동되는 마찰패드로 눌러서 제동

ⓒ 브레이크 용량

$$W_f = \frac{\mu W_v}{A} = \mu p v \, [\text{kgf/mm}^2 \cdot \text{m/s}]$$

⑤ 관에 관한 기계요소

① 관 이음
  ㉠ 개념 : 물, 기름, 증기, 가스 등의 유체를 수송하는데 사용하는 것을 관이라 하며 관을 연결 시 관 이음쇠가 필요하고 유체의 흐름을 조절하기 위해서는 밸브나 콕이 필요
  ㉡ 종류
  - 강관 : 탄소강을 사용하며, 이음매가 없는 것은 압축 공기 및 증기의 압력 배관용으로 사용, 이음매가 있는 것은 주로 구조용 강관으로 사용
  - 주철관 : 강관에 비해 내식성과 내구성이 우수하고 가격이 저렴하여 수도관, 가스관 등에 사용
  - 비철금속관 : 구리관, 황동관을 주로 사용
  - 비금속관 : 고무관, 플라스틱관, 콘크리트관 등
  ㉢ 관 이음
  - 나사식 관 이음 : 배관공사에 주로 이용되는 이음쇠로, 관 끝에 관용나사를 절삭하고 적당한 이음쇠를 사용하여 결합하는 것으로 누설을 방지하고 콤파운드나 테이플론 테이프를 감아 사용
  - 플랜지 관 이음 : 관 끝에 플랜지를 만들어 관을 결합하는 것으로, 관의 지름이 크거나 유체의 압력이 큰 경우 사용
  - 신축형 관 이음 : 고온에서 온도차에 의한 열팽창, 진동 등에 견딜 수 있는 것으로 관을 중간에 사용
  ㉣ 기능 : 열 교환, 진공 유지, 압력 전달, 유체 수송, 물체 보호, 보강재로 이용

② **밸브와 콕**

　㉠ 밸브
　　• 개념 : 유체의 유량과 흐름의 조절, 방향 전환, 압력의 조절 등에 사용
　　• 종류
　　－정지 밸브 : 나사를 상하로 움직여 유체의 흐름을 개폐하는 밸브. 글로블 밸브, 앵글 밸브, 니
　　　들 밸브로 구분
　　－솔루스 밸브 : 밸브가 파이프 축에 직각으로 개폐되는 밸브
　　－체크 밸브 : 유체를 한 방향으로 흐르게 하기 위한 역류방지용 밸브
　㉡ 콕
　　• 원통 또는 원뿔 플러그를 90° 회전시켜 유체의 흐름을 차단하는 장치
　　• 개폐조작이 간단, 기밀성 저하. 저압 및 소유량용으로만 사용

1 1줄 나사에서 나사를 축방향으로 20mm 이동시키는 데 2회전이 필요할 때, 이 나사의 피치[mm]는?

광주도시철도공사

① 1

② 5

③ 10

④ 20

2 백래시(backlash)가 적어 정밀 이송장치에 많이 쓰이는 운동용 나사는?

서울교통공사

① 사각 나사

② 톱니 나사

③ 볼 나사

④ 사다리꼴 나사

✅ ANSWER | 1.③ 2.③

1 리드는 나사를 한 바퀴 돌렸을 때 나사가 이동한 수평거리이며 피치와 줄수의 곱이다. 1줄 나사인 경우는 리드와 피치의 값이 동일하다. 1줄 나사가 2번을 회전하면 20mm가 이동되었으므로 1번을 회전하면 10mm가 이동되므로, 피치는 10mm가 된다.

2 백래시(backlash)가 적어 정밀 이송장치에 많이 쓰이는 운동용 나사는 볼 나사이다.
※ **백래시(backlash)** … 한 쌍의 기어를 맞물렸을 때 치면 사이에 생기는 틈새이다.
※ **나사의 종류**
- **삼각 나사** : 체결용 나사로 많이 사용하며 미터 나사와 유니파이 나사(미국, 영국, 캐나다의 협정에 의해 만든 것으로 ABC 나사라고도 한다.)가 있다. 미터 나사의 단위는 mm이며 유니파이 나사의 단위는 inch이며 나사산의 각도는 모두 60°이다.
- **사각 나사** : 나사산의 모양이 사각인 나사로서 삼각 나사에 비하여 풀어지긴 쉬우나 저항이 적은 이적으로 동력전달용 잭, 나사 프레스, 선반의 피드에 사용한다.
- **사다리꼴 나사** : 애크미 나사 또는 재형 나사라고도 함. 사각 나사보다 강력한 동력 전달용에 사용한다. (산의 각도 미터계열:30°, 휘트워스 계열: 29°)
- **톱니 나사** : 축선의 한쪽에만 힘을 받는 곳에 사용한다. 힘을 받는 면은 축에 직각이고, 받지 않는 면은 30°로 경사를 준다. 큰 하중이 한쪽 방향으로만 작용되는 경우에 적합하다.
- **둥근 나사** : 너클 나사, 나사산과 골이 둥글기 때문에 먼지, 모래가 끼기 쉬운 전구, 호스연결부에 사용한다.
- **볼 나사** : 수나사와 암나사의 홈에 강구가 들어 있어 마찰계수가 적고 운동전달이 가볍기 때문에 NC공작기계나 자동차용 스티어링 장치에 사용한다. 볼의 구름 접촉을 통해 나사 운동을 시키는 나사이다. 백래시가 적으므로 정밀 이송장치에 사용된다.
- **셀러 나사** : 아메리카 나사 또는 US표준 나사라고 한다. 나사산의 각도는 60°, 피치는 1인치에 대한 나사산의 수로 표시한다.
- **기계조립(체결용) 나사** : 미터 나사, 유니파이 나사, 관용 나사
- **동력전달용(운동용) 나사** : 사각 나사, 사다리꼴 나사, 톱니 나사, 둥근 나사, 볼 나사

3 큰 토크를 전달할 수 있어 자동차의 속도 변환 기구에 주로 사용되는 것은?

서울교통공사

① 원뿔 키(cone key)

② 안장 키(saddle key)

③ 평 키(flat key)

④ 스플라인(spline)

4 기계요소의 하나인 리벳을 이용하여 부재를 연결하는 리벳 이음 작업 중에 코킹을 하는 이유로 적합한 것은?

인천교통공사

① 강판의 강도를 향상시키기 위하여

② 패킹 재료를 용이하게 끼우기 위하여

③ 리벳 구멍의 가공을 용이하게 하기 위하여

④ 강판의 가공을 용이하게 하기 위하여

⑤ 강판의 기밀성을 향상시키기 위하여

✅ **ANSWER** | **3.**④ **4.**⑤

3 • 스플라인(spline) : 축의 원주 상에 여러 개의 키 홈을 파고 여기에 맞는 보스(boss)를 끼워 회전력을 전달할 수 있도록 한 기계요소이다.
　• 원뿔 키(cone key) : 마찰력만으로 축과 보스를 고정하며 키를 축의 임의의 위치에 설치가 가능하다.
　• 안장 키(saddle key) : 축에는 가공하지 않고 축의 모양에 맞추어 키의 아랫면을 깎아서 때려 박는 키이다. 축에 기어 등을 고정시킬 때 사용되며, 큰 힘을 전달하는 곳에는 사용되지 않는다.
　• 평 키(flat key) : 축은 자리만 편편하게 다듬고 보스에 홈을 판 키로서 안장 키보다 강하다.
　• 둥근 키(round key) : 단면은 원형이고 테이퍼핀 또는 평행핀을 사용하고 핀 키(pin key)라고도 한다. 축이 손상되는 일이 적고 가공이 용이하나 큰 토크의 전달에는 부적합하다.
　• 미끄럼 키(sliding key) : 테이퍼가 없는 키이다. 보스가 축에 고정되어 있지 않고 축 위를 미끄러질 수 있는 구조로 기울기를 내지 않는다.
　• 접선 키(tangent key) : 기울기가 반대인 키를 2개 조합한 것이다. 큰 힘을 전달할 수 있다.
　• 페더 키(feather key) : 벨트풀리 등을 축과 함께 회전시키면서 동시에 축방향으로도 이동할 수 있도록 한 키이다. 따라서 키에는 기울기를 만들지 않는다.
　• 반달 키(woodruff key) : 반달 모양의 키. 축에 테이퍼가 있어도 사용할 수 있으므로 편리하다. 축에 홈을 깊이 파야 하므로 축이 약해지는 결점이 있다. 큰 힘이 걸리지 않는 곳에 사용된다.
　• 납작 키(flat key) : 축의 윗면을 편평하게 깎고, 그 면에 때려 박는 키이다. 안장키보다 큰 힘을 전달할 수 있다.
　• 묻힘 키(sunk key) : 벨트풀리 등의 보스(축에 고정시키기 위해 두껍게 된 부분)와 축에 모두 홈을 파서 때려 박는 키이다. 가장 일반적으로 사용되는 것으로, 상당히 큰 힘을 전달할 수 있다.
　• 전달력, 회전력, 토크, 동력의 크기 : 세레이션＞스플라인 키＞접선 키＞성크 키＞반달 키＞평 키＞안장 키＞핀 키

4 코킹(caulking)은 리벳의 머리나 금속판의 이음새를 두들겨서 기밀(氣密)하게 하는 작업이다.

5 한줄 겹치기 리벳 이음의 일반적인 파괴형태에 대한 설명으로 옳지 않은 것은?

광주도시철도공사

① 리벳의 지름이 작아지면 리벳이 전단에 의해 파괴될 수 있다.
② 리벳 구멍과 판 끝 사이의 여유가 작아지면 판 끝이 갈라지는 파괴가 발생할 수 있다.
③ 판재가 얇아지면 압축응력에 의해 리벳 구멍 부분에서 판재의 파괴가 발생할 수 있다.
④ 피치가 커지면 리벳 구멍 사이에서 판이 절단될 수 있다.

6 관용 나사에 대한 설명으로 옳지 않은 것은?

대구도시철도공사

① 관용 테이퍼 나사의 테이퍼 값은 1/16이다.
② 관용 평행 나사와 관용 테이퍼 나사가 있다.
③ 관 내부를 흐르는 유체의 누설을 방지하기 위해 사용한다.
④ 관용 나사의 나사산각은 60°이다.

7 너트의 풀림을 방지하기 위한 기계요소로 옳은 것만을 모두 고른 것은?

광주도시철도공사

㉠ 로크 너트	㉡ 이붙이 와셔
㉢ 나비 너트	㉣ 스프링 와셔

① ㉠, ㉡, ㉢　　　　　　　　　　　② ㉠, ㉡, ㉣
③ ㉠, ㉢, ㉣　　　　　　　　　　　④ ㉡, ㉢, ㉣

✔ ANSWER | 5.④ 6.④ 7.②

5 피치란 리벳구멍간의 간격이다. 한줄 겹치기 이음에서는 피치가 커진다고 하여 리벳구멍 사이에서 판이 절단된다고 볼 수는 없다. 오히려 피치가 작을수록 리벳구멍 사이의 판의 면적이 작아지게 되어 큰 응력이 발생할 수 있으며, 또한 응력집중현상이 발생하게 되어 판이 손쉽게 절단될 수 있다.

6 관용 나사
• 관(파이프)를 연결할 때 파이프 끝에 나사산을 내고 연결하면 나사산이 있는 부분의 강도가 저하되는데 이 강도저하를 적게 하기 위하여 나사산의 높이가 낮은 관용 나사를 사용한다.
• 관 내부를 흐르는 유체의 누설을 방지하기 위해서 사용한다.
• 종류는 형상에 따라 크게 평행 나사와 경사(테이퍼) 나사가 있다.
• 나사산의 각도는 55°이다.
• 관용 테이퍼 나사의 테이퍼 값은 1/16이다.

7 나비 너트는 가락으로 돌려서 체결할 수 있는 손잡이가 달린 너트로서 풀림방지를 위해서 사용되는 것은 아니다.

8 결합에 사용되는 기계요소만으로 옳게 묶인 것은?

한국공항공사

① 관통볼트, 묻힘 키, 플랜지 너트, 분할 핀
② 삼각 나사, 유체 커플링, 롤러 체인, 플랜지
③ 드럼 브레이크, 공기 스프링, 웜 기어, 스플라인
④ 스터드 볼트, 테이퍼 핀, 전자 클러치, 원추 마찰차

9 나사산의 각도가 55°인 나사는?
① 관용 나사
② 미터 보통 나사
③ 미터계(TM) 사다리꼴 나사
④ 인치계(TW) 사다리꼴 나사

10 키(key)에 대한 설명으로 옳지 않은 것은?
① 축과 보스(풀리, 치차)를 결합하는 기계요소이다.
② 원주방향과 축방향 모두를 고정할 수 있지만 축방향은 고정하지 않아 축을 따라 미끄럼운동을 할 수도 있다.
③ 축방향으로 평행한 평행형이 있고 구배진 테이퍼형이 있다.
④ 키 홈은 깊이가 깊어서 응력집중이 일어나지 않는 좋은 체결기구이다.

ANSWER | 8.① 9.① 10.④

8 관통볼트, 묻힘 키, 플랜지 너트, 분할 핀은 모두 결합용 기계요소에 속한다.
　ⓐ **결합용 기계요소** : 나사, 볼트, 너트, 키, 핀, 리벳
　ⓑ **전달용 기계요소** : 축, 축이음(커플링), 기어, 저널, 베어링, 각종 전동장치(체인전동, 마찰차전동, 벨트전동)
　ⓒ **제동용 기계요소** : 체인, 캠, 링크, 스프링, 브레이크

9 관용 나사
　ⓐ 주로 파이프의 결합에 사용하는 것으로, 관용 테이퍼 나사와 관용 평행 나사로 나뉜다.
　ⓑ 나사산의 각도 : 55°
　ⓒ 피치의 표현 : 1인치에 대한 나사산의 수로 나타낸다.

10 키는 축에 회전체를 결합하여 원주 방향으로 회전력을 전달시키는 결합용 기계요소 이며, 키 재료는 축보다 단단한 양질의 강을 사용한다. 안장 키, 평 키, 묻힘 키, 미끄럼 키, 접선 키, 반달 키, 둥근 키, 스플라인 키, 세레이션 등이 있다.

11 다음 중 키 전달력이 큰 것부터 작은 것 순서로 되어 있는 것은?

① 반달 키 > 새들 키 > 묻힘 키 > 접선 키

② 묻힘 키 > 새들 키 > 접선 키 > 반달 키

③ 접선 키 > 묻힘 키 > 새들 키 > 평 키

④ 접선 키 > 묻힘 키 > 평 키 > 새들 키

⑤ 접선 키 > 평 키 > 묻힘 키 > 새들 키

12 다음 중 삼각 나사가 쓰이는 곳은?

① 선반의 주축

② 가스파이프 연결

③ 프레스

④ 바이스

13 다음 중 리벳 이음의 장점으로 옳지 않은 것은?

① 용접 이음보다 효율의 손실이 적다.

② 구조물 등 현장조립이 용이하다.

③ 용접이 곤란한 경합금의 접합에 유리하다.

④ 이음부는 열에 의한 변형이 없다.

⊘ ANSWER | 11.④ 12.② 13.①

11 키의 전달크기 ··· 스플라인 > 접선 키 > 묻힘 키 > 평 키 > 새들 키

12 삼각 나사(체결용 나사) ··· 기계부품을 결합하는 데 쓰이는 것으로, 미터 나사 · 유니파이 나사 · 관용 나사 등이 있다.

13 리벳 이음은 용접 이음과는 달리 응력에 의한 잔류변형이 생기지 않으므로 파괴가 일어나지 않고, 구조물을 현지에서 조립할 때에는 용접 이음보다 쉽다.

14 다음 중 너트의 풀림 방지법으로 옳지 않은 것은?

① 로크 너트에 의한 방법

② 작은 나사에 의한 방법

③ 와셔에 의한 방법

④ 턴 버클에 의한 방법

15 다음 중 체결용 나사로 바르게 묶인 것은?

① 유니파이 나사, 사각 나사

② 관용 나사, 둥근 나사

③ 너클 나사, 미터 나사

④ 사각 나사, ISO 나사

⑤ 둥근 나사, ISO 나사

16 나사산의 각도가 60°, 기호는 M, 호칭치수는 수나사의 바깥지름과 피치를 mm로 나타내는 나사는?

① 유니파이 나사   ② 톱니 나사

③ 미터 나사   ④ 관용 나사

⑤ T 볼트

ⓒ ANSWER | 14.④ 15.③ 16.③

14 너트의 풀림 방지법
ⓐ 분할 핀이나 세트 나사를 사용한다.
ⓑ 탄성이 있는 와셔을 사용한다.
ⓒ 로크 너트를 사용한다.
ⓓ 클로 또는 철사를 사용한다.
ⓔ 자동 죔 너트를 사용한다.
ⓕ 작은 나사, 멈춤 나사를 사용한다.

15 체결용 나사 … 미터 나사, 유니파이 나사, 관용 나사, 휘트워드 나사, 너클 나사, ISO 나사

16 미터 나사
ⓐ 기호 M으로 표시한다.
ⓑ 나사산의 각도 60°이다.
ⓒ 호칭치수는 수나사의 바깥지름과 피치를 mm로 나타낸다.
ⓓ 보통 나사와 가는 나사로 나뉘며, 보통 나사는 지름에 대하여 피치가 한 종류이지만, 가는 나사는 피치의 비율이 보통 나사보다 작게 되어 있어 강도를 필요로 하거나 두께가 얇은 원통부, 기밀을 유지하는 데 쓰인다.

17 원통 또는 원뿔의 바깥표면에 나사산이 있는 나사를 무엇이라 하는가?

① 리이드 ② 암나사

③ 수나사 ④ 오른나사

18 나사산의 각도는 미터계 30˚, 인치계 29˚이고, 나사산이 사다리꼴로 되어 있는 나사는?

① 둥근 나사 ② 볼 나사

③ 사각 나사 ④ 사다리꼴 나사

⑤ 유니파이 나사

19 다음 중 쇳가루, 먼지, 모래 등이 많은 곳이나 진동이 심한 경우에 사용되는 나사는?

① 애크미 나사 ② 유니파이 나사

③ 둥근 나사 ④ 사각 나사

⑤ 볼 나사

ANSWER | 17.③ 18.④ 19.③

17 나사의 분류
ㄱ 수나사 : 바깥지름에 나사산이 있는 나사를 말한다.
ㄴ 암나사 : 안쪽에 나사산이 있는 나사를 말한다.

18 사다리꼴 나사
ㄱ 나사산의 각도가 미터계열은 30˚, 인치계열은 29˚이다.
ㄴ 나사산이 사다리꼴 모양이다.
ㄷ 애크미 나사라고도 한다.
ㄹ 고정밀도의 것을 얻을 수 있어 선반의 이송나사 등 스러스트를 전하는 운동용 나사에 사용된다.

19 둥근 나사
ㄱ 나사산의 모양이 둥근 것이다.
ㄴ 결합작업이 **빠른** 경우나 쇳가루 · 먼지 · 모래 등이 많은 곳에서 사용된다.

20 원통 또는 원뿔의 안쪽에 나사산이 있는 나사의 종류는?

① 수나사
② 오른나사
③ 왼나사
④ 암나사

21 다음 중 나사와 나사산의 각도가 옳지 않은 것은?

① 미터 나사 – 55°
② 관용 나사 – 55°
③ 유니파이 나사 – 60°
④ 사다리꼴 나사 – 미터계 30°

22 양 끝을 깎은 머리가 없는 볼트로서 한 쪽은 몸체에 고정시키고, 다른 쪽은 결합할 부품에 대고 너트를 끼워 죄는 볼트는?

① 스터드 볼트
② 육각 너트
③ 관통 볼트
④ 탭 볼트
⑤ T 볼트

ANSWER | 20.④ 21.① 22.①

20 나사의 종류
ㄱ 수나사 : 원통 또는 원뿔의 바깥표면에 나사산이 있는 나사
ㄴ 암나사 : 원통 또는 원뿔의 안쪽에 나사산이 있는 나사
ㄷ 오른나사 : 시계방향으로 돌리면 들어가는 나사
ㄹ 왼나사 : 반시계방향으로 돌리면 들어가는 나사

21 ① 미터 나사의 나사산의 각도는 60°이다.

22 스터드 볼트
ㄱ 양 끝을 깎은 머리가 없는 볼트를 말한다.
ㄴ 한 쪽은 몸체에 고정시키고, 다른 쪽에는 결합할 부품을 대고 너트를 끼워 죄는 볼트로 자주 분해 · 결합하는 경우에 사용된다.

23 다음 중 너트의 종류가 아닌 것은?

① 나비 너트

② 둥근 너트

③ 삼각 너트

④ 아이 너트

⑤ 육각 너트

24 기계나 구조물의 기초 위에 고정시킬 때 사용되는 볼트로 옳은 것은?

① T 볼트

② 기초 볼트

③ 스터디 볼트

④ 아이 볼트

25 나사의 각 부 명칭 중 피치는 무엇인가?

① 나사의 골부분으로 수나사에서는 최소 지름이고, 암나사에서는 최대 지름이다.

② 수나사의 바깥지름으로 나사의 호칭지름이다.

③ 나사를 한 바퀴 돌렸을 때 축방향으로 움직인 거리이다.

④ 나사산과 나사산 사이의 축방향 거리이다.

26 손으로 죌 수 있는 곳에 사용되고, 나비의 날개모양으로 만든 너트는?

① 나비 너트

② 캡 너트

③ 육각 너트

④ 아이 너트

ANSWER | 23.③ 24.② 25.④ 26.①

23 너트의 종류 ⋯ 육각 너트, 캡 너트, 나비 너트, 둥근 너트, 아이 너트

24 ① 공작기계에 일감이나 바이스 등을 고정시킬 때 사용된다.
③ 자주 분해 · 결합하는 경우에 사용된다.
④ 물체를 끌어올리는 데 사용된다.

25 ① 골지름 ② 바깥지름 ③ 리드

26 ② 육각 너트의 한 쪽 부분을 막은 것으로, 유체의 유출을 방지할 때 사용된다.
③ 육각기둥 모양의 너트로 가장 널리 사용된다.
④ 머리 부분이 도너츠 모양이며, 그 부분에 체인이나 훅을 걸 수 있도록 만들어져 있다.

27 다음 중 와셔의 용도로 옳은 것은?

① 볼트의 구멍이 작을 때

② 볼트자리의 표면이 미끄러울 때

③ 압축에 의한 목재, 고무 등에 사용할 때

④ 풀림을 방지하거나 가스켓을 풀 때

28 너트의 풀림방지에 쓰이는 와셔의 종류가 아닌 것은?

① 플랜지 와셔   ② 스프링 와셔

③ 이붙이 와셔   ④ 혀붙이 와셔

29 다음 중 키와 보스가 축방향으로 자유롭게 이동할 수 있도록 만들어진 키는?

① 묻힘 키(성크 키)   ② 미끄럼 키

③ 반달 키   ④ 안장 키

30 다음 중 동력전달이 커서 자동차의 핸들에 주로 사용되는 것은?

① 원추 키   ② 안장 키

③ 평 키   ④ 세레이션 축

 ANSWER | 27.③   28.①   29.②   30.④

27 와셔의 용도
ㄱ 볼트의 구멍이 클 때
ㄴ 볼트자리의 표면이 거칠 때
ㄷ 압축에 의한 목재, 고무 등에 사용할 때
ㄹ 풀림을 방지하거나 가스켓을 조일 때

28 너트의 풀림방지에 쓰이는 와셔…스프링 와셔, 이붙이 와셔, 혀붙이 와셔, 접시 스프링 와셔 등

29 미끄럼 키…기울기가 없는 키로, 키와 보스가 축방향으로 자유롭게 이동할 수 있도록 만들어졌다.

30 ① 필요한 위치에 정확하게 고정시킬 필요가 있는 곳에 사용되며, 바퀴가 편심되지 않는 장점이 있다.
② 큰 회전력을 전달하거나 역회전에 용이하게 만든 키로, 큰 동력을 전달할 수는 있으나 불안정하다.
③ 보스에 키 홈이 있고, 축과 키가 닿는 부분은 편평하게 깎아 사용하는 키로 주로 경하중에 사용된다.
④ 작은 삼각형의 키 홈을 많이 만들어 동력전달이 큰 관계로 자동차의 핸들에 주로 사용된다.

31 다음 중 핀의 종류에 속하지 않는 것은?

① 스프링 핀

② 분할 핀

③ 직각 핀

④ 평행 핀

⑤ 테이퍼 핀

32 축의 둘레에 많은 키를 깎은 것으로 큰 힘을 전달할 수 있는 키는?

① 안장 키

② 원추 키

③ 반달 키

④ 스플라인

33 다음 중 정밀한 위치를 결정할 때 사용되는 핀은?

① 평행 핀

② 스프링 핀

③ 분할 핀

④ 테이퍼 핀

34 부품의 풀림방지나 바퀴가 축에서 빠지는 것을 방지할 때 사용되는 핀은?

① 세레이션

② 분할 핀

③ 스프링 핀

④ 테이퍼 핀

ⓒ ANSWER | 31.③ 32.④ 33.④ 34.②

31 핀의 종류 … 평행 핀, 테이퍼 핀, 분할 핀, 스프링 핀

32 스플라인
  ㉠ 축의 둘레에 많은 키를 깎은 것으로, 축 방향으로 이동할 수 있고 큰 힘을 전달할 수 있다.
  ㉡ 자동차, 항공기, 발전용 증기터빈 등의 기어 속도 변환축에 사용된다.

33 핀의 종류
  ㉠ **평행 핀** : 위치 결정에 사용한다.
  ㉡ **스프링 핀** : 세로 방향으로 쪼개져 있어서 해머로 충격을 가해 물체를 고정시키는 데 사용된다.
  ㉢ **분할 핀** : 부품의 풀림방지나 바퀴가 축에서 빠지는 것을 방지할 때 사용된다.
  ㉣ **테이퍼 핀** : 정밀한 위치 결정에 사용된다.

34 핀의 종류
  ㉠ **테이퍼 핀** : 정밀한 위치 결정에 사용된다.
  ㉡ **분할 핀** : 부품의 풀림방지, 핀이 빠지지 않도록 하는 데 쓰인다.
  ㉢ **스프링 핀** : 세로 방향으로 쪼개져 있어, 해머로 충격을 가해 물체를 고정할 때 사용된다.
  ㉣ **평형 핀** : 부품의 위치 결정에 사용된다.

35 리벳은 머리의 형상 또는 제조방법에 따라 분류하는데, 머리형상에 의한 분류 중 아닌 것은?

① 삼각머리 리벳   ② 둥근머리 리벳

③ 납작머리 리벳   ④ 냄비머리 리벳

36 영구 결합하는 코터의 기울기는?

① 1/25   ② 1/5 ~ 1/10

③ 1/25 ~ 1/40   ④ 1/50 ~ 1/100

⑤ 1/100 ~ 1/500

37 두 개 이상의 금속을 용융온도 이상의 고온으로 가열하여 접합하는 방법은?

① 코더   ② 와셔

③ 용접   ④ 볼트와 너트

38 리벳이음의 작업방법 중 스냅공구를 이용하여 리벳의 머리를 만드는 방법은?

① 소켓   ② 리베팅

③ 풀러링   ④ 코킹

ANSWER | **35.① 36.④ 37.③ 38.②**

35 리벳의 분류
   ㉠ 머리형상에 의한 분류 : 둥근머리 리벳, 접시머리 리벳, 납작머리 리벳, 냄비머리 리벳
   ㉡ 제조방법에 의한 분류 : 냉간 리벳, 열간 리벳

36 코터의 기울기
   ㉠ 자주 분해하는 것 : 1/5 ~ 1/10
   ㉡ 일반적인 것 : 1/25
   ㉢ 영구 결합하는 것 : 1/50 ~ 1/100

37 용접 … 금속을 용융온도 이상의 고온으로 가열하여 접합하는 금속적 결합으로 영구적인 이음을 말한다.

38 ① 어떤 물체를 꽂기 위한(연결하기 위한) 구멍을 말한다.
   ③ 완벽한 기밀을 위해 끝이 넓은 끌로 때려 붙이는 작업을 말한다.
   ④ 리벳의 머리 주위 또는 강판의 가장자리를 끌을 이용하여 밀착시켜 틈을 없애는 작업을 말한다.

39 주로 힘의 전달과 강도를 요하는 구조물이나 교량에 사용되는 리벳은?

① 한 줄 리벳
② 복줄 리벳
③ 구조용 리벳
④ 관용 리벳

40 코터의 3요소가 바르게 묶인 것은?

① 로드, 소켓, 핀
② 키, 코터, 로드
③ 로드, 소켓, 코터
④ 와셔, 소켓, 코터
⑤ 키, 코터, 소켓

41 접합할 재료의 한쪽에만 구멍을 내어 그 구멍을 통해 판의 표면까지 비드를 쌓아 접합하는 용접방법은?

① 비드 용접
② 필릿 용접
③ 홈 용접
④ 플러그 용접

42 키의 치수가 20×40×400이라면 높이는 얼마인가?

① 20
② 40
③ 80
④ 400
⑤ 800

⊘ ANSWER | 39.③ 40.③ 41.④ 42.②

39 리벳 이음의 사용목적에 따른 분류
  ㉠ **구조용 리벳**: 주로 힘의 전달과 강도를 요하는 구조물이나 교량에 사용된다.
  ㉡ **관용 리벳**: 주로 기밀을 요하는 보일러나 압력용기에 사용된다.
  ㉢ **저압용 리벳**: 주로 수밀을 요하는 물탱크나 연통에 사용된다.

40 코터
  ㉠ 코터는 주로 인장 또는 압축을 받는 두 축을 흔들림 없이 연결하는 데 사용된다.
  ㉡ 코터의 3요소: 로드, 코터, 소켓

41 ① 재료에 구멍을 내거나 가공을 하지 않은 상태에서 비드를 용착시키는 용접방법이다.
  ② 직교하는 면을 접합하는 용접방법이다.
  ③ 접합하고자 하는 부위에 홈을 만들어 용접하는 방법이다.

42 키의 치수 = 폭 × 높이 × 길이

43 리드가 15mm인 나사의 피치가 3이면 나사의 줄수는?

① 4

② 5

③ 15

④ 45

⑤ 225

44 물체를 끌어올리는 데 사용되는 것으로 머리 부분이 도너츠 모양으로 그 부분에 체인이나 축을 걸 수 있도록 만들어진 볼트는?

① 아이 볼트

② T 볼트

③ 관통 볼트

④ 캡 볼트

⑤ 스터디 볼트

45 수나사와 암나사 대신에 홈을 만들고, 홈 사이에 볼을 넣어 마찰과 뒤틈을 최소화한 것으로 항공기, NC, 공작기계의 이동용 나사에 사용되는 나사는?

① 유니파이 나사

② 관용 나사

③ 둥근 나사

④ 볼 나사

⊘ ANSWER | 43.② 44.① 45.④

43 L(리드) = P(피치)$\times N$(줄수)

44 아이 볼트 … 물체를 끌어올리는 데 사용하고 머리 부분이 도너츠 모양이다.

45 ① 피치를 1인치 사이에 들어있는 나사산의 수로 나타내는 나사로 나사산의 각도는 60°, 기호는 U로 나타낸다. 이 나사 역시 유니파이 보통나사와 유니파이 가는나사로 나뉘며, 유니파이 가는나사는 항공용 작은나사에 사용된다.
② 주로 파이프의 결합에 사용되는 것으로, 관용 테이퍼 나사와 관용 평행 나사로 나뉘며, 나사산의 각도는 55°, 피치는 1인치에 대한 나사산의 수로 나타낸다.
③ 나사산의 모양이 둥근 것으로 결합작업이 빠른 경우나 쇳가루 · 먼지 · 모래 등이 많은 곳이나 진동이 심한 경우에 사용된다.

1 ㉠, ㉡에 들어갈 축 이음으로 적절한 것은?

대전도시철도공사

> 두 축의 중심선을 일치시키기 어렵거나, 진동이 발생되기 쉬운 경우에는 ㉠을 사용하여 축을 연결하고, 두 축이 만나는 각이 수시로 변화하는 경우에는 ㉡이(가) 사용된다.

	㉠	㉡
①	플랜지 커플링	유니버설 조인트
②	플렉시블 커플링	유니버설 조인트
③	플랜지 커플링	유체 커플링
④	플렉시블 커플링	유체 커플링

2 두 축의 중심이 일치하지 않는 경우에 사용할 수 있는 커플링은?

대전도시철도공사

① 올덤 커플링(Oldham coupling)

② 머프 커플링(muff coupling)

③ 마찰 원통 커플링(friction clip coupling)

④ 셀러 커플링(Seller coupling)

✅ ANSWER | 1.② 2.①

1 두 축의 중심선을 일치시키기 어렵거나, 진동이 발생되기 쉬운 경우에는 플렉시블 커플링을 사용하여 축을 연결하고, 두 축이 만나는 각이 수시로 변화하는 경우에는 유니버설 조인트가 사용된다.
 • 플랜지 커플링 : 큰 축과 고속정밀회전축에 적합하며 커플링으로서 가장 널리 사용되는 방식이다. 양 축 끝단의 플랜지를 키로 고정한 이음이다.
 • 플렉시블 커플링 : 두 축의 중심선이 약간 어긋나 있을 경우 탄성체를 플랜지에 끼워 진동을 완화시키는 이음이다. 회전축이 자유롭게 이동할 수 있다.
 • 유체 커플링 : 원동축에 고정된 펌프 깃의 회전력에 의해 동력을 전달하는 이음이다.
 • 유니버설 커플링 : 훅 조인트(Hook's joint)라고도 하며, 두 축이 같은 평면 내에 있으면서 그 중심선이 서로 30° 이내의 각도를 이루고 교차하는 경우에 사용되며 두 축이 만나는 각이 수시로 변화하는 경우에 사용되기도 한다. 공작 기계, 자동차의 동력전달 기구, 압연 롤러의 전동축 등에 널리 쓰인다.

2 올덤 커플링(oldham coupling) … 두 축이 평행하거나 약간 떨어져 있는 경우에 사용되고, 양축 끝에 끼어 있는 플랜지 사이에 90°의 키 모양의 돌출부를 양면에 가진 중간 원판이 있고, 돌출부가 플랜지 홈에 끼워 맞추어 작용하도록 3개가 하나로 구성되어 있다.

3 두 축의 중심선을 일치시키기 어려운 경우, 두 축의 연결 부위에 고무, 가죽 등의 탄성체를 넣어 축의 중심선 불일치를 완화하는 커플링은?

대구도시철도공사

① 유체 커플링
② 플랜지 커플링
③ 플렉시블 커플링
④ 유니버설 조인트

4 구름 베어링에 대한 설명으로 옳지 않은 것은?

서울교통공사

① 반지름 방향과 축방향 하중을 동시에 받을 수 없다.
② 궤도와 전동체의 틈새가 극히 작아 축심을 정확하게 유지할 수 있다.
③ 리테이너는 강구를 고르게 배치하고 강구 사이의 접촉을 방지하여 마모와 소음을 예방하는 역할을 한다.
④ 전동체의 형상에는 구, 원통, 원추 및 구면 롤러 등이 있다.

ANSWER | 3.③ 4.①

---

3 **플렉시블 커플링** … 두 축의 중심선이 약간 어긋나 있을 경우 탄성체를 플랜지에 끼워 진동을 완화시키는 이음이다. 회전축이 자유롭게 이동할 수 있다.

※ **커플링** … 운전 중에는 결합을 끊을 수 없는 영구적인 이음이다.

- **고정 커플링** : 일직선상에 있는 두 축을 연결한 것으로서 볼트 또는 키를 사용하여 결합하고, 양축 사이에 상호이동을 하지 못하는 구조로 된 커플링으로서 원통형과 플랜지형으로 대분된다.
- **원통형 커플링** : 가장 간단한 구조의 커플링으로서 두 축의 끝을 맞대어 일직선으로 놓고 키 또는 마찰력으로 전동하는 커플링이다. 머프 커플링, 마찰 원통 커플링, 셀러 커플링 등이 있다.
- **머프 커플링** : 주철제의 원통 속에서 두 축을 서로 맞대고 키로 고정한 커플링이다. 축지름과 하중이 작을 경우 사용하며 인장력이 작용하는 축에는 적합하지 않다.
- **셀러 커플링** : 머프커플링을 셀러(seller)가 개량한 것으로 주철제의 바깥 원통은 원추형으로 이고 중앙부로 갈수록 지름이 가늘어지는 형상이다. 바깥원통에 2개의 주철제 원추통을 양쪽에 박아 3개의 볼트로 죄어 축을 고정시킨 것이다.
- **플랜지 커플링** : 큰 축과 고속정밀회전축에 적합하며 커플링으로서 가장 널리 사용되는 방식이다. 양 축 끝단의 플랜지를 키로 고정한 이음이다.
- **플렉시블 커플링** : 두 축의 중심선이 약간 어긋나 있을 경우 탄성체를 플랜지에 끼워 진동을 완화시키는 이음이다. 회전축이 자유롭게 이동할 수 있다.
- **기어 커플링** : 한 쌍의 내접기어로 이루어진 커플링으로 두 축의 중심선이 다소 어긋나도 토크를 전달할 수 있어 고속회전 축이음에 사용되는 이음
- **유체 커플링** : 원동축에 고정된 펌프 깃의 회전력에 의해 동력을 전달하는 이음이다.
- **올덤 커플링** : 2축이 평행하거나 약간 떨어져 있는 경우에 사용되고, 양축 끝에 끼어 있는 플랜지 사이에 90°의 키 모양의 돌출부를 양면에 가진 중간 원판이 있고, 돌출부가 플랜지 홈에 끼워 맞추어 작용하도록 3개가 하나로 구성되어 있다. 두 축의 중심이 약간 떨어져 평행할 때 동력을 전달시키는 축으로 고속회전에는 적합하지 않다.
- **유니버설 커플링**(조인트) : 훅 조인트(Hook'ks joint)라고도 하며, 두 축이 같은 평면 내에 있으면서 그 중심선이 서로 30° 이내의 각도를 이루고 교차하는 경우에 사용된다. 공작 기계, 자동차의 동력전달 기구, 압연 롤러의 전동축 등에 널리 쓰인다.

4 구름 베어링 중 앵귤러 볼 베어링이나 테이퍼 롤러베어링 등은 반지름 방향과 축 방향 하중을 동시에 받을 수 있다.

※ **구름 베어링** … 저널과 베어링 사이에 볼이나 롤러를 넣어서 구름마찰을 하게 한 베어링으로 롤링 베어링이라고도 한다.

5 유체를 매개로 하여 동력을 전달하는 장치로 유체를 가득 채운 케이싱 내부에 임펠러(impeller)를 서로 마주보게 세워두고 회전력을 전달하는 장치는?

광주도시철도공사

① 축압기   ② 체크 밸브

③ 유체 커플링   ④ 유압 실린더

6 축방향 하중을 지지하는 데 가장 부적합한 베어링은?

한국공항공사

① 단열 깊은 홈 볼 베어링(single-row deep-groove ball bearing)

② 앵귤라 콘택트 볼 베어링(angular contact ball bearing)

③ 니들 롤러 베어링(needle roller bearing)

④ 테이퍼 롤러 베어링(taper roller bearing)

ANSWER | 5.③ 6.③

---

5 • 유체 커플링 : 유체를 매개로 하여 동력을 전달하는 장치로 유체를 가득 채운 케이싱 내부에 임펠러(impeller)를 서로 마주보게 세워두고 회전력을 전달하는 장치
  • 역류방지 밸브(체크 밸브) : 유체를 한 방향으로만 흐르게 해, 역류를 방지하는 밸브. 체크 밸브라고도 한다.

6 니들 롤러 베어링 … 길이에 비하여 지름이 매우 작은 롤러를 사용하는 베어링으로서 좁은 장소에서 비교적 큰 충격하중을 받게 되는 내연기관의 피스톤 핀에 사용된다. 길이에 비하여 지름이 매우 작은 롤러를 사용하므로 축방향 하중 지지에는 적합하지 않으며, 또한 축 자체가 축 방향으로 하중을 받게 되면 아래 그림에 제시된 것처럼 화살표방향으로 미끄러지기 쉽다. 니들롤러베어링은 아래 그림과 같은 구조로 되어 있으며 종류가 매우 많다. (니들롤러 베어링뿐만 아니라 일반적인 롤러 베어링은 구조상 축 방향 하중을 지지할 수 없다.)
  ※ 베어링의 종류
  • 레이디얼 베어링 : 축에 직각방향의 하중(반경방향)을 지지하는 베어링이다.
  • 원통 롤러 베어링 : 중하중이 축에 가해지는 경우 사용하는 베어링으로 롤러와 궤도가 선접촉을 하고 있으므로 중하중, 충격하중, 고속회전에 적합하다. 내륜, 외륜이 분리되어 있으므로 조립해체가 용이하다.
  • 원뿔 롤러 베어링 : 회전축에 수직인 하중과 회전축 방향의 하중을 동시에 받는 경우 사용하는 베어링이다.
  • 니들 롤러 베어링 : 길이에 비해 지름이 매우 작은 롤러를 사용한 베어링으로서 내륜과 외륜의 두께가 얇아 바깥지름이 작으며, 단위면적에 대한 강성이 크므로 비교적 큰 하중을 받는 기계장치에 사용된다.
  • 테이퍼 롤러 베어링 : 테이퍼 형상의 롤러가 적용된 베어링으로 축방향 하중과 축에 직각인 하중을 동시에 지지할 수 있다.
  • 매그니토 베어링 : 내륜의 홈은 깊은홈 볼베어링보다 다소 얕고 턱이 없는 쪽의 외륜 내경은 외륜홈의 바닥에서부터 원통형으로 되어 있는 베어링이다. 외륜을 분리할 수 있으므로 베어링의 부착이 편리하며 보통 2개를 짝지어 사용한다.
  • 자동조심 베어링 : 축심의 어긋남을 자동으로 조정하는 베어링이다. 내륜 궤도는 두 개로 분리되어 있고, 외륜 궤도는 구면으로 공용궤도이다. 설치오차를 피할 수 없는 경우, 또는 축이 휘기 쉬운 경우 등 허용경사각이 비교적 클 때에 사용한다. (스러스트 하중이 작용할 경우 수명이 급격히 저하된다.)
  • 단열 깊은 홈볼 베어링 : 구름 베어링 중 가장 일반적인 형태로서 가격이 저렴하고 비분리형 베어링이다. 내륜과 외륜의 궤도반경은 볼의 반경보다 약간 크며, 내륜의 바깥지름과 외륜의 안쪽 반지름과의 차이는 볼의 직경보다 약간 커서 틈새가 있다. 이러한 틈새는 축 방향으로 약간 이동하여 조립함으로써 틈새를 조정할 수 있도록 되어 있다.
  • 앵귤러 볼 베어링 : 육안으로 살펴보면 일반 볼베어링과 유사하나 롤러가 놓여지는 부분이 경사가 져 있다. 접촉각을 가진 베어링으로서 높은 정확도와 고속회전이 필요한 경우 사용된다. 일반볼베어링은 주로 축과 직각되는 방향의 힘을 견딜 수 있도록 설계되었으나 앵귤러 볼베어링은 축방향 및 측면방향의 하중도 견디도록 설계되어 있다.
  • 스러스트 롤러 베어링 : 스러스트 베어링은 하중이 축을 따라서 가해지는 베어링이다. 고속회전을 할 경우 롤러가 밀려나 가게 되어 마찰저항이 커지므로 고속회전에는 적합하지 않다.
  • 4점 접촉 볼 베어링 : 내륜을 2분할하고 35도 정도의 접촉각을 가진 구조의 베어링이다.
  • 공기 정압 베어링 : 볼이나 롤러가 아닌, 압축공기의 압력으로 공간을 만든 베어링이다.

7 일반적으로 베어링은 내륜, 외륜, 볼(롤러), 리테이너의 4가지 주요요소로 구성된다. 다음 중에서 볼 또는 롤러를 사용하지 않는 베어링은 어느 것인가?

① 공기 정압 베어링

② 레이디얼 베어링

③ 스러스트 롤러 베어링

④ 레이디얼 롤러 베어링

8 축 주위에 여러 개의 키를 깎은 것을 무엇이라 하는가?

① 묻힘 키

② 평 키

③ 새들 키

④ 스플라인

⑤ 반달 키

9 베어링 중 충격부하가 가장 큰 것은?

① 볼 베어링

② 롤러 베어링

③ 미끄럼 베어링

④ 니들 베어링

⑤ 원통 베어링

✅ **ANSWER** | 7.① 8.④ 9.③

7 공기 정압 베어링 ⋯ 두 베어링면 사이의 공기가 외부로부터 가압되어 윤활작용을 하는 베어링을 말한다.

8 스플라인 ⋯ 축의 둘레에 여러 개의 키 홈을 깎은 것으로, 축의 단면적이 감소하여 강도가 저하되고 키 홈의 노치역할로 인해 응력집중이 발생하게 된다. 따라서 이런 경우 미끄럼 키를 축과 일체로 하는 스플라인축을 사용한다.

9 미끄럼 베어링 ⋯ 축과 베어링이 직접 접촉하여 미끄럼 운동을 하는 베어링이다.
  ㉠ 장점
    • 구조가 간단하며 수리가 용이하다.
    • 충격에 견디는 힘이 커서 하중이 클 경우 사용한다.
    • 진동, 소음이 적다.
    • 가격이 저렴하다.
  ㉡ 단점
    • 시동시 마찰저항이 매우 크다.
    • 윤활유의 주입이 까다롭다.

10 축에 작용하는 힘에 의해 분류했을 때 전동축에 관한 설명으로 옳은 것은?

① 주로 인장과 휨 하중을 받는다.

② 주로 휨 하중을 받는다.

③ 주로 휨과 비틀림 하중을 받는다.

④ 주로 압축 하중만을 받는다.

11 두 축이 어떤 각을 이루고 만나거나 회전 중에 이 각이 변화할 때 사용되는 것으로, 공작기계와 자동차에 널리 사용되는 축이음 방식은?

① 슬리브 커플링

② 자재 이음

③ 플렉시블 커플링

④ 플랜지 커플링

12 다음 중 베어링에 대한 설명으로 옳지 않은 것은?

① 스러스트 베어링은 하중이 축에 직각으로 작용한다.

② 원뿔 저널은 힘이 축 방향, 직각 방향에서 동시에 작용한다.

③ 볼 베어링은 구름 접촉을 한다.

④ 베어링은 회전축이 마찰저항을 적게 받도록 하는 기계요소이다.

13 회전운동을 병진운동으로 변환시키는 기구로 옳지 않은 것은?

① 원통캠과 종동절

② 크랭크－슬라이더 기구

③ 크랭크－로커 기구

④ 랙－피니언 기구

✅ A N S W E R | 10.③ 11.② 12.① 13.③

10 작용 하중(용도)에 의한 축의 분류

㉠ **차축** : 굽힘 하중을 받으며, 정지 차축과 회전 차축이 있다.

㉡ **스핀들** : 비틀림 하중을 받으며, 공작기계의 회전축에 쓰인다.

㉢ **전동축** : 비틀림 하중과 굽힘 하중을 동시에 받으며, 축의 회전에 의하여 동력을 전달하는 축이다.

11 유니버설 조인트(자재 이음) … 두 축이 일직선상에 있지 않고 서로 어떤 각도로 교차하는 경우에 사용되는 축이음 방식으로 자재 이음이라고도 한다.

12 ① 스러스트 베어링은 하중이 축과 같은 방향으로 작용한다.

13 크랭크－로커 기구 … 가장 짧은 링크의 연결 요소를 고정단과 연결시킨 그라스호프 기구이며, 대표적인 적용 예가 재봉틀의 발판을 이용한 회전 기구이다.

14 축의 양 끝에 플랜지를 붙이고 볼트로 체결하는 방식의 커플링은?

① 플랜지 커플링   ② 올덤 커플링

③ 유니버셜 조인트   ④ 유체 커플링

15 다음 중 고속회전이나 중하중의 기계용에 사용되는 축의 재료는?

① 주철   ② 탄소강

③ Ni – Cr강   ④ 알루미늄

16 리테이너의 재료 중 옳지 않은 것은?

① 청동   ② 탄소강

③ 베이클라이트   ④ 니켈

⑤ 경합금

17 다음 중 축을 모양에 의해 분류할 때 속하지 않는 것은?

① 직선축   ② 크랭크축

③ 전동축   ④ 플렉시블축

 ANSWER | 14.① 15.③ 16.④ 17.③

14 플랜지 커플링 … 축의 양 끝에 플랜지를 붙이고 볼트로 체결하는 방식으로, 직경이 큰 축이나 고속회전하는 정밀회전력 이음에 사용된다.

15 축의 재료로는 일반적으로 탄소강이 가장 널리 쓰이며, 고속회전이나 중하중의 기계용에는 Ni – Cr강, Cr – Mo강 등의 특수강을 사용한다.

16 리테이너의 재료로 탄소강, 청동, 경합금, 베이클라이드 등이 사용된다.

17 축은 용도에 따라 차축·전동축·스핀들로 분류되며, 형상에 따라 직선축·크랭크축·플렉시블축으로 나뉜다.

18 다음 중 직선운동을 회전운동으로 바꾸는 데 사용되는 축은?

① 전동축   ② 직선축

③ 스핀들   ④ 크랭크축

⑤ 차축

19 용도에 의한 축의 분류 중 바르게 묶인 것은?

① 차축, 크랭크축   ② 전동축, 직선축

③ 스핀들, 플랙시블축   ④ 차축, 스핀들

⑤ 전동축, 직선축

20 축의 종류와 축이 받는 하중이 바르게 연결된 것은?

① 스핀들 – 굽힘 하중

② 차축 – 굽힘 하중, 비틀림 하중

③ 스핀들 – 비틀림 하중, 굽힘 하중

④ 차축 – 굽힘 하중

✔ ANSWER | 18.④ 19.④ 20.④

18 크랭크축(crank shaft) … 왕복운동과 회전운동의 상호변환에 사용되는 축으로, 직선운동을 회전운동으로 또는 회전운동을 직선운동으로 바꾸는 데 사용되는 축이다.

19 축의 분류
    ㉠ 용도에 의한 분류 : 차축, 스핀들, 전동축
    ㉡ 형상에 의한 분류 : 직선축, 크랭크축, 플랙시블축

20 축의 종류
    ㉠ **차축** : 굽힘 하중을 받는다.
    ㉡ **스핀들** : 비틀림 하중을 받는다.
    ㉢ **전동축** : 비틀림 하중과 굽힘 하중을 받는다.

21 비틀림 모멘트와 굽힘 모멘트를 동시에 받는 경우 중공축의 직경을 계산하는 방법은?

① $d = \sqrt[3]{\dfrac{5.1T}{\tau_a}}$

② $d = \sqrt[3]{\dfrac{10.2M}{\sigma_a}}$

③ $d = \sqrt[3]{\dfrac{10.2M_e}{(1-x^4)\sigma_a}}$, $d = \sqrt[3]{\dfrac{5.1T_e}{(1-x^4)\tau_a}}$

④ $d = \sqrt[3]{\dfrac{10.2M_e}{\sigma_a}}$, $d = \sqrt[3]{\dfrac{5.1T_e}{\tau_a}}$

22 다음 중 축지름을 d, 축 재료의 전단응력을 τ_a라 할 때, 비틀림 모멘트는?

① $T = \dfrac{\pi d^3}{16}\tau_a$ 　　　　　　　　② $T = \dfrac{\pi d^3}{64}\tau_a$

③ $T = \dfrac{d^3}{16}\tau_a$ 　　　　　　　　④ $T = \dfrac{d^3}{64}\tau_a$

⑤ $T = \dfrac{\pi d^3}{64}\tau_a$

23 볼을 원주에 고르게 배치하여 상호간의 접촉을 피하고 마멸과 소음을 방지하는 역할을 하는 것은?

① 내륜 　　　　　　　　② 전동체
③ 외륜 　　　　　　　　④ 리테이너

ANSWER | 21.③　22.①　23.④

21 비틀림 모멘트와 굽힘 모멘트를 동시에 받는 경우

　㉠ 중실축 : $d = \sqrt[3]{\dfrac{10.2M_e}{\sigma_a}}$, $d = \sqrt[3]{\dfrac{5.1T_e}{\tau_a}}$

　㉡ 중공축 : $d = \sqrt[3]{\dfrac{10.2M_e}{(1-x^4)\sigma_a}}$, $d = \sqrt[3]{\dfrac{5.1T_e}{(1-x^4)\tau_a}}$

22 축지름을 d, 최대 비틀림 모멘트를 T, 축 재료의 전단응력을 τ_a라 할 때, 비틀림 모멘트 $T = \dfrac{\pi d^3}{16}\tau_a$이다.

23 리테이너 … 볼을 원주에 고르게 배치하고, 마멸과 소음을 방지하는 역할을 한다.

24 내륜, 외륜, 볼, 리테이너로 구성되어 있는 베어링은?

① 미끄럼 베어링

② 구름 베어링

③ 스핀들

④ 래크와 피니언

25 두 개의 축이 평행하거나 그 중심선이 약간 어긋났을 때 각 속도의 변화없이 회전동력을 전달하는 커플링은?

① 유체 커플링

② 올덤 커플링

③ 유니버셜 조인트

④ 원통형 커플링

26 다음 중 고무, 가죽, 금속판 등과 같이 유연성이 있는 것을 매개로 사용하는 커플링은?

① 플랜지 커플링

② 플렉시블 커플링

③ 올덤 커플링

④ 유니버셜 조인트

ANSWER | **24.② 25.② 26.②**

24 구름 베어링은 내륜, 외륜, 볼(전동체), 리테이너로 구성되어 있다.

25 올덤 커플링 … 두 축이 평행하거나 중심선이 약간 어긋났을 때 속도의 변화없이 회전동력을 전달할 수 있는 커플링이다.

26 커플링의 종류

ⓐ **플랜지 커플링** : 축의 양 끝에 플랜지를 붙이고 볼트로 체결하는 방식으로, 직경이 큰 축이나 고속회전하는 정밀회전 축 이음에 사용된다.

ⓑ **플렉시블 커플링** : 두 축의 중심을 완벽하게 일치시키기 어려울 경우나 엔진, 공작기계 등과 같이 진동이 발생하기 쉬운 경우에 고무, 가죽, 금속판 등과 같이 유연성이 있는 것을 매개로 사용하는 커플링이다.

ⓒ **올덤 커플링** : 두 개의 축이 평행하나 그 중심선이 약간 어긋났을 때 각 속도의 변화없이 회전동력을 전달하는 커플링이다.

ⓓ **유니버셜 조인트** : 두 개의 축이 만나는 각이 수시로 변화해야 하는 경우 사용되는 커플링으로, 두 축이 어느 각도로 교차되고 그 사이의 각도가 운전 중 다소 변하더라도 자유로이 운동을 전달할 수 있는 축이음이다.

27 원동축에 고정된 날개를 회전하면 밀폐기의 유체가 원심력에 의해 회전하면서 중동축에 있는 터빈 날개를 회전시키게 하는 클러치는?

① 유체 클러치
② 전자 클러치
③ 원추 클러치
④ 맞물림 클러치

28 다음 중 저널의 종류가 아닌 것은?

① 추력 저널
② 가로 저널
③ 세로 저널
④ 구면 저널
⑤ 원추 저널

29 다음 중 하중이 축에 직각으로 작용하는 저널은?

① 원뿔 저널
② 구면 저널
③ 레이디얼 저널
④ 스러스트 저널

30 구름 베어링의 번호표시 6315 SP에서 안지름 번호를 표시한 것은?

① SP
② 6
③ 15
④ 3

✔ A N S W E R │ 27.① 28.③ 29.③ 30.③

27 유체 클러치 … 원통축에 고정된 날개를 회전하면 밀폐기의 유체가 원심력에 의해 회전하면서 중동축에 있는 터빈날개를 회전시키게 하는 클러치이다. 주로 컨베이어, 크레인, 차량용 등에 널리 사용된다.

28 저널의 종류 … 추력 저널, 가로 저널, 원추 저널, 구면 저널 등

29 ① 하중이 축방향과 직각방향에서 동시에 작용하는 저널
② 축을 임의의 방향으로 기울어지게 할 수 있는 저널
④ 하중이 축방향으로 작용하는 저널

30 6315 SP
㉠ 6 : 형식 번호
㉡ 3 : 치수 기호
㉢ 15 : 안지름 번호
㉣ SP : 등급 기호

31 다음 중 베어링의 번호표시가 6215일 때, 이 베어링이 받을 수 있는 하중의 크기는?

① 경하중   ② 특별경하중

③ 중간경하중   ④ 중하중

32 구름 베어링의 번호표시가 6215P라고 하면 안지름은 얼마인가?

① 15mm   ② 30mm

③ 50mm   ④ 75mm

⑤ 100mm

33 미끄럼 베어링의 장점이 아닌 것은?

① 구조가 간단하여 수리가 용이하다.

② 가격이 싸다.

③ 윤활유의 주입이 쉽다.

④ 진동, 소음이 적다.

⑤ 충격에 견디는 힘이 크다.

ANSWER | 31.①   32.④   33.③

31 치수 기호 … 베어링 번호 중 하중의 크기를 나타내는 치수 기호는 두 번째 자리의 번호이며, 이 치수 기호는 다음과 같다.
    ㉠ 0, 1 : 특별경하중형
    ㉡ 2 : 경하중형
    ㉢ 3 : 중간경하중형
    ㉣ 4 : 중하중형

32 안지름 20mm 이상 500mm 미만은 안지름을 5로 나눈 수가 안지름 번호이다.

33 미끄럼 베어링의 장·단점
    ㉠ 장점
     • 구조가 간단하여 수리가 용이하다.
     • 가격이 싸다.
     • 진동, 소음이 적다.
     • 충격에 견디는 힘이 커서 하중이 클 때 주로 사용된다.
    ㉡ 단점
     • 시동시 마찰저항이 매우 크다.
     • 윤활유의 주입이 까다롭다.

34 구름 베어링의 종류 중 옳지 않은 것은?

① 원통 롤러 베어링   ② 구면 롤러 베어링

③ 원뿔 롤러 베어링   ④ 니들 롤러 베어링

35 구름 베어링의 번호를 표시할 때 표시하지 않아도 되는 것은?

① 형식 번호   ② 치수 기호

③ 안지름 번호   ④ 등급 기호

36 다음 중 윤활유의 성질 중 가장 중요한 것은?

① 비중   ② 비열

③ 온도   ④ 점도

37 축 방향과 축 직각방향의 하중을 동시에 받는 저널은?

① 레이디얼 저널   ② 스러스트 저널

③ 원추 저널   ④ 구면 저널

ANSWER | 34.③ 35.④ 36.④ 37.③

34 구름 베어링의 종류
　㉠ 전동체의 종류에 따른 분류
　　• 볼 베어링
　　• 롤러 베어링 : 원통 롤러 베어링, 구면 롤러 베어링, 원추 롤러 베어링, 니들 롤러 베어링
　㉡ 전동체의 열수에 따른 분류 : 단열 베어링, 복열 베어링

35 등급 기호
　㉠ 무기호 : 보통등급
　㉡ H : 상급
　㉢ P : 정밀급
　㉣ SP : 초정밀급

36 윤활유는 적당한 점도를 가져야 한다.

37 ① 하중이 축과 직각으로 작용한다.
　② 하중이 축과 평행으로 작용한다.
　④ 축을 임의 방향으로 기울어지게 할 수 있는 저널이다.

38 윤활제의 구비조건 중 옳지 않은 것은?

① 유성이 좋을 것

② 가격이 비쌀 것

③ 적당한 점도를 가질 것

④ 인화점이 높고 발화점이 높을 것

⑤ 고온에서 변질되지 않을 것

39 다음 중 마찰 클러치에 관한 설명으로 옳지 않은 것은?

① 클러치 중 가장 간단한 구조이다.

② 클러치 안에 유체가 들어있다.

③ 원판 클러치와 원추 클러치로 나뉜다.

④ 토크를 임의로 제어할 수 있다.

40 미끄럼 베어링의 재료가 아닌 것은?

① 주철

② 동합금

③ 아연을 주성분으로 한 합금

④ 알루미늄을 주성분으로 한 합금

⑤ 납을 주성분으로 한 합금

ANSWER | 38.② 39.② 40.④

38 윤활제의 구비조건
- ㉠ 유성이 좋을 것
- ㉡ 인화점이 높고 발화점이 높을 것
- ㉢ 적당한 점도를 가질 것
- ㉣ 가격이 저렴할 것
- ㉤ 화학적으로 안정하고 고온에서 변질되지 않을 것

39 ② 유체 클러치에 대한 설명이다.
※ **마찰 클러치(friction clutch)** … 두 개의 마찰면을 서로 강하게 접촉시켜 마찰면에 생기는 마찰력으로, 동력을 전달하는 클러치로 구동축이 회전하는 중에도 충격없이 피동축을 구동축에 결합시킬 수 있으며, 마찰 클러치의 종류에는 원판 클러치와 원추 클러치가 있다.
- ㉠ **원판 클러치**: 두 개의 접촉면이 평면인 클러치이다.
- ㉡ **원추 클러치**: 접촉면이 원뿔형으로 되어 있어, 축방향에 작은 힘이 작용하여도 접촉면에 큰 마찰력이 발생하여 큰 회전력을 전달할 수 있는 클러치이다.

40 미끄럼 베어링의 재료 … 주철·동합금·아연을 주성분으로 한 합금, 주석을 주성분으로 한 합금, 납을 주성분으로 한 합금

1 벨트 전동의 한 종류로 벨트와 풀리(pulley)에 이(tooth)를 붙여서 이들의 접촉에 의하여 구동되는 전동 장치의 일반적인 특징으로 옳지 않은 것은?

서울교통공사

① 효과적인 윤활이 필수적으로 요구된다.

② 미끄럼이 대체로 발생하지 않는다.

③ 정확한 회전비를 얻을 수 있다.

④ 초기 장력이 작으므로 베어링에 작용하는 하중을 작게 할 수 있다.

2 무단 변속장치에 이용되는 마찰차가 아닌 것은?

광주도시철도공사

① 원판 마찰차

② 원뿔 마찰차

③ 원통 마찰차

④ 구면 마찰차

Ⓖ ANSWER | 1.① 2.③

1 벨트와 풀리에 이를 붙인 전동장치는 타이밍 벨트전동장치로 볼 수 있으며, 이는 미끄럼 없이 일정한 속도비를 얻을 수 있어 회전이 원활하게 되므로 효과적인 윤활이 필수적으로 요구되지는 않는다.

   ※ 타이밍 벨트

   • 이붙이 벨트라고도 한다. 미끄럼을 없애기 위하여 접촉면에 치형을 붙이고 맞물림에 의하여 동력을 전달하도록 한 벨트이다.

   • 평 벨트의 내측에는 같은 피치의 사다리꼴 또는 원형 모양의 돌기가 있으며 벨트 풀리도 이 벨트가 물릴 수 있도록 인벌류트 치형으로 되어 있다.

   • 정확하고 일정한 회전비를 얻을 수 있으며 초기장력이 작으므로 베어링에 작용하는 하중을 작게 할 수 있다.

2 원통 마찰차는 무단 변속장치에 이용되는 마찰차가 아니다.

   ※ 무단 변속장치 … 정속(定速)으로 회전하는 입력축(원동축)에 대해 일정한 범위 내에서, 출력축(종속축)의 회전을 자유롭고 확실하게 조정할 수 있는 장치이다. 무단변속장치로 이용 가능한 마찰차는 원뿔마찰차, 원판마찰차, 구면마찰차가 있다.

3 감기 전동기구에 대한 설명으로 옳지 않은 것은?

대구도시철도공사

① 벨트 전동기구는 벨트와 풀리 사이의 마찰력에 의해 동력을 전달한다.
② 타이밍 벨트 전동기구는 동기(synchronous)전동을 한다.
③ 체인 전동기구를 사용하면 진동과 소음이 작게 발생하므로 고속 회전에 적합하다.
④ 구동축과 종동축 사이의 거리가 멀리 떨어져 있는 경우에도 동력을 전달할 수 있다.

4 체인(chain)에 대한 설명으로 옳지 않은 것은?

광주도시철도공사

① 큰 동력을 전달할 수 있다.
② 초기 장력을 줄 필요가 있으며 정지 시에 장력이 작용한다.
③ 미끄럼이 적으며 일정한 속도비를 얻을 수 있다.
④ 동력 전달용으로 롤러 체인(roller chain)과 사일런트 체인(silent chain)이 사용된다.

5 인벌류트 치형을 갖는 평기어의 백래시(backlash)에 대한 설명으로 옳은 것은?

① 피치원둘레상에서 측정된 치면 사이의 틈새이다.
② 피치원상에서 측정한 이와 이 사이의 거리이다.
③ 피치원으로부터 이끝원까지의 거리이다.
④ 맞물린 한쌍의 기어에서 한 기어의 이끝원에서 상대편 기어의 이뿌리원까지의 중심선상 거리이다.

ANSWER | 3.③ 4.② 5.①

---

3 체인(chain)은 치형이 있으면 초기 장력을 줄 필요가 없으며 정지 시에 장력이 작용하지 않는다.
※ 체인전동장치의 특징
  • 미끄럼이 없는 일정한 속도비를 얻을 수 있다.
  • 초기장력이 필요 없으므로 베어링의 마찰손실이 적다.
  • 내열, 내유, 내수성이 크며 유지 및 수리가 쉽다.
  • 전동효율이 높고 로프보다 큰 동력을 전달시킬 수 있다.
  • 체인의 탄성으로 어느 정도 충격하중을 흡수한다.
  • 진동과 소음이 크다.
  • 속도비가 정확하나 고속회전에 적합하지 않다.
  • 여러 개의 축을 동시에 구동할 수 있다.
  • 체인 속도의 변동이 발생할 수 있다.

4 체인(chain)은 치형이 있으면 초기 장력을 줄 필요가 없으며 정지 시에 장력이 작용하지 않는다.

5 백래시(backlash) ··· 한쌍의 기어를 맞물렸을 때 치면 사이에 생기는 틈새

6 평벨트의 접촉각이 θ, 평벨트와 풀이 사이의 마찰계수가 μ, 긴장측 장력이 T_t, 이완측 장력이 T_s일 때, $\dfrac{T_t}{T_s}$의 비는? (단, 평벨트의 원심력은 무시한다)

① $e^{\mu\theta}$

② $\dfrac{1}{e^{\mu\theta}}$

③ $1 - e^{\mu\theta}$

④ $1 - \dfrac{1}{e^{\mu\theta}}$

7 다음 중 장력비의 표현식으로 옳은 것은?

① $\dfrac{T_s}{T_t}$

② $\dfrac{T_t}{T_s}$

③ $T_t + T_s$

④ $T_t - T_s$

⑤ $\dfrac{T_s + T_t}{T_s}$

8 기어의 모듈이 3, 잇수가 60일 때 기어의 외경은?

① 174

② 180

③ 186

④ 195

⑤ 240

⊘ ANSWER | 6.① 7.② 8.③

6 장력비 $\dfrac{T_t}{T_s} = e^{\mu\theta}$ 이다.

7 장력비 공식

장력비$(e^{\mu\theta}) = \dfrac{긴장측의\ 장력}{이완측의\ 장력} = \dfrac{T_t}{T_s}$

8 기어의 외경 = 모듈 × (잇수 + 2)

9 다음 중 체인의 특성에 대한 설명으로 옳지 않은 것은?

① 마찰력이 크다.

② 베어링에 하중이 가해지지 않는다.

③ 내열 내습성이 크고 내유성도 크다.

④ 일정 속도비를 얻을 수 있다.

10 마찰차에 대한 설명 중 옳지 않은 것은?

① 정확한 속도비 유지가 곤란하다.

② 마찰차로 두 축이 평행한 곳에서만 사용한다.

③ 전달동력이 작다.

④ 회전속도가 커서 기어사용이 곤란한 곳에서만 사용한다.

11 동력을 전달하는 한쌍의 마찰차가 있다. 원동차의 지름이 90mm, 종동차의 지름이 150mm, 원동차의 회전수가 300rpm 일 때, 종동차의 회전수는?

① 150rpm   ② 180rpm

③ 210rpm   ④ 390rpm

⑤ 420rpm

ⓥ ANSWER | 9.①   10.②   11.②

9 밸트와 로프는 마찰력을 이용한 간접전동장치이지만, 체인은 스프로킷의 이에 감아 걸어서 스프로킷의 이가 서로 물리는 힘으로 동력을 전달시킨다.

10 마찰차
ⓖ 두 개의 바퀴를 맞붙여 그 사이에 작용하는 마찰력을 이용하는 장치이다.
ⓛ 정확한 속도비 유지가 곤란하고 전달동력이 작다.
ⓔ 회전속도가 커서 기어사용이 곤란한 곳에서만 사용된다.

11 회전수 $I = \dfrac{N_2}{N_1} = \dfrac{D_1}{D_2}$

$N_2 = \dfrac{D_1}{D_2} \times N_1 = \dfrac{90}{150} \times 300 = 180 \mathrm{rpm}$

12 링크상치에서 규칙적이고 원만한 운동을 하기 위해서 필요한 회전기구의 수는?

① 3개   ② 4개

③ 5개   ④ 6개

⑤ 7개

13 두 개의 바퀴를 맞붙여 그 사이에 작용하는 마찰력을 이용하여 두 축 사이의 동력을 전달하는 장치는?

① 마찰차   ② 기어

③ 체인   ④ 벨트

⑤ 축

14 마찰차의 효율 중 가장 낮은 것은?

① 원통 마찰차   ② 원뿔 마찰차

③ 홈 마찰차   ④ 변속 마찰차

15 다음 중 서로 교차하는 두 축 사이의 동력을 전달하는 마찰차는?

① 원통 마찰차   ② 홈 마찰차

③ 변속 마찰차   ④ 원뿔 마찰차

✓ ANSWER | 12.② 13.① 14.④ 15.④

12 링크장치 … 몇 개의 가늘고 긴 막대를 핀으로 결합시켜 일정한 운동을 하도록 구성한 장치로 4개의 4절 회전기구가 기본이다.

13 마찰차 … 두 개의 바퀴를 맞붙여 그 사이에 작용하는 마찰력을 이용하여 두 축 사이의 동력을 전달하는 장치를 말한다.

14 마찰차의 효율
ㄱ 변속 마찰차 : 80% 이하
ㄴ 원통, 원추 마찰차 : 85 ~ 90%
ㄷ 홈 마찰차 : 90%

15 마찰차의 종류
ㄱ 원통 마찰차 : 평행한 두 축 사이에서 접촉하여 동력을 전달하는 원통형 바퀴를 말한다.
ㄴ 원뿔 마찰차 : 서로 교차하는 두 축 사이에 동력을 전달하는 원뿔형 바퀴를 말한다.
ㄷ 변속 마찰차 : 변속이 가능한 마찰차를 말한다.

16 다음 중 마찰차를 사용하는 경우로 옳은 것은?

① 무단변속을 하지 않을 경우

② 일정한 속도비를 요구하는 경우

③ 회전속도가 너무 커서 기어를 사용하기 곤란한 경우

④ 전달하여야 할 힘이 큰 경우

17 마찰차의 종류 중 변속이 가능한 마찰차는?

① 구면 마찰차   ② 홈 마찰차

③ 원뿔 마찰차   ④ 변속 마찰차

18 마찰차에 의한 전동방식에서 접촉점의 자리를 바꿈으로써, 속도비를 무단계(연속적)로 변동시키는 것이 아닌 것은?

① 기어 마찰차   ② 원추 마찰차

③ 구면 마찰차   ④ 원판 마찰차

ⓒ ANSWER | 16.③ 17.④ 18.①

16 마찰차의 사용범위
ㄱ 회전속도가 너무 커서 기어를 사용하기 곤란한 경우
ㄴ 전달하여야 할 힘이 크지 않을 경우
ㄷ 일정한 속도비를 요구하지 않는 경우
ㄹ 무단변속을 하는 경우
ㅁ 양 축간을 자주 단속할 필요가 있는 경우

17 마찰차의 종류
ㄱ **원통 마찰차** : 평행한 두 축 사이에서 동력을 전달하는 원통형 바퀴를 말한다.
ㄴ **원뿔 마찰차** : 서로 교차할 두 축 사이에 동력을 전달하는 원뿔형 바퀴를 말한다.
ㄷ **변속 마찰차** : 변속이 가능한 마찰차를 말한다.

18 속도비를 무단계(연속적)로 변동시키는 것 … 원판 마찰차, 원추 마찰차, 구면 마찰차

19 기어 소재의 지름을 구하는 공식 중 옳은 것은?

> $D =$ 기어 소재의 지름, $m =$ 모듈, $Z =$ 잇수

① $D = \dfrac{m}{Z}$

② $D = mZ$

③ $D = m \times (Z + 2)$

④ $D = Z \times (m + 2)$

20 마찰차를 보완하기 위하여 마찰차 둘레에 이를 깎아 서로 맞물리게 하여 미끄럼 원이 동력을 전달시키는 장치는?

① 변속 마찰차

② 기어

③ 밸트

④ 링크장치

21 기어의 특징 중 옳지 않은 것은?

① 사용범위가 좁다.

② 충격에 약하고 소음과 진동이 발생한다.

③ 내구력이 좋다.

④ 두 축이 평행하지 않을 때에도 회전을 확실히 전달한다.

⑤ 전동효율이 좋고 감속비가 크다.

ANSWER | **19.**③ **20.**② **21.**①

19 기어 소재의 지름(D) = 모듈(m) × [잇수(Z) + 2]

20 기어 … 마찰차의 미끄럼을 보완하기 위하여 이를 깎아 서로 맞물리게 하여 동력을 전달시킨다.

21 기어의 특징
- ㉠ 충격에 약하고 소음과 진동이 발생한다.
- ㉡ 내구력이 좋다.
- ㉢ 두 축이 평행하지 않을 때에도 회전을 확실히 전달한다.
- ㉣ 큰 동력을 일정한 속도비로 전달한다.
- ㉤ 사용범위가 넓다.
- ㉥ 전동효율이 좋고 감속비가 크다.

22 다음 중 기어 이의 뿌리부분을 연결하는 원의 명칭은?

① 이끝원

② 이뿌리 높이

③ 이뿌리원

④ 이 높이

23 다음 중 기어 각부의 명칭 중 옳지 않은 것은?

① 피치원

② 이뿌리원

③ 이두께

④ 기어두께

24 다음 중 기어가 맞물려 있을 때 잇면 사이의 가로방향에 생기는 간격은?

① 밑틈

② 이두께

③ 백래시

④ 압력각

25 다음 중 기초원의 둘레를 잇수로 나눈 값을 무엇이라 하는가?

① 지름피치

② 모듈

③ 법선피치

④ 뒤틈

ANSWER | 22.③ 23.④ 24.③ 25.③

22 ① 이의 끝을 연결하는 원이다.
② 피치원에서 이뿌리원까지의 길이이다.
④ 이끝 높이와 이뿌리 높이를 합한 길이이다.

23 기어 각부의 명칭
㉠ **피치원** : 기어의 기본이 되는 가상원
㉡ **이뿌리원** : 이의 뿌리부분을 연결하는 원
㉢ **이두께** : 피치원에서 측정한 이의 두께

24 ① 이원끝에서부터 이것과 맞물리고 있는 기어의 이뿌리원까지의 길이이다.
② 피치원에서 측정한 이의 두께이다.
③ 한 쌍의 기어가 서로 물려 있을 때 잇면 사이의 가로 방향에 생기는 간격을 말한다.
④ 한 쌍의 이가 맞물려 있을 때, 접점이 이동하는 궤적을 작용선이라하는데, 이 작용선과 피치원의 공통접선과 이루는 각을 압력각이라 한다. 압력각은 $14.5°$, $20°$로 규정되어 있다.

25 ① 길이의 단위로 인치를 사용하는 나라에서 이의 크기를 지름피치로 표시하며, 원주피치 대신에 $\frac{\pi}{p}$ 의 값을 표준화한 것으로 피치원 지름 1인치당 잇수로 표시한다.
② 원주피치가 이의 크기를 나타내는 가장 확실한 방법이나, π 때문에 간단한 값이 될 수 없으므로 이 원주 피치를 π 로 나누면 간단한 값을 표시할 수 있는데 이렇게 나타낸 값을 모듈이라고 한다.
④ 한 쌍의 기어가 서로 물려 있을 때 잇면 사이의 가로 방향에 생기는 간격을 말한다.

26 피치원 둘레를 잇수로 나눈 값으로 이 값이 클수록 이가 커지는 것은?

① 압력각   ② 원주피치

③ 모듈   ④ 지름피치

27 원둘레의 외측 또는 내측에 구름원을 놓고 구름원을 굴렸을 때 구름원의 한 점이 그리는 궤적을 무엇이라 하는가?

① 사이클로이드 곡선   ② 인벌류트 곡선

③ 기어와 피니언   ④ 쌍곡선

28 인벌류트 곡선의 특징 중 옳은 것은?

① 효율이 높다.   ② 호환성이 적다.

③ 치형의 정밀도가 크다.   ④ 치형가공이 어렵다.

⑤ 이뿌리부분이 약하다.

✅ **ANSWER** | 26.② 27.① 28.③

26 원주피치 ⋯ 이의 크기를 정의하는 가장 확실한 방법이며, 피치원 둘레를 잇수로 나눈 값으로 이 값이 클수록 이는 커진다.

27 사이클로이드 곡선 ⋯ 원둘레에 구름원을 놓고 굴렸을 때 구름원의 한 점이 그리는 궤적을 말한다.
      ㉠ 접촉면에 미끄럼이 적다.
      ㉡ 마멸과 소음이 적다.
      ㉢ 효율이 높다.
      ㉣ 피치점이 완전히 일치하지 않으면 물림이 불량해진다.
      ㉤ 치형 가공이 어렵다.
      ㉥ 호환성이 적다.

28 인벌류트 곡선의 특징
      ㉠ 호환성이 우수하다.
      ㉡ 치형의 제작·가공이 우수하다.
      ㉢ 이뿌리부분이 튼튼하다.
      ㉣ 치형의 정밀도가 크다.
      ㉤ 물림에서 축간거리가 다소 변하여도 속도비에 영향이 없다.

29 다음 중 간섭현상이 생기는 원인은?

① 기어의 피치가 맞지 않았을 경우

② 이의 절삭이 잘못 되었을 경우

③ 축간 거리가 맞지 않았을 경우

④ 잇수비가 아주 큰 경우

30 다음 중 간섭을 막는 방법으로 옳지 않은 것은?

① 이의 높이를 줄인다.

② 치형의 이끝면을 깎아낸다.

③ 압력각이 20°를 넘지 않도록 한다.

④ 피니언의 반지름방향의 이뿌리면을 파낸다.

31 기어의 이뿌리부분이 커터의 이끝부분 때문에 파여져 가늘게 되는 현상은?

① 언더컷

② 모듈

③ 간섭

④ 마차

32 언더컷을 방지하는 방법으로 적당한 것은?

① 한계잇수를 고정한다.

② 전위 기어를 가공한다.

③ 이의 높이를 늘인다.

④ 치형의 이끝면을 덧붙인다.

⊘ A N S W E R │ 29.④ 30.③ 31.① 32.②

29 인벌류트 기어에서 두 기어의 잇수비가 현저히 크거나 잇수가 작은 경우에 한쪽 기어의 이끝이 상대편 기어의 이뿌리에 닿아서 회전하지 않는 현상을 간섭이라 한다.

30 이의 간섭을 막는 방법
  ㉠ 이의 높이를 줄인다.
  ㉡ 압력각을 20° 이상으로 증가시킨다.
  ㉢ 치형의 이끝면을 깎아낸다.
  ㉣ 피니언의 반지름방향의 이뿌리면을 파낸다.

31 언더컷 … 이의 간섭을 일으키면 회전을 저지하게 되어 기어의 이뿌리부분은 커터의 이끝부분 때문에 파여져 가늘어지는 현상을 말한다.

32 언더컷을 방지하는 방법
  ㉠ 한계잇수를 조절한다.
  ㉡ 전위 기어를 가공한다.

33 다음 중 두 축이 평행한 경우에 사용되는 기어가 아닌 것은?

① 스퍼 기어　　　　　　　　　　② 내접 기어

③ 베벨 기어　　　　　　　　　　④ 래크와 피니언

⑤ 헬리켈 기어

34 두 축이 평행하지도 교차하지도 않는 경우에 사용되는 기어가 아닌 것은?

① 웜 기어　　　　　　　　　　　② 헬리컬 기어

③ 나사 기어　　　　　　　　　　④ 하이포이드 기어

35 이가 원뿔면에 헬리컬 곡선으로 된 기어이며, 큰 하중과 고속의 동력전달에 사용되는 베벨 기어는?

① 직선 베벨 기어　　　　　　　　② 스크루 기어

③ 웜 기어　　　　　　　　　　　④ 헬리컬 기어

36 헬리컬 베벨 기어와 모양이 비슷하나, 두 축이 엇갈리는 경우에 사용되는 기어는?

① 웜 기어　　　　　　　　　　　② 나사 기어

③ 하이포이드 기어　　　　　　　④ 베벨 기어

✓ ANSWER ｜ 33.③　34.②　35.④　36.③

33 두 축이 평행한 경우 … 스퍼 기어, 내접 기어, 헬리켈 기어, 래크와 피니언

34 두 축이 평행도 교차도 않는 경우에 사용되는 기어 … 웜 기어, 하이포이드 기어, 나사 기어

35 헬리컬 기어 … 이가 헬리컬 곡선으로 된 원통형 기어로, 스퍼 기어에 비하여 이의 물림이 원활하나 축방향으로 스러스트가 발생하며, 진동과 소음이 적어 큰 하중과 고속 전동에 쓰인다.

36 하이포이드 기어
  ㉠ 두 축이 엇갈리는 경우에 사용된다.
  ㉡ 자동차의 차동 기어장치의 감속기어로 사용된다.

37 나사 기어라고 하며, 비틀림각이 서로 다른 헬리컬 기어를 엇갈리게 축에 조합시킨 기어는?

① 웜 기어

② 하이포이드 기어

③ 베벨 기어

④ 스크루 기어

38 일정 속도비를 얻을 수 있고, 유지 및 수리가 쉽고 큰 동력을 전달할 수 있는 것은?

① 로프 전동

② 체인 전동

③ 밸트 전동

④ 링크 장치

39 두 축이 교차하는 경우에 사용되는 기어가 아닌 것은?

① 직선 베벨 기어

② 헬리컬 베벨 기어

③ 스크루 기어

④ 베벨 기어

40 체인 전동의 종류가 아닌 것은?

① 롤러 체인

② 스프링 체인

③ 사일런트 체인

④ 코일 체인

✓ **ANSWER** | 37.④ 38.② 39.③ 40.②

37 ① 웜과 웜 기어로 이루어진 한 쌍의 기어로서 두 축이 직각을 이루며, 큰 감속비를 얻고자 하는 경우에 주로 사용된다.
② 헬리컬 베벨 기어와 모양이 비슷하나 두 축이 엇갈리는 경우에 사용되며, 자동차의 차동 기어장치의 감속기어로 사용된다.
③ 원뿔면에 이를 낸 것으로 이가 원뿔의 꼭지점을 향하는 것을 직선 베벨 기어라고 하며, 두 축이 교차하여 전동할 때 주로 사용된다.

38 체인 전동의 특징
㉠ 일정한 속도비를 얻을 수 있다.
㉡ 동력을 전달할 수 있고 효율이 95% 이상이다.
㉢ 진동과 소음이 나기 쉬워 고속회전에는 적합하지 않다.
㉣ 내열, 내유, 내습성이 크다.

39 스크루 기어는 두 축이 평행도, 교차도 하지 않는 기어이다.

40 **체인의 종류** ⋯ 롤러 체인, 사일런트 체인, 코일 체인

41 체인 진동 중 체인 블록으로 무거운 물건을 들어올릴 때 사용되는 것은?

① 롤러 체인　　　　　　　　　② 사일런트 체인

③ 코일 체인　　　　　　　　　④ 막대 체인

42 직물을 이음매 없이 만든 것으로, 가죽보다 인장강도가 큰 장점이 있는 벨트는?

① 가죽 벨트　　　　　　　　　② 강철 벨트

③ 직물 벨트　　　　　　　　　④ 고무 벨트

43 두 개의 벨트와 풀리의 회전방향이 서로 다른 벨트 걸기 방법은?

① 엇 걸기　　　　　　　　　　② 바로 걸기

③ 교차 걸기　　　　　　　　　④ 꺾어 걸기

Ⓥ **ANSWER** | 41.③　42.③　43.①

41 코일 체인 … 고속운전에는 적합하지 않으며, 체인 블록으로 무거운 물건을 들어올릴 때 사용된다.

42 평벨트의 종류
ⓐ **가죽 벨트** : 소가죽을 약품처리하여 사용하는 벨트이다.
ⓑ **직물 벨트** : 직물을 이음매 없이 만든 것으로 가죽보다 인장강도가 큰 장점이 있다.
ⓒ **고무 벨트** : 직물 벨트에 고무를 입혀서 만든 벨트로 유연성이 좋고, 풀리에 밀착이 잘 되므로 미끄럼이 적은 장점이 있다.

43 벨트 걸기 방법
ⓐ **바로 걸기** : 두 개의 벨트와 풀리의 회전방향이 서로 같다.
ⓑ **엇 걸기** : 두 개의 벨트와 풀리의 회전방향이 서로 다르다.

44 다음 중 벨트의 장력비에 대한 설명으로 옳은 것은?

① 긴장측 장력과 이완측 장력의 합

② 긴장측 장력과 이완측 장력의 비

③ 긴장측 장력과 이완측 장력의 곱

④ 긴장측 장력과 이완측 장력의 차

45 다음 중 벨트재료의 구비조건으로 옳지 않은 것은?

① 탄성이 좋아야 한다.

② 인장강도가 커야 한다.

③ 마찰계수가 작아야 한다.

④ 열이나 기름에 강해야 한다.

ANSWER | 44.② 45.③

44
벨트의 장력비$(e^{\mu\theta}) = \dfrac{T_t}{T_s}$

45 벨트재료의 구비조건
㉠ 탄성이 좋아야 한다.
㉡ 인장강도가 커야 한다.
㉢ 마찰계수가 커야 한다.
㉣ 열이나 기름에 강해야 한다.

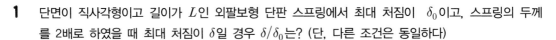

Chapter

04 완충 및 제동용 기계요소

1 단면이 직사각형이고 길이가 L인 외팔보형 단판 스프링에서 최대 처짐이 δ_0이고, 스프링의 두께를 2배로 하였을 때 최대 처짐이 δ일 경우 δ/δ_0는? (단, 다른 조건은 동일하다)

① 1/16
② 1/8
③ 1/4
④ 1/2

2 축압 브레이크의 일종으로, 회전축 방향에 힘을 가하여 회전을 제동하는 제동 장치는?

대전도시철도공사

① 드럼 브레이크
② 밴드 브레이크
③ 블록 브레이크
④ 원판 브레이크

3 자동차에 사용되는 판 스프링(leaf spring)이나 쇼크 업소버(shock absorber)의 역할은?

대구도시철도공사

① 클러치
② 완충 장치
③ 제동 장치
④ 동력 전달 장치

✅ **ANSWER** | 1.② 2.④ 3.②

1 $\delta_{\max} = \dfrac{4PL^3}{bh^3 E}$ 이므로 스프링의 두께(h)를 2배로 하면 처짐이 $\dfrac{1}{2^3}$ 배가 된다.

2 축압 브레이크의 일종으로, 회전축 방향에 힘을 가하여 회전을 제동하는 제동 장치는 원판 브레이크이다.
- **드럼 브레이크** : 브레이크 블록이 확장되면서 원통형 회전체의 내부에 접촉하여 제동되는 브레이크이다.
- **블록 브레이크** : 회전축에 고정시킨 브레이크 드럼에 브레이크 블록을 눌러 그 마찰력으로 제동하는 브레이크이다.
- **밴드 브레이크** : 브레이크 드럼 주위에 강철밴드를 감아 장력을 주어 밴드와 드럼의 마찰력으로 제동하는 브레이크이다.
- **원판 브레이크** : 축과 일체로 회전하는 원판의 한 면 또는 양 면을 유압 피스톤 등에 의해 작동되는 마찰패드로 눌러서 제동시키는 브레이크로 방열성, 제동력이 좋고, 성능도 안정적이기 때문에 항공기, 고속열차 등 고속차량에 사용되고, 일반 승용차나 오토바이 등에도 널리 사용된다. 축압 브레이크의 일종으로, 회전축 방향에 힘을 가하여 회전을 제동하는 제동 장치이다.

3 자동차에 사용되는 판 스프링(leaf spring)이나 쇼크 업소버(shock absorber)는 완충 장치이다.

4 축압 브레이크의 일종으로 마찰패드에 회전축 방향의 힘을 가하여 회전을 제동하는 장치는?

대구도시철도공사

① 블록 브레이크   ② 밴드 브레이크

③ 드럼 브레이크   ④ 디스크 브레이크

5 공기 스프링에 대한 설명으로 옳지 않은 것은?

광주도시철도공사

① 2축 또는 3축 방향으로 동시에 작용할 수 있다.

② 감쇠특성이 커서 작은 진동을 흡수할 수 있다.

③ 하중과 변형의 관계가 비선형적이다.

④ 스프링 상수의 크기를 조절할 수 있다.

6 다음 설명에 해당하는 스프링은?

서울교통공사

> • 비틀었을 때 강성에 의해 원래 위치로 되돌아가려는 성질을 이용한 막대 모양의 스프링이다.
> • 가벼우면서 큰 비틀림 에너지를 축적할 수 있다.
> • 자동차와 전동차에 주로 사용된다.

① 코일 스프링(coil spring)   ② 판 스프링(leaf spring)

③ 토션 바(torsion bar)   ④ 공기 스프링(air spring)

ANSWER | 4.④ 5.① 6.③

4 디스크 브레이크 … 축압 브레이크의 일종으로 마찰패드에 회전축 방향의 힘을 가하여 회전을 제동하는 장치

5 스프링은 측면방향의 강성이 없으므로 2축 또는 3축 방향으로 동시에 작용할 수가 없다. 반면 고무 스프링은 2축, 3축 방향으로 동시 작용이 가능하다.

6 보기의 내용은 토션 바(torsion bar)에 관한 설명들이다.
　① 코일 스프링(coil spring) : 쇠막대를 나선형으로 둥글게 감아 만든 스프링으로서 자동차의 서스펜션으로 가장 많이 쓰이는 스프링이다.
　② 판 스프링(leaf spring) : 길이가 각각 다른 몇 개의 철판을 겹쳐서 만든 스프링으로, 판스프링은 구조가 간단하고 링크의 구실도 하여 리어 서스펜션에 많이 사용된다. 진동에 대한 억제 작용은 크지만, 작은 진동은 흡수하지 못하여 무겁고 소음이 많아 점차 코일 스프링으로 대체되고 있다.
　④ 공기 스프링(air spring) : 고무로 된 용기(벨로스) 안에 압축공기를 넣어 공기의 탄성을 이용한 스프링이다. 외력의 변화에 따라 스프링상수도 변하고, 용기 안의 공기량이 일정하면 스프링의 길이는 외력과 관계없이 일정하게 유지할 수 있다.

7 파형 이음, 주름밴드, 원밴드 등과 같이 진동이나 열응력에 대한 완충효과를 가진 이음은?

① 신축 이음

② 패킹 이음

③ 플랜지 이음

④ 고무 이음

8 다음 중 배관 내 변동압력을 저장하여 완충작용을 하는 것은?

① 펌프

② 실린더

③ 축압기

④ 바이패스 밸브

9 기계가 받는 진동이나 충격을 완화하기 위한 것으로서 작은 구멍의 오리피스로 액체를 유출하면서 감쇠시키는 완충장치는?

① 링 스프링 완충기

② 고무 완충기

③ 유압 댐퍼

④ 공기 스프링

ANSWER | 7.① 8.③ 9.③

7 신축 이음 … 관의 온도변화에 따라 신축작용을 할 때 관의 진동이나 열응력에 대한 완충역할을 하기 위한 이음방법으로 파형 이음, 밴드 이음, 고무 이음, 미끄럼 이음 등이 있다.

8 축압기 … 배관 내에서 유량의 변화로 인한 압력을 저장하여 순간적인 보조에너지원 역할을 하는 것으로 순간적인 압력 상승 방지, 펌프의 맥동압력을 제거한다.

9 유압 댐퍼 … 축 방향에 하중이 작용하면 피스톤이 이동하여 작은 구멍의 오리피스로 기름을 유출하면서 진동을 감쇠시 킨다. 주로 자동차용 보조 완충장치로 쓰이며, 쇼크 업소버라고도 한다.

244 PART 03 기계요소

10 다음 중 스프링의 역할에 대한 설명으로 옳지 않은 것은?

① 진동 흡수　　　　　　　　② 에너지 저축 및 측정

③ 마찰력 감소　　　　　　　　④ 충격 완화

11 기계가 받는 충격과 진동을 완화하고 운동이나 압력을 억제하며 에너지의 축적 및 힘의 측정에 사용되는 것은?

① 완충장치　　　　　　　　　② 브레이크

③ 스프링　　　　　　　　　　④ 링크

12 다음 중 스프링 재료가 갖추어야 할 구비조건으로 옳지 않은 것은?

① 내식성, 내열성이 커야 한다.

② 피로한도가 커야 한다.

③ 탄성계수가 작아야 한다.

④ 탄성한도가 커야 한다.

⊘ A N S W E R | 10.③　11.③　12.③

10 스프링의 역할
　㉠ 에너지를 축적하고 서서히 동력으로 전달한다.
　㉡ 진동이나 충격을 완화시킨다.

11 스프링
　㉠ 충격과 진동을 완화시킨다.
　㉡ 에너지를 축적한다.
　㉢ 힘의 측정에 사용된다.

12 스프링 재료가 갖추어야 할 구비조건
　㉠ 내식성, 내열성이 좋아야 한다.
　㉡ 피로한도가 좋아야 한다.
　㉢ 탄성계수 및 탄성한도가 커야 한다.

13 스프링의 재료 중 탄성한도와 피로한도가 높으며 충격에 잘 견디는 것은?

① 고무
② 합금 공구강
③ 구리 합금
④ 스프링강

14 스프링의 분류 중 인장 스프링, 압축 스프링, 토션바 스프링은 무엇에 의한 분류인가?

① 형상에 의한 분류
② 하중에 의한 분류
③ 크기에 의한 분류
④ 길이에 의한 분류
⑤ 용도에 의한 분류

15 공기의 탄성을 이용한 스프링으로 차량용이나 기계의 진동방지에 사용되는 것은?

① 인장 코일 스프링
② 접시 스프링
③ 겹판 스프링
④ 공기 스프링
⑤ 토션 바 스프링

 ANSWER | 13.④ 14.② 15.④

13 스프링의 재료
㉠ 탄성한도와 피로한도가 높으며 충격에 잘 견디는 스프링강과 피아노선이 일반적으로 사용된다.
㉡ 부식의 우려가 있는 것에는 스테인리스강, 구리 합금을 사용한다.
㉢ 고온인 곳에 사용되는 것은 고속도강, 합금 공구강, 스테인리스강을 사용한다.
㉣ 그 외에 고무, 합성수지, 유체 등을 사용한다.

14 스프링 분류
㉠ 하중에 의한 분류 : 인장 스프링, 압축 스프링, 토션 바 스프링
㉡ 형상에 의한 분류 : 코일 스프링, 판 스프링, 벨류트 스프링, 스파이럴 스프링

15 공기 스프링 … 공기의 탄성을 이용한 것으로 스프링상수를 작게 설계하는 것이 가능하고, 공기압을 이용하여 스프링의 길이를 조정하는 것이 가능하다. 이 스프링은 내구성이 좋고, 공기가 출입할 때의 저항에 의해 충격을 흡수하는 능력이 우수하여 차량용으로 많이 쓰이고, 프레스 작업에서 소재를 누르는 데 사용하기도 하며, 기계의 진동방지에도 사용된다.

16 다음 중 자동차 현가장치에 사용되는 스프링은?

① 코일 스프링   ② 판 스프링

③ 토션 바 스프링   ④ 공기 스프링

17 다음 중 스프링에서 하중을 단위길이의 변화량으로 나눈 값은?

① 스프링 지수   ② 스프링 상수

③ 스프링의 종횡비   ④ 스프링 하중

⑤ 스프링 지름

18 단면이 둥글거나 각이 진 봉재를 코일형으로 감은 스프링은?

① 토션 바 스프링   ② 유압 댐퍼

③ 판 스프링   ④ 코일 스프링

⑤ 공기 스프링

⊘ ANSWER | 16.② 17.② 18.④

16 스프링의 종류
  ㉠ **코일 스프링** : 단면이 둥글거나 각이 진 봉재를 코일형으로 감은 것을 말한다.
  ㉡ **판 스프링** : 에너지 흡수능력이 좋고, 스프링 작용 외에 구조용 부재로서의 기능을 겸하고 있어 자동차 현가용으로 주로 사용된다.
  ㉢ **토션 바 스프링** : 가벼우면서 큰 비틀림 에너지를 축척할 수 있어 자동차 등에 주로 사용된다.
  ㉣ **공기 스프링** : 내구성이 좋고, 공기가 출입할 때의 저항에 의해 충격을 흡수하는 능력이 우수하여 차량용으로 많이 쓰이고, 프레스 작업에서 소재를 누르는 데 사용하기도 하며, 기계의 진동방지에도 사용된다.

17 스프링 상수 $k = \dfrac{하중}{변위량} = \dfrac{W}{\delta}$

18 **코일 스프링** ⋯ 단면이 둥글거나 각이 진 봉재를 코일형으로 감은 것을 말하며, 스프링의 강도는 단위 길이를 늘이거나 압축시키는 데 필요한 힘으로 표시하는데 이것을 스프링 상수라 하고, 이 스프링 상수가 클수록 강한 스프링이다.

19 다음 중 비틀림 하중을 받을 수 있도록 만들어진 막대 모양의 스프링은?

① 판 스프링

② 토션 바 스프링

③ 코일 스프링

④ 공기 스프링

20 다음 중 스프링의 사용목적과 그 예를 바르게 묶은 것은?

① 스프링의 복원력을 이용 – 시계의 태엽

② 진동이나 충격을 완화 – 자동차의 현가 스프링

③ 하중과 변형의 관계 – 스프링 와셔

④ 에너지를 축척하고 이것을 동력으로 전달 – 저울

21 다음 중 코일의 평균지름과 자유높이와의 비는 무엇인가?

① 스프링 종횡비

② 스프링 지수

③ 스프링 상수

④ 스프링 지름

⑤ 스프링 하중

---

19 스프링의 종류

㉠ 판 스프링 : 길고 얇은 판으로 하중을 지지하도록 한 것으로, 판을 여러 장 겹친 것을 겹판 스프링이라 한다.

㉡ 토션 바 스프링 : 비틀림 하중을 받을 수 있도록 만들어진 막대 모양의 스프링을 말한다.

㉢ 코일 스프링 : 단면이 둥글거나 각이 진 봉재를 코일형으로 감은 것을 말한다.

㉣ 공기 스프링 : 공기의 탄성을 이용한 것이다.

20 스프링의 사용목적과 그 예

㉠ 스프링의 복원력 : 스프링 와셔

㉡ 하중과 변형의 관계 : 저울

㉢ 에너지를 축척하고 동력으로 전달 : 시계의 태엽

㉣ 진동이나 충격을 완화 : 자동차의 현가 스프링

21 스프링의 종횡비 $\lambda = \dfrac{\text{코일의 평균지름}}{\text{자유높이}} = \dfrac{D}{H}$

22 스프링의 평균지름이 20mm, 감긴 횟수가 25인 코일 스프링을 제작하고자 한다. 필요한 재료의 길이는?

① 1,500mm
② 1,570mm
③ 1,600mm
④ 1,670mm
⑤ 1,700mm

23 완충장치의 종류가 아닌 것은?

① 링 스프링 완충장치
② 고무 완충기
③ 유압 댐퍼
④ 토션 바 스프링

24 하중의 변화에 따라 안팎으로 스프링이 접촉하여 생기는 마찰로 에너지를 흡수하도록 한 것은?

① 유압 댐퍼
② 링 스프링 완충장치
③ 고무 완충기
④ 진공 완충기

25 회전축에 고정시킨 브레이크 드럼에 브레이크 블록을 눌러 그 마찰력으로 제동하는 브레이크는?

① 드럼 브레이크
② 밴드 브레이크
③ 원판 브레이크
④ 블록 브레이크
⑤ 디스크 브레이크

✔ A N S W E R | 22.② 23.④ 24.② 25.④

22 재료의 길이 = π × 평균지름 × 감긴 횟수
= π × 20 × 25 = 1,570mm

23 완충장치의 종류 … 링 스프링 완충장치, 유압 댐퍼, 고무 완충기

24 완충장치
㉠ 링 스프링 완충장치 : 하중의 변화에 따라 안팎에서 스프링이 접촉하여 생기는 마찰로 에너지를 흡수하도록 한 것이다.
㉡ 고무 완충기 : 고무가 압축되어 변형될 때 에너지를 흡수하도록 한 것이다.
㉢ 유압 댐퍼 : 쇼크 업소버라고 하기도 하는 이 완충장치는 축 방향에 하중이 작용하면 피스톤이 이동하여 작은 구멍인 오리피스로 기름이 유출되면서 진동을 감소시키는 것이다.

25 블록 브레이크 … 브레이크 드럼에 브레이크 블록을 눌러 제동하는 것이며, 기차 차륜에 사용된다.

1 유압회로에서 사용되는 릴리프 밸브에 대한 설명으로 가장 적절한 것은?

대전도시철도공사

① 유압회로의 압력을 제어한다.
② 유압회로의 흐름의 방향을 제어한다.
③ 유압회로의 유량을 제어한다.
④ 유압회로의 온도를 제어한다.

2 유압제어 밸브 중 압력 제어용이 아닌 것은?

광주도시철도공사

① 릴리프(relief) 밸브   ② 카운터밸런스(counter balance) 밸브
③ 체크(check) 밸브   ④ 시퀀스(sequence) 밸브

✅ ANSWER | 1.① 2.③

1 ㉠ 릴리프 밸브 : 회로 내의 압력을 설정치로 유지하는 밸브이다. (안전 밸브라고도 한다.)
　 ㉡ 시퀀스 밸브 : 둘 이상의 분기회로가 있는 회로 내에서 그 작동 시퀀스 밸브순서를 회로의 압력 등에 의해 제어하는 밸브
　 ㉢ 무부하 밸브 : 회로의 압력이 설정치에 달하면 펌프를 무부하로 하는 밸브
　 ㉣ 카운터 밸런스 밸브 : 부하의 낙하를 방지하기 위하여 배압을 부여하는 밸브
　 ㉤ 감압 밸브 : 출구측 압력을 입구측 압력보다 낮은 설정압력으로 조정하는 밸브

2 밸브의 종류
　• 역류방지 밸브(체크 밸브) : 유체를 한 방향으로만 흐르게 해, 역류를 방지하는 밸브. 체크 밸브라고도 한다.
　• 릴리프 밸브 : 유체압력이 설정값을 초과할 경우 배기시켜 회로내의 유체 압력을 설정값 이하로 일정하게 유지시키는 밸브
　　이다. (Cracking pressure : 릴리프 밸브가 열리는 순간의 압력으로 이때부터 배출구를 통하여 오일이 흐르기 시작한다.)
　• 카운터밸런스 밸브 : 부하가 급격히 제거되었을 때 그 자중이나 관성력 때문에 소정의 제어를 못하게 되거나 램의 자유
　　낙하를 방지하거나 귀환유의 유량에 관계없이 일정한 배압을 걸어준다.
　• 시퀀스 밸브 : 순차적으로 작동할 때 작동순서를 회로의 압력에 의해 제어하는 밸브이다.
　• 나비형 밸브 : 조름 밸브라고도 하며 평면밸브의 흐름과 직각인 방향으로 회전시켜 유량을 조절한다.
　• 스톱 밸브 : 관로의 내부나 용기에 설치하여 유동하는 유체의 유량과 압력을 제어하는 밸브로서 밸브 디스크가 밸브대
　　에 의하여 밸브시트에 직각방향으로 작동한다. (글로브 밸브, 슬루스 밸브, 앵글 밸브, 니들 밸브 등이 있다.)
　• 글로브 밸브 : 공 모양의 밸브몸통을 가지며 입구와 출구의 중심선이 같은 일직선상에 있으며 유체의 흐름이 S자 모양
　　으로 되는 밸브이다.
　• 슬루스 밸브 : 압력이 높은 유로 차단용의 밸브이다. 밸브 본체가 흐름에 직각으로 놓여 있어 밸브 시트에 대해 미끄럼
　　운동을 하면서 개폐하는 형식의 밸브이다.
　• 게이트 밸브 : 배관 도중에 설치하여 유로의 차단에 사용한다. 변체가 흐르는 방향에 대하여 직각으로 이동하여 유로를
　　개폐한다. 부분적으로 개폐되는 경우 유체의 흐름에 와류가 발생하여 내부에 먼지가 쌓이기 쉽다.
　• 이스케이프 밸브 : 관내의 유압이 규정 이상이 되면 자동적으로 작동하여 유체를 밖으로 흘리기도 하고 원래대로 되돌
　　리기도 하는 밸브이다.
　• 버터플라이 밸브 : 밸브의 몸통 안에서 밸브대를 축으로 하여 원판 모양의 밸브 디스크가 회전하면서 관을 개폐하여 관
　　로의 열림 각도가 변화하여 유량이 조절된다.
　• 콕 : 저압으로 작은 지름의 관로 개폐용의 밸브로 조작이 간단하다.

3 원통 또는 원뿔의 플러그의 90°회전으로 유량을 개폐시킬 수 있는 기계요소는?

① 스톱 밸브   ② 슬루스 밸브

③ 체크 밸브   ④ 콕

4 다음 중 유체를 한쪽 방향으로만 흐르게 하는 밸브는?

① 글로브 밸브   ② 앵글 밸브

③ 슬루스 밸브   ④ 체크 밸브

⑤ 스톱 밸브

5 관의 종류에 속하지 않는 것은?

① 주철관   ② 비금속관

③ 나무관   ④ 강관

✅ A N S W E R | 3.④ 4.④ 5.③

3 **콕** … 원통 또는 원뿔 플러그를 90°회전시켜서 유체의 흐름을 차단하는 것으로, 개폐조작이 간단하나 기밀성이 떨어져 저압·소유량용으로 적합하다.

4 ① 유체의 입구와 출구가 일직선이며, 유체의 흐름을 180°전환할 수 있다.
 ② 유체의 입구와 출구가 직각으로 유체의 흐름을 90°전환할 수 있다.
 ③ 밸브가 파이프 축에 직각으로 개폐되는 것으로, 압력이 높고 고속으로 유량이 많이 흐를 때 사용된다.
 ④ 유체를 한 방향으로 흐르게 하기 위한 역류방지용 밸브로 리프트 체크 밸브, 스윙 체크 밸브 등이 있다.

5 **관의 종류** … 주철관, 강관, 금속관, 비금속관

6 다음 중 일반적으로 파이프의 크기를 나타내는 것은?

① 안지름

② 바깥지름

③ 파이프의 길이

④ 파이프의 두께

⑤ 파이프의 둘레

7 다음 중 파이프의 기능으로 가장 먼 것은?

① 유체의 수송

② 열의 방열제

③ 구조물의 부재

④ 전선을 보호

⑤ 진공 유지

8 다음 중 수도관, 가스관에 주로 사용되는 관의 재료는?

① 강

② 고무

③ 구리

④ 주철

✓ ANSWER | 6.① 7.② 8.④

6 파이프의 크기는 안지름으로 나타낸다.

7 관의 기능
  ㉠ 열교환
  ㉡ 진공 유지
  ㉢ 압력 전달
  ㉣ 유체 및 고체의 수송
  ㉤ 물체의 보호
  ㉥ 보강재

8 관의 재료
  ㉠ 강관 : 주로 탄소강을 사용하며, 이음매가 없는 것은 압축공기 및 증기의 압력 배관용으로 사용하고, 이음매가 있는 강관은 주로 구조용 강관으로 사용한다.
  ㉡ 주철관 : 강관에 비하여 내식성과 내구성이 우수하고 가격이 저렴하여 수도관, 가스관, 배수관 등에 사용된다.
  ㉢ 비철금속관 : 구리관, 황동관을 주로 사용한다.
  ㉣ 비금속관 : 고무관, 플라스틱관, 콘크리트관 등이 있다.

9 관 이음의 종류가 아닌 것은?

① 플랜지 이음

② 신축형 관 이음

③ 나사식 관 이음

④ 볼트식 관 이음

10 진동원과 배관과의 완충이 필요하거나 온도의 변화가 심한 고온인 곳에서 사용되는 이음은?

① 나사식 관 이음

② 플랜지 이음

③ 신축형 관 이음

④ 소켓 이음

9 관 이음의 종류
　㉠ 플랜지 이음
　㉡ 신축형 관 이음
　㉢ 나사식 관 이음

10 관 이음
　㉠ 나사식 관 이음 : 각종 배관공사에 이용되는 이음쇠로 관 끝에 관용나사를 절삭하고, 적당한 이음쇠를 사용하여 결합하는 것으로 누설을 방지하기 위하여 콤파운드나 테이플론 테이프를 감는다.
　㉡ 플랜지 이음 : 관의 지름이 크거나 유체의 압력이 큰 경우에 사용되는 것으로 분해 및 조립이 편리하다.
　㉢ 신축형 관 이음 : 고온에서 온도차에 의한 열팽창, 진동 등에 어느 정도 견딜 수 있는 것으로 진동원과 배관과의 완충이 필요할 때나 온도의 변화가 심한 고온인 곳에서 설치할 때 사용된다.
　㉣ 소켓 이음 : 관끝의 소켓에 다른 끝을 넣어 맞추고 그 사이에 패킹을 넣은 후 다시 납이나 시멘트로 밀폐한 이음을 말한다.

11 유체의 유량과 흐름의 조절, 방향 전환, 압력의 조절 등에 사용되는 것은?

① 관   ② 커플링

③ 밸브   ④ 파이프

12 다음 중 역류방지용 밸브로서 유체를 한 방향으로만 흐르게 하는 것은?

① 슬루스 밸브   ② 니들 밸브

③ 체크 밸브   ④ 글로브 밸브

⑤ 나비 밸브

13 나사식 관 이음쇠의 종류가 아닌 것은?

① 엘보   ② 크로스

③ 유니언   ④ 엑스

⑤ 니플

✅ **ANSWER** | 11.③ 12.③ 13.④

11 밸브
ㄱ 유체의 유량과 흐름의 조절, 방향 전환, 압력의 조절 등에 사용된다.
ㄴ 유체의 흐름을 조절하거나 정지시키기 위해서 사용된다.

12 체크 밸브 … 유체를 한 방향으로 흐르게 하기 위한 역류방지용 밸브로 리프트 체크 밸브, 스윙 체크 밸브 등이 있으며, 대부분 외력을 사용하지 않고 유체 자체의 압력으로 조작되는 밸브이다.

13 나사식 관이음쇠의 종류 … 유니언, 엘보, T, 크로스, 니플 등

14 밸브의 종류 중 정지 밸브에 속하지 않는 것은?

① 니들 밸브   ② 슬루스 밸브

③ 앵글 밸브   ④ 글로브 밸브

15 유량을 작게 줄이며, 작은 힘으로도 정확하게 유체의 흐름을 차단할 수 있는 밸브는?

① 앵글 밸브   ② 니들 밸브

③ 글로브 밸브   ④ 체크 밸브

⑤ 슬루스 밸브

 ANSWER | 14.② 15.②

14 정지 밸브의 종류 … 글로브 밸브, 앵글 밸브, 니들 밸브

15 밸브의 종류
ㄱ 니들 밸브 : 유량을 작게 줄이며, 작은 힘으로 정확하게 유체의 흐름을 차단할 수 있다.
ㄴ 글로브 밸브 : 유체의 입구와 출구가 일직선으로 유체의 흐름을 180°전환할 수 있다.
ㄷ 앵글 밸브 : 유체의 입구와 출구가 직각으로, 유체의 흐름을 90°전환할 수 있다.

원동기와
유체기계
및 공기조화

04
원동기와 유체기계 및 공기조화

① 원동기

① 내연기관

ⓐ **개념** : 기관의 본체 내부에서 연료와 공기의 혼합기를 연소시켜 고온·고압의 가스를 만들고, 이것을 기계적인 일로 변환시키는 기구

ⓑ **가솔린 기관**

• 개념
- 가솔린을 연료로 하며, 기화기에서 연료와 공기를 혼합한 다음 실린더 내에 흡입하고 압축시킨 후 전기적인 스파크에 의해 폭발, 연소시키는 기관
- 소형, 경량이고 크기나 중량에 비해 비교적 큰 출력을 얻을 수 있어 자동차, 오토바이, 산업용 원동기로 사용

• 구조
- 커넥팅로드, 크랭크축 : 실린더 속의 피스톤의 상하 왕복운동을 회전운동으로 전환
- 밸브 : 혼합기체를 흡입, 배기가스 배출
- 크랭크축의 회전은 타이밍 기어를 거쳐 캠 축으로 전달, 캠 운동이 로커암을 지나 밸브에 전달
- 실린더 블록 : 주철과 내마멸성이 뛰어난 알루미늄합금주물로 되어 있으며 실린더 수를 증가시키면 진동이 적고 고속화 가능
- 실린더 헤드 : 주철과 알루미늄합금주철도 되어 있으며 실린더 블록 윗면 덮개 부분으로 밸브 및 점화플러그 구멍이 있으며 연소실 주위에는 물재킷이 있음
- 기화기 : 연료와 공기를 혼합하는 역할, 초크밸브는 공기의 양을 조절하고 스로틀 밸브는 혼합기의 양을 조절

• 4행정 사이클 기관의 작동원리 : 4행정 사이클 기관은 크랭크 축이 2회전 할 때. 흡입, 압축, 폭발, 배기의 4행정이 이루어짐

• 2행정 사이클 기관의 작동원리 : 크랭크 축이 1회전하는 동안 1사이클이 완료

- 4행정 사이클 기관과 2행정 사이클 기관

항목 \ 기관	4행정 사이클 기관	2행정 사이클 기관
폭발 횟수	크랭크축이 2회전하는 동안 1회 폭발	크랭크 축이 1회전하는 동안 1회 폭발
효율	4개의 행정이 각각 독립적으로 이루어지므로 각 행정마다 작용이 확실하여 효율이 좋음	유효행정이 짧고, 흡기구와 배기구가 동시에 열려있는 시간이 길어 소기를 위한 새로운 혼합기체의 손실이 많아 효율이 저하
회전력	폭발 횟수가 적으므로 회전력의 변동이 심하므로 실린더의 수가 많을수록 좋음	배기량이 같은 때는 4행정 사이클 기관보다 크고 회전력 변동도 적음
기관의 크기	밸브기구가 있어 큼	밸브기구가 없어 작음
배기가스	혼합기의 손실이 적음	혼합기의 손실이 많음
밸브기구	밸브기구가 필요하기 때문에 구조가 복잡	밸브기구가 없거나 배기를 위한 기구만 있어 구조가 간단
윤활유 소비량	윤활방법이 확실하고 윤활유의 소비량이 적음	소형 가솔린 기관의 경우 윤활을 위해 처음부터 연료에 윤활유를 혼합시켜 넣어야 하는 불편이 있어 윤활유의 소비량이 많음
발생 동력 및 연료소비율	배기량이 같은 엔진에서 발생 동력은 2행정 사이클에 비해 떨어지나 연료소비율은 2행정 사이클보다 적음	배기량이 같은 기관에서 동력은 4행정 사이클 기관보다 더 얻을 수 있으나 연료소비율이 많고, 대형 가솔린 기관으로는 적합하지 않음

ⓒ 디젤 기관
- 개념 : 공기를 압축하였을 때 생기는 압축열에 의해 온도를 상승시켜 연료를 자연 착화시켜 연소하는 기관
- 구조
- 연료 : 연료탱크 → 연료 분사 펌프 → 실린더
- 조속기 : 분사량 조절
- 분사시기 조정기 : 분사시기 조절
- 연소실 : 연료가 압축된 공기와 균일하게 혼합되고 단시간에 연소될 수 있는 구조
- 과급기 : 체적 효율을 높이기 위해 실린더로 들어오는 공기를 압축시켜 기관의 출력을 향상시키기 위해 이용

• 가솔린 기관과 디젤 기관

항목	가솔린 기관	디젤 기관
사용연료	휘발유	경유
열효율	낮음(23 ~ 28%)	높음(30 ~ 34%)
연료소비량(혹한시)	큼 [230~300g/PS · h (150% 증가)]	작음 [150~240g/PS · h (15% 증가)]
압축비	7 ~ 10 : 1	15 ~ 22 : 1
압축압력	7.8 ~ 14.7bar	29.4 ~ 49.0bar
점화방법	전기 점화	분사 점화
연료공급	기화기에서 공기와 연료를 혼합	공기만 흡입 후 연료 분사
기관의 중량	가볍다	무겁다
소음, 진동	적음	큼

② **보일러**

㉠ **개념** : 밀폐된 금속용기에 물을 넣고 가열하여 필요한 온도와 압력의 증기를 발생시켜 산업용이나 난방용으로 사용하는 장치

㉡ **종류**

• 원통형 보일러 : 둥글게 제작된 본체 안을 원관이 지나고 그 원관 속을 불꽃이나 연소가스가 통과하도록 구성. 최고 사용압력은 일반적으로 9.8bar 이하가 많으며, 최대 증기 발생량은 10ton/h 미만인 경우가 많음

-노통 보일러 : 원통형 본체 속에 한 개나 두 개의 노통을 설치하고 이 노통에 화격자 또는 버너 장치가 부착된 형태 (코니시(Cornish) 보일러 : 노통이 1개인 것, 랭커셔(Langcashire) 보일러 : 노통이 2개인 것)

-연관식 보일러 : 노통 대신에 여러 개의 연관을 사용한 보일러로 수직식, 수평식으로 분류, 전열 면적이 크고 설치장소를 넓게 차지하지 않음

-노통 연관식 보일러 : 보일러 드럼에 노통과 연관을 부착한 것으로 코니시 보일러와 횡연관 보일러를 조합시킨 보일러로 보일러 지름이 큰 드럼의 $\frac{1}{3}$ 정도 크기인 노통 하나와 그 선단에 연관을 설치한 것으로서 노통 보일러와 연관 보일러의 장점을 합한 것

• 수관 보일러 : 지름이 작은 보일러 드럼과 여러 개의 수관을 조합하여 만든 것으로 전열면이 가는 수관으로 구성. 오늘날 대부분의 화력 발전소에 사용

-자연 순환식 수관 보일러 : 물의 밀도차에 의해 보일러수가 순환되는 방식으로 객관식, 곡관식, 복사식 등으로 구분

-강제 유동식 수관 보일러 : 고압으로 될수록 포화증기와 포화수의 비중량의 차이가 작아서 순환력이 적어지므로 순환 펌프로 보일러수를 강제 촉진하여 순환시키는 방식이며, 그 종류에는 강제 순환식과 관류식으로 구분

• 특수 보일러 : 폐열이나 특수 연료를 이용하는 보일러로서 특별한 열매체를 쓰는 경우와 특수한 가열방식에 의한 것으로 구분

-간접 가열 보일러 : 고온 · 고압이 될수록 물이 증발할 때 수관 속에 스케일이 많이 부착되어

생기는 문제를 해결하기 위해 고안된 보일러

- 폐열 보일러 : 보일러 자체에 연소장치가 없고, 가열로, 용해로, 디젤기관, 소성공장, 가스터빈 등에서 나오는 고온의 폐가스를 이용하여 증기를 발생시키는 보일러로 온수 보일러나 소형 증기 난방에 주로 사용
- 특수 연료 보일러 : 연료로서 설탕을 짜낸 사탕수수 찌꺼기를 사용하는 버개스 보일러와 펄프용 원목 등의 나무 껍데기를 원료로 하는 바크 보일러 등 특수한 연료를 사용하는 보일러
- 특수 유체 보일러 : 열원으로 수증기나 고온수를 사용하면 압력이 대단히 높아져 불편하므로 고온에도 압력이 비교적 낮은 식물성 기름을 사용하는 보일러

③ **원자로**

ㄱ **개념** : 원자핵은 중성자와 부딪히면 2개 이상으로 쪼개지며 방사능과 열에너지를 방출하는데 이러한 성질을 이용한 것이 원자로임

ㄴ **구성**

- 핵연료 : 우라늄 3%로 저농축시킨 후 이산화우라늄가루로 만들고 열처리하여 만든 펠릿
- 감속재 : 고속중성자를 열중성자로 바꾸는 과정에서 사용하는 것으로 경수, 흑연, 중수, 베릴륨 등 사용
- 냉각재 : 열의 운반과 원자로의 온도를 유지하는 기능, 비상시 비상냉각기능을 하는 것으로 중수, 경수, 이산화탄소 등이 사용
- 제어장치 : 카드뮴, 붕소, 하프늄 등의 제어물질을 이용, 중성자수를 조절하여 출력 조절
- 기타 장치 : 노심부 보호를 위한 압력용기, 중성자·방사능 외부 유출을 방지하는 차폐제, 냉각제 순환펌프 등

② 유체기계

① **유체**

ㄱ **개념** : 액체와 기체는 형태가 없고 쉽게 변형되는데 이러한 액체와 기체를 통틀어 말함

ㄴ **성질**

- 밀도

$$\rho = \frac{m}{V}$$

- m : 질량
- V : 체적

- 단위 중량

$$\gamma = \rho \cdot g$$

- γ : 비중량
- ρ : 밀도
- g : 중력가속도

- 비중 : 물체의 무게와 이와 같은 체적인 물의 무게의 비
- 비체적 : 단위 질량의 유체가 가진 체적 또는 단위 중량의 유체가 가진 체적
- 표면장력 : 액체 표면에 있는 분자가 접선인 방향으로 끌어당기는 힘, 표면장력의 크기는 단위 길이당 힘으로 표시
- 모세관현상 : 가느다란 원통 모양의 관을 수직으로 세우면 물은 관을 따라 위로 올라오나 수은과 같이 응집력이 부착력보다 큰 액체는 액체의 표면보다 내려가게 됨
- 파스칼의 원리 : 밀폐 용기 안에 정지하고 있는 유체에 가해진 압력의 세기는 용기 안의 모든 유체에 똑같이 전달되며, 수직으로 작용

ⓒ 여러 가지 법칙
- 연속의 법칙 : 유체가 관 속에 가득차서 흐를 때 정상류에서 비중량이 일정하면 모든 단면에서의 유량은 일정
- 유체 에너지
- 위치 에너지

$$e_{po} = \frac{W \cdot Z}{W} = Z[\text{m}]$$

- e_{po} : 유체 1kg의 위치 에너지
- W : 유체의 무게[kg]
- Z : 높이[m]

- 속도 에너지

$$e_{ve} = \frac{Wv^2}{2g} \cdot \frac{1}{W} = \frac{v^2}{2g}[\text{m}]$$

- e_{ve} : 유체 1kg의 속도 에너지
- g : 중력가속도[m/s^2]
- v : 유체의 속도[m/s]

- 압력 에너지

$$e_{pr} = \frac{pAl}{\gamma Al} = \frac{p}{\gamma}$$

- e_{pr} : 유체 1kg의 압력 에너지
- p : 수압[kg/m^2]
- γ : 비중량[kg/m^3]

- 베르누이의 정리 : 이상 유체가 에너지의 손실 없이 관 속을 정상 유동할 때 어떤 단면에서도 단위 총에너지는 항상 일정

② **펌프**

㉠ **개념** : 유체를 낮은 곳에서 높은 곳으로 올리거나 압력을 주어 멀리 수송하는 유체기계

㉡ **분류**

- 터보형 펌프 : 터보형 깃을 가진 회전자가 축에 고정되어서 케이싱에 밀폐된 구조, 고속 회전이 가능, 동력 전달 손실이 적으며, 내부 마찰이 없고, 용적형 펌프보다 마찰이 적음
- 원심 펌프 : 다수의 회전자가 케이싱을 고속 회전하며 원심력에 의해 중심에서 흡입하여 측면으로 송출하면 속도 에너지를 얻어서 펌 작용이 이루어진다.
- 축류 펌프 : 안내깃에서 속도 에너지를 압력 에너지로 변환하는 펌프로, 송출량이 크고 양정이 낮은 경우에 사용한다.
- 사류 펌프 : 회전자에서 나온 물의 흐름이 축에 대하여 경사면에 송출되며, 축의 안내깃에 유도되어 회전 방향의 성분을 축방향 성분으로 변환시켜 송출하는 펌프로, 경량 제작이 가능하며 고속 회전을 할 수 있다.
- 용적형 펌프 : 대단히 높은 수압과 작은 유량에 적합, 터보형 펌프보다 효율이 높으며, 피스톤, 플런저, 회전자 등에 의하여 액체를 압송
- 왕복동 펌프 : 피스톤 또는 플런저의 왕복운동에 의해서 유체를 유입하며 소요 압력으로 압축하여 보내는데 일반적으로 송출 유량은 적지만 고압을 요구할 때 사용
- 회전 펌프 : 원심 펌프와 왕복동 펌프의 중간 특성을 가지며, 회전하는 회전체를 써서 흡입 밸브나 송출 밸브 없이 액체를 밀어내는 형식의 펌프를 총칭하여 회전 펌프라 함. 송출량의 변동이 작고 기어 펌프, 베인 펌프, 나사 펌프 등으로 분류
- 특수형 펌프
- 마찰 펌프 : 유체의 점성력을 이용하여 매끈한 회전체 또는 나사가 있는 회전축을 케이싱 내에서 회전시켜 액체의 유체마찰에 의하여 압력 에너지를 주어 송출하는 펌프로 소용량, 고양정에 사용
- 제트 펌프 : 노즐 선단에 구동하고 있는 높은 압력의 유체를 혼합실 속으로 분사시키면 발생하는 이젝터 효과로 유체를 송출하는 펌프로, 구조가 간단하고 저렴하나 효율이 나쁨
- 기포 펌프 : 양수관을 물속에 넣고 하부에 압축 공기를 공기관을 통하여 송입하면 양수관 속은 물보다 가벼운 공기가 물의 혼합체로 발생하게 되고, 이 가벼운 혼합체는 관 외부의 물과 밀도차 때문에 관 외의 물에 의하여 상승함으로써 양수되는 펌프

③ **수차**

○ 개념 : 물이 가지고 있는 위치 에너지를 기계 에너지로 변환하는 기구
○ 종류
- 펠턴 수차 : 반동 수차의 하나로 보통은 낙차 200m 이상의 중고 낙차 지점에서 작용되며, 고속으로 분출되는 분류의 충격력으로 날개차를 회전
- 프랜시스 수차 : 반동 수차의 대표적인 수차로, 물은 날개차 반지름 방향으로 유입하여 축방향으로 변화되어 흡출관을 통해 방수로로 배출, 중낙차에서 고낙차까지 광범위하게 사용되며, 유량이 많은 경우에 사용
- 프로펠러 수차 : 저낙차의 비교적 유량이 많은 곳에 사용, 반지름 방향의 흐름이 없고, 러너를 통과하는 물의 흐름이 축방향이기 때문에 축류 수차라고도 함. 물이 프로펠러 모양의 날개차의 축 방향에서 유입되어 반대 방향으로 배출되는 수차
- 사류 수차 : 중낙차용에 사용, 넓은 부하 범위에서 높은 효율
- 펌프 수차 : 펌프의 기능과 수차의 기능이 합해진 수차로, 전력이 남는 야간에는 발전소의 전력으로 수차를 운전하여 물을 상부로 양수한 후 전력 수요가 많은 낮에는 수차의 원래 목적으로 사용하여 전력 부족을 보충

④ **축류식 송풍기와 압축기**
○ **축류식 송풍기** : 회전자에서 기체를 축방향으로 유입하여 축방향으로 유출하는 팬으로, 고속 회전에 적합하고 설치가 간단하며 풍압이 낮고 많은 풍량이 요구되는 건물이나 광산, 터널의 환기용으로 사용
○ **축류식 압축기** : 다량의 기체를 압축할 수 있으며, 효율이 좋아 제트 엔진이나 가스 터빈의 압축기로 많이 사용

③ 공기조화 설비기기

① **공기조화설비**
○ **개념** : 일정한 공기 안의 공기청정도, 습도, 온도, 기류의 분포 등을 필요조건상태로 조절하고 유지하는 설비
○ **구성요소**
- 열원장치 : 온수나 증기를 발생시키는 보일러 장치, 냉수나 냉각공기를 얻기 위한 냉동기 및 냉동설비
- 자동제어장치 : 풍량, 유량, 온도, 습도를 조절하는 장치
- 열운반장치 : 열 매체를 필요한 장소까지 운반하여 주는 장치로 송풍기, 펌프, 덕트, 배관, 압축기 등
- 공기조화기 : 실내로 공급되는 공기를 사용목적에 따라 청정 및 항온항습이 되도록 하는 기계
○ **공기조화방식**

- 개별방식
- 일체형 공기정화기 : 냉동기, 송풍기, 공기여과기 등이 하나로 구성된 것으로 설치와 취급이 용이
- 룸 에어컨 : 창문형과 분리형으로 구분
- 멀티존 유닛방식 : 덕트는 단일 방식이고, 온도 제어는 2중 덕트와 같은 방식으로 작은 규모의 공기조화면적에 유리하나 열손실이 커 기기에 부하가 많이 발생
- 중앙집중식
- 단일 덕트 방식 : 가장 기본적인 방식으로 풍속 15m/s 이하이면 저속 덕트, 이상이면 고속 덕트라 함
- 2중 덕트 방식 : 온풍과 냉풍을 별도의 덕트에 송입받아 적당히 혼합하여 송출하는 방식으로 각 실의 온도를 서로 다르게 조정
- 유인 유닛 방식 : 완성된 유닛을 사용하는 방식으로 공기가 단축되고 공사비가 저렴
- 복사 냉·난방 방식 : 건물의 바닥 또는 벽이나 천장 등에 파이프를 설치하고, 이 파이프를 통해 냉·온수를 흘려보내 이 열로 냉·난방을 하는 방식
- 팬 코일 유닛 방식 : 중앙공조실에서 하절기에는 냉수를 동절기에는 온수를 공급하여 열을 교환하는 방식으로 외기를 도입하지 않는 방식과 외기를 실내 유닛 팬 코일에 직접 도입하는 방식, 이 두 가지를 병행하는 방식으로 구분

② 냉동기
  ㉠ 개념 : 냉동에 사용되는 기계설비
  ㉡ 냉동 사이클
  - 압축기 : 증발기에서 증발한 냉매를 고온, 고압으로 압축
  - 응축기 : 고온, 고압의 냉매를 공기 또는 물과 열교환하여 액화
  - 팽창밸브 : 응축된 냉매를 감압시켜 팽창
  - 증발기 : 기화된 냉매가 주위의 열을 흡수
  ㉢ 냉매
  - 냉동기 안을 순환하면서 저온에서 고온으로 열을 운반하는 역할을 하는 물질
  - 암모니아, 프레온, 공기, 이산화탄소가 있으나 이 중 프레온 가스가 일반적으로 사용

1 가솔린 기관에서 노크가 발생할 때 일어나는 현상으로 가장 옳지 않은 것은?

서울교통공사

① 연소실의 온도가 상승한다.
② 금속성 타격음이 발생한다.
③ 배기가스의 온도가 상승한다.
④ 최고 압력은 증가하나 평균유효압력은 감소한다.

✅ ANSWER | 1.③

1 노크가 발생하면 엔진에는 기계적, 열적부하가 증가하게 되며 연소가스의 진동에 의해 연소열이 연소실벽으로 전달되므로 연소실 벽에 열이 축적되어 자기착화, 스파크플러그나 피스톤의 소손, 실린더헤드 가스켓의 파손, 크랭크축의 손상 등을 유발하며 출력이 저하된다.

※ 노크 … 충격파가 실린더 속을 왕복하면서 심한 진동을 일으키고 실린더와 공진하여 금속을 두드리는 소리를 낸다.

※ 노크의 발생원인
• 제동 평균 유효압력이 높을 때
• 흡기의 온도와 압력이 높을 때
• 실린더 온도가 높아지거나 적열된 열원이 있을 때
• 기관의 회전속도가 낮아 화염전파속도가 느릴 때
• 혼합비가 높을 때
• 점화시기가 빠를 때

※ 가솔린 기관의 노크 억제법
• 옥탄가가 큰 연료를 사용하는 것이 좋다.
• 제동평균 유효압력을 낮추어 준다.
• 연소실의 크기를 작게 하는 것이 좋다.
• 흡입되는 공기의 온도를 낮추는 것이 좋다.
• 혼합기가 정상연소가 이루어지도록 한다.

※ 가솔린 기관의 노크가 엔진에 미치는 영향
• 연소실 내의 온도는 상승하고 배기가스의 온도는 낮아진다.
• 최고 압력은 상승하고 평균 유효압력은 낮아진다.
• 엔진의 과열 및 출력이 저하된다.
• 타격 음이 발생하며, 엔진 각부의 응력이 증가한다.
• 노크가 발생하면 배기의 색이 황색 또는 흑색으로 변한다.
• 실린더와 피스톤의 손상 및 고착 발생한다.

2 디젤 기관에 대한 설명으로 옳지 않은 것은?

서울교통공사

① 공기만을 흡입 압축하여 압축열에 의해 착화되는 자기착화 방식이다.
② 노크를 방지하기 위해 착화지연을 길게 해주어야 한다.
③ 가솔린 기관에 비해 압축 및 폭발압력이 높아 소음, 진동이 심하다.
④ 가솔린 기관에 비해 열효율이 높고, 연료소비율이 낮다.

3 고압 증기터빈에서 저압 증기터빈으로 유입되는 증기의 건도를 높여 상대적으로 높은 보일러 압력을 사용할 수 있게 하고, 터빈 일을 증가시키며, 터빈 출구의 건도를 높이는 사이클은?

대전도시철도공사

① 재열 사이클(reheat cycle)
② 재생 사이클(regenerative cycle)
③ 과열 사이클(superheat cycle)
④ 스털링 사이클(Stirling cycle)

⊘ ANSWER | 2.② 3.①

2 노크를 방지하기 위해서는 착화지연을 작게 해주어야 한다.

	가솔린 기관	디젤 기관
점화방식	전기불꽃점화	압축착화
연료공급방식	공기와 연료의 혼합기형태로 공급	실린더 내로 압송하여 분사
연료공급장치	인젝터, 기화기	연료분사펌프연료분사노즐
압축비	7 ~ 10	15 ~ 22
압축압력	8 ~ 11kg/cm^2	30 ~ 49kg/cm^2
압축온도	120 ~ 140℃	500 ~ 550℃
압축의 목적	연료의 기화 도모 공기와 연료의 혼합도모 폭발력 증가	착화성 개선
열효율(%)	23 ~ 28	30 ~ 34
진동소음	작다	크다
연소실	구성이 간단하다	구성이 복잡하다
토크특성	회전속도에 따라 변화	회전속도에 따라 일정
배기가스	CO, 탄화수소, 질소, 산화물	스모그, 입자성물질, 이산화황
기관의 중량	가볍다	무겁다
제작비	싸다	비싸다

3 • 재열 사이클 : 고압 증기터빈에서 저압 증기터빈으로 유입되는 증기의 건도를 높여 상대적으로 높은 보일러 압력을 사용할 수 있게 하고, 터빈 일을 증가시키며, 터빈 출구의 건도를 높이는 사이클이다. (과열증기상태에서 터빈을 돌리면 터빈출구에서의 건도가 더 높아져 부식시키는 정도가 줄어들게 되지만 증기를 과열 시키는데 있어서 온도와 압력을 높게 올려주므로 시스템 자체의 재료의 내구성에 문제가 따르게 된다. 따라서 과열 사이클을 보완한 것이 재열 사이클이다.)
• 재생 사이클(regenerative cycle) : 랭킨 사이클에서 효율을 증가시키기 위해 과열증기를 터빈에서 단열팽창 도중 증기의 일부를 추출하여 그 추출한 것을 이용하여 복수기로부터 보일러로 들어가는 저온의 급수를 가열시켜 온도가 높아진 급수를 보일러로 보내 보일러의 공급열량을 감소시킨 사이클이다.

4 4행정 기관과 2행정 기관에 대한 설명으로 옳은 것은?

대구도시철도공사

① 배기량이 같은 가솔린 기관에서 4행정 기관은 2행정 기관에 비해 출력이 작다.

② 배기량이 같은 가솔린 기관에서 4행정 기관은 2행정 기관에 비해 연료 소비율이 크다.

③ 4행정 기관은 크랭크축 1회전 시 1회 폭발하며, 2행정 기관은 크랭크축 2회전 시 1회 폭발한다.

④ 4행정 기관은 밸브 기구는 필요 없고 배기구만 있으면 되고, 2행정 기관은 밸브 기구가 복잡하다.

5 가스터빈의 기본 사이클로 옳은 것은?

광주도시철도공사

① 랭킨 사이클(Rankine cycle)

② 오토 사이클(Otto cycle)

③ 브레이튼 사이클(Brayton cycle)

④ 카르노 사이클(Carnot cycle)

 ANSWER | 4.① 5.③

---

4 ② 배기량이 같은 가솔린 기관에서 4행정 기관은 2행정 기관에 비해 연료 소비율이 작다.
③ 4행정 기관은 크랭크축 2회전 시 1회 폭발하며, 2행정 기관은 크랭크축 1회전 시 1회 폭발한다.
④ 4행정 기관은 밸브 기구가 필요하고 2행정 기관은 밸브 기구가 단순하다.

5 브레이튼 사이클(Brayton cycle) … 가스터빈의 이상 사이클로 항공기, 자동차를 이용한 제철소 등에 사용된다. 정압 사이클이며 줄 사이클이라고 한다.
① 랭킨 사이클(Rankine cycle) : 증기원동소의 이상 사이클로서 2개의 정압변화, 2개의 단열변화로 구성된다.
② 오토 사이클(Otto cycle) : 연료의 연소가 일정 용적 하에서 행해지는 기관으로 가솔린 기관의 기본 사이클이다.
④ 카르노 사이클(Carnot cycle) : 두 개의 가역단열과정과 두 개의 가역등온과정으로 이루어진 열기관의 가장 이상적인 사이클이다.

6 오늘날 대부분의 화력발전소에서 사용되고 있는 보일러는?

광주도시철도공사

① 노통 보일러

② 연관 보일러

③ 노통 연관 보일러

④ 수관 보일러

ANSWER | 6.④

6 오늘날 대부분의 화력발전소에서 사용되고 있는 보일러는 수관 보일러이다.

※ **수관 보일러** … 일반적으로 기수(steam)드럼과 물 드럼을 상하로 배치하고, 그 사이를 다수의 수관에 의해서 연결된 보일러를 말한다. 기동시간이 짧고 효율이 높으나 고가이며 수처리가 복잡하다. 다량의 고압증기를 필요로 하는 병원이나 호텔 등에 쓰이는 외에도 지역난방의 대형 원심냉동기의 구동을 위한 증기터빈용으로도 사용된다.

주철제 보일러	•조립식이므로 용량을 쉽게 증가시킬 수 있다. •파열 사고시 피해가 적다. •내식−내열성이 우수하다. •반입이 자유롭고 수명이 길다. •인장과 충격에 약하고 균열이 쉽게 발생한다. •고압−대용량에 부적합하다.
노통 연관 보일러	•부하의 변동에 대해 안정성이 있다. •수면이 넓어 급수조절이 쉽다.
수관 보일러	•기동시간이 짧고 효율이 좋다. •고가이며 수처리가 복잡하다. •오늘날 대부분의 화력발전소에서 사용한다. •다량의 증기를 필요로 한다. •고압의 증기를 필요로 하는 병원, 호텔 등에 적합하다.
관류 보일러	•증기 발생기라고 한다. •하나의 관내를 흐르는 동안에 예열, 가열, 증발, 과열이 행해진다. •보유수량이 적기 때문에 시동시간이 짧다. •수처리가 복잡하고 소음이 높다.
입형 보일러	•설치면적이 작고 취급이 간단하다. •소용량의 사무소, 점포, 주택 등에 쓰인다. •효율은 다른 보일러에 비해 떨어진다. •구조가 간단하고 가격이 싸다.
전기 보일러	•심야전력을 이용하여 가정 급탕용에 사용한다. •태양열이용 난방시스템의 보조열원에 이용된다.

7 가스터빈에 대한 설명으로 옳지 않은 것은?

대전도시철도공사

① 압축, 연소, 팽창, 냉각의 4과정으로 작동되는 외연기관이다.
② 실제 가스터빈은 개방 사이클이다.
③ 증기터빈에 비해 중량당의 동력이 크다.
④ 공기는 산소를 공급하고 냉각제의 역할을 한다.

✔ ANSWER | 7.①

7 가스터빈은 흡입-압축-폭발-배기의 4행정으로 작동되는 내연기관이다.
연료 자체가 가지고 있는 화학에너지를 연소에 의해서 열에너지로 바꾸어주는 장치를 열기관이라 하고, 기관의 외부에서 발행한 열에너지를 사용하는 기관을 외연기관, 내부에서 발생하는 열에너지를 사용하는 기관을 내연기관이라 한다.
※ 가스터빈 … 고온·고압의 연소가스로 터빈을 회전시키는 회전형 열기관
 • 흡입-압축-폭발-배기의 4행정으로 작동되는 내연기관이다.
 • 실제 가스터빈은 개방 사이클이다.
 • 증기터빈에 비해 중량당의 동력이 크다.
 • 공기는 산소를 공급하고 냉각제의 역할을 한다.
※ 내연기관과 외연기관
  ㉠ 내연기관의 정의 : 기관 내부로 공급된 연료를 연소시킬 때 열에너지의 힘으로 피스톤을 상하왕복시켜 기계적 에너지로 전환하여 동력을 발생시키는 에너지 변환장치이다. (가솔린 기관, 디젤 기관, 로터리 기관, 개방형 가스터빈 기관, 제트 기관 등)
  ㉡ 내연기관의 특징
   • 소형경량이며 마력당 중량이 적고, 열효율이 높다.
   • 부하에 민감하고 운전, 취급 및 시동정지가 쉽다.
   • 2사이클 기관의 경우 역전 운동이 가능하다.
   • 연료소비율이 낮고 운전비가 저렴하다.
   • 충격과 진동, 소음이 크며 저속운전이 곤란하다.
   • 큰 출력을 얻기가 어렵다.
   • 윤활과 냉각에 주의를 요하며 저질 연료의 사용이 곤란하다.
   • 마모, 부식되는 부분이 많고 제작비가 고가이다.
   • 자력시동이 불가능하여 시동장치를 필요로 한다.
  ㉢ 외연기관(외부연소기관) : 기관외부에 따로 설치된 연소장치에 연료가 공급되어 작동유체를 가열시키고 그 발생한 증기를 실린더로 유입시켜 기관을 작동시키는 장치이다. (증기기관, 증기터빈 등)

8 가솔린 기관의 연료에서 옥탄가(octane number)는 무엇과 관계가 있으며, '옥탄가 90'에서 90은 무엇을 의미하는가?

① 연료의 발열량, 정헵탄 체적(%)

② 연료의 발열량, 이소옥탄 체적(%)

③ 연료의 내폭성, 정헵탄 체적(%)

④ 연료의 내폭성, 이소옥탄 체적(%)

9 다음 중 연성파괴와 관련이 없는 것은?

① 컵-원뿔 파괴(cup and cone fracture)

② 소성변형이 상당히 일어난 후에 파괴됨

③ 균열이 매우 빠르게 진전하여 일어남

④ 취성파괴에 비해 덜 위험함

✅ **ANSWER** | 8.④ 9.③

8 옥탄가
ⓐ 가솔린이 실린더 내에서 이상폭발을 일으키기 어려운 정도를 나타낸 지수로, 즉 앤티노크성을 수량으로 나타낸 것이다.
ⓑ 가솔린에 있는 탄화수소 중에서 앤티노크성이 가장 높은 이소옥탄의 앤티노크성을 옥탄가 100으로 하고 앤티노크성이 가장 낮은 n-헵탄의 앤티노크성을 옥탄가 0으로 한다. 이들의 혼합물을 나타내는 옥탄가는 이소옥탄의 체적으로 나타낸다.

9 ③ 취성파괴에 대한 설명이고, 연성파괴는 균열이 천천히 진전하여 일어난다.

10 가솔린 기관과 디젤 기관을 비교한 것으로 옳지 않은 것은?

구분		가솔린 기관	디젤 기관
①	점화방식	불꽃점화	압축착화
②	기본 사이클	정적 사이클	사바데 사이클
③	열효율	30 ~ 35%	25 ~ 28%
④	압축비	7 ~ 10 : 1	15 ~ 22 : 1
⑤	사용연료	휘발유	경유

11 다음 중 오토 사이클에 관한 설명으로 옳지 않은 것은?

① 정적 사이클이라고도 한다.
② 열효율은 압축비의 함수이다.
③ 두 개의 단열변화와 두 개의 정적변화로 구성되어 있다.
④ 압축비를 높이는 데 제한이 없다.

ANSWER | 10.③ 11.④

10 가솔린 기관과 디젤 기관의 특징

구분	가솔린 기관	디젤 기관
점화방식	불꽃점화	압축착화
사용연료	휘발유	경유
열효율	23 ~ 28%	30 ~ 34%
기본 사이클	정적 사이클	사바데 사이클
압축비	7 ~ 10 : 1	15 ~ 22 : 1

11 오토 사이클
㉠ 정적 사이클이라고도 한다.
㉡ 작동유체의 가열 및 방열이 등적하에 이루어지는 사이클이다.
㉢ 열효율은 압축비의 함수이다.
㉣ 두 개의 단열변화와 두 개의 정적변화로 구성되어 있다.
㉤ 오토 사이클에서 압축비를 높게 하면 효율은 증가하지만 압축비가 너무 높으면 전화되기 전에 폭발하는 노킹현상이
초래되므로 압축비를 높이는 데 제한을 받는다.

12 4행정 사이클 기관에서 기관이 2사이클 하면 크랭크축은 몇 회전을 하는가?

① 2회전 ② 4회전
③ 6회전 ④ 8회전
⑤ 10회전

13 과급은 무엇을 의미하는가?

① 혼합기를 가압하여 투입하는 것을 말한다.
② 혼합기에 공기를 추가로 투입하는 것을 말한다.
③ 혼합기의 압력을 낮추어 투입하는 것을 말한다.
④ 혼합기에 공기가 필요이상으로 투입된 경우를 말한다.

14 고속 디젤 기관의 사이클은?

① 사바테 사이클 ② 정압 사이클
③ 정적 사이클 ④ 카르노 사이클
⑤ 오토 사이클

15 절탄기에 대한 설명으로 옳은 것은?

① 석탄을 잘게 부수는 장치
② 보일러를 가열하고 남은 예열로 급수를 가열하는 장치
③ 포화증기를 과열증기로 가열하는 장치
④ 흡입공기를 가열하는 장치

 ANSWER | 12.② 13.① 14.① 15.②

12 4행정 사이클 기관은 크랭크축 2회전에 피스톤 4행정으로 1사이클을 마친다.

13 과급 … 흡입압력을 높이는 것을 의미하는 것으로, 외부의 공기를 압축해서 공기의 밀도를 높여 공급하는 것을 말한다.

14 고속 디젤 기관의 사이클은 사바테 사이클이며, 저속 디젤 기관의 사이클은 정압 사이클이다.

15 절탄기 … 보일러 본체나 과열기를 가열하고 남은 예열로 급수를 가열하는 장치이다.

16 자연계에서 얻어지는 에너지 중 석탄이나 석유가 연소할 때 발생하는 에너지는?

① 위치 에너지   ② 운동 에너지

③ 열 에너지   ④ 핵 에너지

17 일은 쉽게 모두 열로 바꿀 수 있으나, 반대로 열을 일로 변환하는 것은 용이하지 않은 법칙은?

① 열역학 제0법칙   ② 열역학 제1법칙

③ 열역학 제2법칙   ④ 열역학 제3법칙

18 내연기관의 단점이 아닌 것은?

① 충격과 진동이 심하다.

② 윤활 및 냉각이 힘들다.

③ 열효율은 비교적 낮다.

④ 큰 출력을 얻기 힘들다.

⑤ 자력 시동이 불가능하다.

✅ ANSWER | 16.③ 17.③ 18.③

16 에너지의 종류
　㉠ **위치 에너지** : 물의 낙차를 이용하는 에너지
　㉡ **운동 에너지** : 풍력을 이용하는 에너지
　㉢ **열 에너지** : 석탄이나 석유가 연소할 때 발생하는 에너지
　㉣ **핵 에너지** : 원자핵의 분열을 이용한 에너지

17 열역학의 법칙들
　㉠ **열역학 제0법칙(열평형 법칙)** : 고온의 물체는 차차 냉각되고, 저온의 물체는 점차 따뜻해져서 두 물체의 온도가 같아져 열평형상태에 도달한다.
　㉡ **열역학 제1법칙(에너지 보존의 법칙)** : 열은 일로, 일은 열로 전환된다.
　㉢ **열역학 제2법칙(비가역의 법칙)** : 일은 쉽게 모두 열로 바꿀 수 있으나, 반대로 열을 일로 변환하는 것은 용이하지 않다.
　㉣ **열역학 제3법칙** : 모든 순수물질의 고체의 엔트로피는 절대 영(0)도 부근에서는 T^3에 비례한다.

18 ③ 내연기관의 열효율은 비교적 높다.
　※ **내연기관의 단점**
　　㉠ 충격과 진동이 심하다.
　　㉡ 윤활 및 냉각이 힘들다.
　　㉢ 큰 출력을 얻기 힘들다.
　　㉣ 원활한 저속 운전이 힘들다.
　　㉤ 자력 시동이 불가능하다.

19 가솔린 기관에 대한 설명으로 옳지 않은 것은?

① 소음, 진동이 적다.   ② 전기 점화방식이다.

③ 연료로 휘발유를 사용한다.   ④ 열효율이 높다.

⑤ 연료소비량이 크다.

20 가솔린 기관의 내부 구성요소에 속하지 않는 것은?

① 크랭크축   ② 밸브

③ 조속기   ④ 실린더 헤드

21 실린더 블록 뒷면 덮개부분으로 밸브 및 점화플러그 구멍이 있으며, 연소실 주위에는 물재킷이 있는 부분은?

① 크랭크축   ② 커넥팅 로드

③ 실린더 헤드   ④ 기화기

22 4행정 사이클 기관은 크랭크축이 몇 회전할 때 흡입, 압축, 폭발, 배기의 4행정(1사이클)이 이루어지는가?

① 1회전   ② 2회전

③ 3회전   ④ 4회전

⑤ 8회전

Ⓒ **ANSWER** | **19.**④ **20.**③ **21.**③ **22.**②

19 가솔린 기관의 특징
ㄱ 소음, 진동이 적다.
ㄴ 전기 점화방식이다.
ㄷ 연료로 휘발유를 사용한다.
ㄹ 열효율이 낮다.
ㅁ 연료소비량이 크다.

20 가솔린 기관의 **구성요소** … 크랭크축, 밸브, 실린더 헤드, 실린더 블록, 커넥팅 로드
③ 조속기는 디젤 기관의 구성요소이다.

21 실린더 헤드 … 주철과 알루미늄 합금주철로 되어 있으며, 실린더 블록 윗면 덮개부분으로 밸브 및 점화플러그 구멍이 있으며, 연소실 주위에는 물재킷이 있다.

22 4행정 사이클 기관은 크랭크축 2회전에 4행정이 이루어진다.

23 기화기의 스로틀 밸브에서 조절하는 것은?

① 공기량을 조절　　　　　　　② 연료량을 조절
③ 혼합기량을 조절　　　　　　④ 혼합비 조절

24 다음 중 외연기관은?

① 가솔린 기관　　　　　　　　② 디젤 기관
③ 증기 기관　　　　　　　　　④ 가스 기관

25 다음 중 실린더 헤드의 재질로 알맞은 것은?

① 탄소강　　　　　　　　　　② 알루미늄 합금주철
③ 합금강　　　　　　　　　　④ 황동

26 다음 중 내연기관에서 상사점에서 하사점까지의 거리를 무엇이라 하는가?

① 행정　　　　　　　　　　　② 사점
③ 피치　　　　　　　　　　　④ 사이클

✅ A N S W E R ｜ 23.③　24.③　25.②　26.①

23 기화기에서 초크 밸브는 공기량을 조절하고(혼합비 조절), 스로틀 밸브는 혼합기량을 조절한다(출력 조절).

24 기관의 분류
　㉠ 외연기관 : 증기 기관, 보일러 등
　㉡ 내연기관 : 가솔린 기관, 디젤 기관, 가스 기관 등

25 실린더 헤드의 재질은 주철과 알루미늄 합금주철이다.

26 내연기관에서 상사점에서부터 하사점까지의 거리를 행정이라 한다.

27 4행정 사이클 기관에서 점화플러그에 의해 혼합기가 폭발하고 피스톤은 상사점에서 하사점으로 내려오는 행정은?

① 흡입 행정   ② 압축 행정

③ 폭발 행정   ④ 배기 행정

28 피스톤이 상사점에서 하사점으로 내려가고 흡기 밸브는 열려있고 배기 밸브는 닫혀있는 행정은?

① 흡입 행정   ② 압축 행정

③ 폭발 행정   ④ 배기 행정

29 회전력의 변동이 적고 구조가 간단하여 이륜자동차나 경자동차용 소형 기관과 디젤 기관에 많이 사용되는 기관은?

① 1행정 사이클 기관   ② 2행정 사이클 기관

③ 3행정 사이클 기관   ④ 4행정 사이클 기관

ⓒ ANSWER | 27.③ 28.① 29.②

27 폭발 행정 … 압축 행정에 의해서 혼합기가 압축이 된 상태에서 점화플러그에서 불꽃을 튀기면 혼합기가 연소되어 실린더 내의 압력을 상승시킨다. 이 힘으로 인하여 피스톤을 밀어내면 이 힘은 커넥팅 로드를 거쳐 크랭크축에 전달되어 회전력이 생기고, 피스톤이 하사점에 완전히 도달하기 전에 배기 밸브가 열려 연소가스가 배출된다.

28 흡입 행정 … 흡입 밸브가 열리고 피스톤이 상사점에서 하사점으로 내려가는 행정으로, 이 때 열려있는 흡입 밸브를 통해서 공기와 연료의 혼합기체가 실린더 내부로 흡입된다.

29 2행정 사이클 기관
　㉠ 2행정 사이클 기관은 4행정 사이클 기관과는 달리 크랭크축이 1회전하는 동안 1사이클이 완료된다. 즉, 크랭크축이 회전하는 동안 흡입, 압축, 폭발, 배기 행정이 모두 일어나는 과정이다.
　㉡ 흡입 밸브와 배기 밸브가 따로 없는 대신 실린더 벽에 흡입구, 소기구, 배기구가 있어 피스톤의 상하 운동에 의해 개폐가 이루어진다.
　㉢ 회전력의 변동이 적고 구조가 간단하여 이륜자동차나 경자동차용 소형 기관과 디젤 기관에 많이 사용된다.

30 2행정 사이클 기관은 크랭크축이 몇 회전하는 동안 1사이클이 완료되는가?

① 0.5회전   ② 1회전

③ 2회전   ④ 3회전

⑤ 4회전

31 2행정 사이클 기관에 대한 설명으로 옳지 않은 것은?

① 밸브 기구가 없어 기관의 크기가 작다.

② 크랭크축이 1회전하는 동안 1회 폭발한다.

③ 혼합기의 손실이 적다.

④ 윤활유 소비량이 많다.

32 압축열에 의해 온도를 상승시켜 연료를 자연착화시켜 연소하는 기관은?

① 가솔린 기관   ② 디젤 기관

③ 가스 기관   ④ 보일러

✅ ANSWER | 30.② 31.③ 32.②

30 2행정 사이클 기관은 크랭크축이 1회전하는 동안 1사이클이 완료된다.

31 2행정 사이클 기관
  ⊙ 크랭크축이 1회전하는 동안 1회 폭발한다.
  ⓛ 밸브 기구가 없어 기관의 크기가 작다.
  ⓒ 윤활유 소비량이 많다.
  ⓔ 혼합기의 손실이 많다.

32 디젤 기관 … 공기를 압축하였을 때 생기는 압축열로 온도를 상승시켜 연료를 자연착화시켜 연소하는 기관이다.

33 가솔린 기관에서 압축 행정시 혼합기는 원래 부피의 얼마만큼이 압축되는가?

① $\dfrac{1}{15}$ ② $\dfrac{1}{7}$

③ $\dfrac{1}{20}$ ④ $\dfrac{1}{4}$

⑤ $\dfrac{1}{50}$

34 4행정 사이클 기관에서 크랭크축이 20회전하면 몇 번 배기하는가?

① 5번 ② 8번

③ 10번 ④ 15번

⑤ 20번

35 디젤 기관의 구성요소가 아닌 것은?

① 조속기 ② 분사시기 조정기

③ 점화플러그 ④ 크랭크축

36 2행정 사이클 기관에서 4행정 사이클 기관에서의 폭발 및 배기 행정이 동시에 일어나는 행정은?

① 상승 ② 하강

③ 흡입 ④ 압축

ANSWER | **33.② 34.③ 35.③ 36.①**

---

33 압축 행정에서 흡기 밸브와 배기 밸브가 완전히 닫힌 후 혼합기는 피스톤의 상승운동에 의해 압축되어 피스톤이 상사점에 이르면, 부피는 원래의 $\dfrac{1}{7}$ 또는 그 이하로 줄어들고, 압력은 7.8~10.8bar가 된다.

34 크랭크축이 2회전하면 1회 배기하기 때문에 20회전하면 10번 배기한다.

35 ③ 점화플러그는 가솔린 기관의 구성부품이다.

36 2행정 사이클 기관
ⓐ 하강 행정 : 4행정 사이클 기관에서의 흡입 및 압축 행정이 동시에 일어난다.
ⓑ 상승 행정 : 4행정 사이클 기관에서의 폭발 및 배기 행정이 동시에 일어난다.

37 디젤 기관에서 분사시기를 조절하는 것은?

① 조속기

② 분사시기 조정기

③ 커넥팅 로드

④ 크랭크축

38 디젤 기관에서는 공기의 압력을 높여서 실린더에 보내 출력을 증가시키는 방법이 널리 사용된다. 이것을 무엇이라 하는가?

① 연소실

② 과급

③ 조속기

④ 크랭크축

39 2행정 사이클 디젤 기관에서는 흡입, 소기, 배기의 과정이 뚜렷히 구별되지 않기 때문에 과급기 대신 무엇을 설치하여 사용하는가?

① 조속기

② 선풍기

③ 송풍기

④ 모터

40 로터리 엔진의 구성으로 옳지 않은 것은?

① 하우징

② 로터

③ 입력 축

④ 출력 축

⑤ 내접 기어

✅ ANSWER | 37.② 38.② 39.③ 40.③

37 디젤 기관
ㄱ 분사시기 조정기 : 분사시기 조절
ㄴ 조속기 : 분사량 조절

38 과급 … 4행정 사이클 디젤 기관은 가솔린 기관에 비해 높은 압축비를 필요로 하므로 체적효율이 문제가 된다. 이 때 체적효율을 높이기 위해 실린더로 들어오는 공기를 압축시켜 기관의 출력을 향상시키는 과급기를 이용한다.

39 2행정 사이클 디젤 기관에는 과급기 대신 송풍기를 설치하여 체적효율을 높인다.

40 로터리 엔진의 구성요소 … 하우징, 로터, 고정 소기어, 내접 기어, 출력 축

41 로터리 엔진의 특징으로 옳은 것은?

① 구조가 복잡하다.

② 대형 경량이다.

③ 소음이나 진동이 크다.

④ 고속회전에서 출력저하가 적다.

42 밀폐된 금속용기에 물을 넣고 가열하여 필요한 온도와 압력의 증기를 발생시켜서 산업용이나 난방용으로 사용하는 장치는?

① 가솔린 기관　　　　　　　　　② 디젤 기관

③ 보일러　　　　　　　　　　　④ 로터리 기관

43 다음 중 액체 및 기체 연료를 연소하는 장치는?

① 화격자　　　　　　　　　　　② 과열기

③ 절탄기　　　　　　　　　　　④ 버너

44 배기가스의 청정방법으로 옳지 않은 것은?

① 전자제어 연료분사 장치 사용

② 배기가스 재순환 장치 사용

③ 절탄기 사용

④ 촉매 사용

✅ ANSWER | 41.④　42.③　43.④　44.③

41 로터리 엔진의 특징
ㄱ 소음이나 진동이 적다.
ㄴ 소형 경량이다.
ㄷ 고속회전에서 출력저하가 적다.
ㄹ 구조가 간단하다.

42 설문은 보일러의 개념에 대한 것이다.

43 연소장치
ㄱ 액체 및 기체 연료 : 버너
ㄴ 고체 연료 : 화격자

44 ③ 절탄기는 보일러에서 급수를 예열하는 장치이다.

45 다음 중 노통이 2개인 보일러는?

① 수관 보일러

② 코니시 보일러

③ 랭커셔 보일러

④ 관류 보일러

46 노통 대신에 여러 개의 연관을 사용한 보일러로 전열면적이 크고 설치장소를 넓게 차지하지 않는 이점이 있는 보일러는?

① 폐열 보일러

② 코니시 보일러

③ 연관 보일러

④ 수관 보일러

47 물의 밀도차에 의해 보일러 수가 순환되는 방식의 보일러는?

① 관류식 보일러

② 강제 유동 수관 보일러

③ 자연 순환식 보일러

④ 간접 가열 보일러

48 고온에도 압력이 낮은 식물성 기름을 사용하는 보일러는?

① 간접 가열 보일러

② 관류 보일러

③ 특수 연료 보일러

④ 특수 유체 보일러

ANSWER | 45.③ 46.③ 47.③ 48.④

45 원통 보일러
  ㉠ 코니시 보일러 : 노통이 1개인 것
  ㉡ 랭커셔 보일러 : 노통이 2개인 것

46 ① 보일러 자체에 연소장치가 없고, 가열로 · 용해로 · 디젤기관 · 소성공장 · 가스터빈 등에서 나오는 고온의 폐가스를 이용하여 증기를 발생시키는 보일러이다. 온수 보일러나 소형 증기 난방에 주로 사용되고 있다.
  ② 원통형 본체 속에 한 개의 노통을 설치하고, 이 노통에 화격자 또는 버너장치가 부착된 것이다.
  ④ 지름이 작은 보일러 드럼과 여러 개의 수관을 조합하여 만든 것으로 전열면이 가는 수관으로 구성되어 있다. 오늘날 대부분의 화력 발전소에 사용된다.

47 자연 순환식 보일러 … 물의 밀도차에 의해 보일러수가 순환되는 방식으로, 객관식 · 곡관식 · 복사식 등이 있다.

48 특수 유체 보일러 … 열원으로 수증기나 고온수를 사용하면 압력이 대단히 높아져 불편하므로, 고온에도 압력이 낮은 식물성 기름을 사용하는 보일러이다.

49 정압 사이클에 속하는 것은?

① 가솔린 기관   ② 저속 디젤 기관

③ 고속 디젤 기관   ④ 가스 터빈 기관

50 연소실 내에서 정상적인 연소가 될 때 배기의 색깔은?

① 백색   ② 무색

③ 검은색   ④ 황색

⑤ 회색

51 보일러에서 나오는 고압의 증기를 노즐을 통해 분사시켜 고속증기로 만들고 이것을 회전날개에 충돌시켜 날개차를 회전시키는 장치는?

① 수차   ② 증기 터빈

③ 보일러   ④ 로터리 기관

52 특수 보일러의 종류가 아닌 것은?

① 간접 가열 보일러   ② 폐열 보일러

③ 특수 연료 보일러   ④ 직접 가열 보일러

ANSWER | 49.②   50.②   51.②   52.④

49 ① 정적 사이클 ③ 사바테 사이클 ④ 브레이튼 사이클

50 경우에 따른 배기의 색
   ⊙ 정상적인 연소 : 무색
   ⓛ 농후한 혼합기 : 검은색
   ⓒ 윤활유의 연소 : 백색

51 증기 터빈 … 보일러에서 나오는 고압의 증기를 노즐을 통해 분사시켜 고속증기로 만들고, 이것을 회전날개에 충돌시켜 날개차를 회전시키는 장치이다. 주로 화력 발전소용 원동기로 쓰인다.

52 특수 보일러의 종류
   ⊙ 간접 가열 보일러 : 고온, 고압이 될수록 물이 증발할 때 수관 속에 스케일이 많이 부착되어 생기는 문제를 해결하기 위해 고안된 보일러이다.
   ⓛ 폐열 보일러 : 보일러 자체에 연소장치가 없고 가열로, 용해로, 디젤 기관 등에서 나오는 고온의 폐가스를 이용하여 증기를 발생시키는 보일러이다.
   ⓒ 특수 연료 보일러 : 연료로서 설탕을 짜낸 사탕수수 찌꺼기를 사용하는 버개스 보일러와 펄프용 원목 등의 나무껍데기를 원료로 하는 바크 보일러 등 특수한 연료를 사용하는 보일러이다.
   ⓔ 특수 유체 보일러 : 열원으로 수증기나 고온수를 사용하면 압력이 대단히 높아져 불편하므로 고온에도 압력이 비교적 낮은 식물성 기름을 사용하는 보일러이다.

53 다음 중 1열의 노즐과 2열 이상의 날개로 구성된 터빈은?

① 단식 터빈　　　　　　　　　　② 혼식 터빈

③ 속도 복식 터빈　　　　　　　　④ 축류 터빈

54 노즐과 날개가 각각 1열로 구성된 터빈은?

① 단식 터빈　　　　　　　　　　② 속도 복식 터빈

③ 축류 터빈　　　　　　　　　　④ 반경류 터빈

55 원자로의 주요 구성요소가 아닌 것은?

① 핵원료　　　　　　　　　　　② 제어장치

③ 절탄기　　　　　　　　　　　④ 냉각재

⑤ 감속재

ANSWER | **53.③　54.①　55.③**

53 ① 노즐과 날개가 1열로 구성된 터빈이다.
　　② 충동 터빈과 반동 터빈의 혼합형이다.
　　④ 날개 전후의 압력차에 의해 터빈 축에 트러스트가 가해진다.

54 충동 터빈
　　㉠ 단식 터빈 : 노즐과 날개가 각각 1열로 구성
　　㉡ 속도 복식 터빈 : 1열의 노즐과 2열, 그 이상의 날개로 구성
　　㉢ 압력 복식 터빈 : 여러 개의 단으로 구성된 터빈

55 원자로의 구성요소 … 핵원료, 감속재, 냉각재, 제어장치, 기타 장치(차폐재, 냉각재 순환펌프) 등

1 유압 작동유의 점도 변화가 유압 시스템에 미치는 영향으로 옳지 않은 것은? (단, 정상운전 상태를 기준으로 한다)

대구도시철도공사

① 점도가 낮을수록 작동유의 누설이 증가한다.

② 점도가 낮을수록 운동부의 윤활성이 나빠진다.

③ 점도가 높을수록 유압 펌프의 동력 손실이 증가한다.

④ 점도가 높을수록 밸브나 액추에이터의 응답성이 좋아진다.

ANSWER | 1.④

---

1 점도가 높을수록 내부마찰이 증가하고 온도가 상승하며 작동이 원활하지 못하게 된다.(적당한 점성을 가져야 한다.)

※ 유압 작동유에 요구되는 특성
　㉠ 적당한 유막강도를 가져야 하며 윤활성이 좋아야 한다.
　㉡ 기포발생이 적어야 한다.
　㉢ 물, 먼지 등의 불용성 불순물을 신속히 분리할 수 있어야 한다.
　㉣ 비압축성이어야 하며, 충분한 유동성이 있어야 한다.

※ 유압 작동유의 점도가 높은 경우 발생할 수 있는 현상
　㉠ 유동저항이 증가하여 압력손실이 증가한다.
　㉡ 소음이 유발되며 공동현상이 발생한다.
　㉢ 내부의 마찰 증가로 인해 온도가 상승된다.
　㉣ 유입기기의 올바른 작동이 어려워진다.
　㉤ 동력손실이 증가하여 기계효율이 낮아진다.

※ 유압 작동유의 점도가 너무 낮은 경우 발생할 수 있는 현상
　㉠ 구동부의 마찰저항이 높아져 기기가 마모된다.
　㉡ 압력의 발생 및 일정한 압력의 유지가 어렵게 된다.
　㉢ 내부의 오일이 누설되기 쉬워진다.
　㉣ 유압펌프의 용적효율이 낮아지게 된다.

2 유압기기에 대한 설명으로 옳지 않은 것은?

광주도시철도공사

① 유압기기는 큰 출력을 낼 수 있다.

② 비용적형 유압펌프로는 베인 펌프, 피스톤 펌프 등이 있다.

③ 유압기기에서 사용되는 작동유의 종류에는 석유 계통의 오일, 합성유 등이 있다.

④ 유압실린더는 작동유의 압력 에너지를 직선 왕복운동을 하는 기계적 일로 변환시키는 기기이다.

3 유량이 0.5m³/s이고 유효낙차가 5m일 때 수차에 작용할 수 있는 최대동력에 가장 가까운 값[PS]은? (단, 유체의 비중량은 1,000kgf/m³이다.)

서울교통공사

① 15PS

② 24.7PS

③ 33.3PS

④ 40PS

✅ ANSWER | 2.② 3.③

2 ② 베인 펌프, 피스톤 펌프는 용적형 유압펌프이다.
　※ **용적형 펌프와 비용적형 펌프**
　　㉠ **용적형 펌프(용량형 펌프)**
　　　• 펌프의 축이 한 번 회전할 때 일정한 량을 토출한다.
　　　• 중압 또는 고압력에서 주로 압력발생을 주된 목적으로 사용된다.
　　　• 토출량이 부하압력에 관계없이 대충 일정하다.
　　　• 부하압력에 따라 토출량이 정해지므로 부하가 과대해지면 압력이 상승해서 펌프가 파괴될 염려가 있다. (릴리프 밸브를 설치하여 위험 방지)
　　㉡ **용적형 펌프의 종류**
　　　• 정토출형 펌프(Fixed diaplacement pump) : 기어 펌프(Gear), 나사 펌프(Screw), 베인 펌프(Vane), 피스톤 펌프(Piston)
　　　• 기변토출형 펌프(Variable diaplacement pump) : 베인 펌프(Vane), 피스톤 펌프(Piston)
　　㉢ **비용적형 펌프**
　　　• 토출량이 일정치 않다.
　　　• 저압에서 대량의 유체를 수송하는데 사용한다.
　　　• 토출량과 압력 사이에 일정관계가 있다.
　　　• 토출량이 증가하면 토출압력은 감소한다.
　　　• 토출유량은 펌프축의 회전속도와 비례한다.
　　㉣ **비용적형 펌프의 종류** : 원심력 펌프(Centrifugal), 엑시얼 프로펠러 펌프(Axial propeller), 혼류형 펌프(Mixed flow), 로토젯 펌프(Roto-jet)

3 단위가 [PS]이므로 다음의 식에 따라 산출해야 한다.
$$L_{th} = \frac{\gamma QH}{75}[\text{PS}] = \frac{1,000 \times 0.5 \times 5}{75} = 33.3[\text{PS}]$$
(γ는 유체의 비중량[kg/m3], Q는 유량, H는 유효낙차[m])

4 유체기계를 운전할 때 송출량 및 압력이 주기적으로 변화하는 현상(진동을 일으키고 숨을 쉬는 것과 같은 현상)으로 옳은 것은?

인천교통공사

① 공동현상(cavitation)

② 노킹현상(knocking)

③ 서징현상(surging)

④ 난류현상

⑤ 관성현상

5 유체기계를 운전할 때, 유체의 흐름상태가 층류인지 난류인지를 판정하는 척도가 되는 무차원 수인 레이놀즈 수(Reynolds number)의 정의에 대한 설명으로 옳은 것은?

한국중부발전

① 관성력과 표면장력의 비

② 관성력과 탄성력의 비

③ 관성력과 점성력의 비

④ 관성력과 압축력의 비

ANSWER | 4.③ 5.③

---

4 • 서징현상 : 압축기, 송풍기 등에서 운전중에 진동을 하며 이상 소음을 내고, 유량과 토출 압력에 이상 변동을 일으키는 수가 있는데 이 현상을 말한다.
  • 공동현상 : 펌프의 흡입양정이 너무 높거나 수온이 높아지게 되면 펌프의 흡입구 측에서 물의 일부가 증발하여 기포가 되는데 이 기포는 임펠러를 거쳐 토출구측으로 넘어가게 되면 갑자기 압력이 상승하여 물속으로 다시 소멸이 되는데 이때 격심한 소음과 진동이 발생하게 된다. 이를 공동현상이라고 한다.
  • 노킹현상 : 충격파가 실린더 속을 왕복하면서 심한 진동을 일으키고 실린더와 공진하여 금속을 두드리는 소리를 내는 현상

5 레이놀즈수＝관성력/점성력
  프루드 수＝관성력/중력
  오일러 수＝압축력/관성력
  압력계수＝압력/동압
  마하수＝속도/음파속도
  코시수＝관성력/탄성력
  웨버수＝관성력/표면장력

6 유압장치의 일반적인 특징이 아닌 것은?

① 힘의 증폭이 용이하다.

② 제어하기 쉽고 정확하다.

③ 작동 액체로는 오일이나 물 등이 사용된다.

④ 구조가 복잡하여 원격조작이 어렵다.

7 다음 중 많은 양의 기름을 운반할 경우에 사용하는 펌프는?

① 사류 펌프

② 베인 펌프

③ 축류 펌프

④ 원심 펌프

⑤ 왕복 펌프

Ⓖ ANSWER | 6.④ 7.②

6 ④ 유압장치는 배관이 복잡하나 자동제어와 원격제어가 가능하다.

7 ① 회전자에서 나온 물의 흐름이 축에 대하여 경사면으로 송출되며 축의 안내깃에 유도되어 회전방향의 성분을 축방향 성분으로 변환시켜 송출하는 펌프로 경량제작이 가능하며 고속 회전을 할 수 있다.
③ 프로펠러 펌프라고도 하며 물이 날개차에 대하여 축방향으로 유입되는 형식이다. 배출량이 많고 농업용수용, 한해 및 냉해 양수용, 상 · 하수도용, 빗물 배수용으로 사용한다.
④ 다수의 회전자가 케이싱을 고속 회전하며 원심력에 의해 중심에서 흡입하여 측면으로 송출하면 에너지를 얻어서 펌 프의 작용이 이루어진다.
⑤ 실린더 속의 피스톤 또는 플런저를 왕복 운동시켜 액체를 흡입, 가압하여 송출하는 펌프이다.

8 파스칼의 원리를 바르게 설명한 것은?

① 밀폐된 액체에 가한 압력은 액체의 모든 부분과 그릇의 벽에 같은 크기로 전달된다.
② 밀폐된 액체에 가한 압력은 벽에 수직으로 작용한다.
③ 밀폐된 액체에 가한 압력은 밀도에 따라 다른 크기로 전달된다.
④ 밀폐된 용기의 압력은 그 체적에 비례한다.

9 개수로를 흐르는 유체의 유량 측정에 사용되는 것은?

① 벤투리미터(venturimeter)　　　　　② 오리피스(orifice)
③ 마노미터(manometer)　　　　　　④ 위어(weir)

10 다음 중 압력조절 밸브가 아닌 것은?

① 에스케이프 밸브　　　　　　　　② 감압 밸브
③ 체크 밸브　　　　　　　　　　　④ 안전 밸브

11 개수로의 일부를 막아놓고 유량을 측정하는 방법은?

① 위어　　　　　　　　　　　　　② 벤투리미터
③ 오리피스　　　　　　　　　　　④ 노즐

ANSWER | 8.② 9.④ 10.③ 11.①

8 파스칼의 원리 … 밀폐용기 안에 정지하고 있는 유체에 가해진 압력의 세기는 용기 안의 모든 유체에 똑같이 전달되며 벽면에 수직으로 작용한다.

9 위어 … 개수로의 물 흐름을 막아 넘치는 유체의 높이로 유량을 측정하는 방법

10 ③ 유체의 유동방향을 제어하는 밸브로서 유체를 한 방향으로만 흐르게 하고 역류를 방지하는 밸브이다. 밸브의 양쪽에 걸리는 압력차에 의해 자동개폐된다.

11 ② 긴 관의 일부로써 단면이 작은 목 부분과 점점 축소, 점점 확대되는 단면을 가진 관으로 축소 부분에서 정역학적 수두의 일부는 속도 수두로 변하게 되어 관의 목 부분의 정역학적 수두보다 적게 된다. 이와 같은 수두차에 의해 유량을 계산하는 방법을 벤투리미터라 한다.
③ 오리피스를 사용하는 방법은 벤투리미터와 동일하고 단면이 축소되는 목 부분을 조절하여 유량을 조절한다.
④ 벤투리미터와 오리피스 간의 특성을 고려하여 만든 유량측정용 기구로서 정수압이 유속으로 변화하는 원리를 이용하여 유량을 측정한다.

12 다음 중 작동유의 유체압력을 기계적 일로 변환시키는 작동기기는?

    ① 유압 실린더   ② 압력계

    ③ 유압 펌프   ④ 유량계

13 유체의 분류 중 옳지 않은 것은?

    ① 비압축성 유체   ② 압축성 유체

    ③ 완전 유체   ④ 불완전 유체

14 유체의 흐름형태가 아닌 것은?

    ① 정상류   ② 비정상류

    ③ 난류   ④ 한류

✓ ANSWER | 12.① 13.④ 14.④

12 유압장치의 기능별 부위
    ㉠ 유압 발생부분 : 유압 펌프, 기름 탱크
    ㉡ 기계적인 일을 하는 부분(액추에이터) : 유압 실린더, 유압 모터
    ㉢ 유압을 전달ㆍ제어하는 부분 : 밸브(방향제어, 압력제어, 유량제어), 배관

13 유체의 분류
    ㉠ 비압축성 유체 : 액체(유체에 미치는 압축의 강도가 작다)
    ㉡ 압축성 유체 : 기체(유체에 미치는 압축의 강도가 크다)
    ㉢ 완전 유체(이상 유체) : 점성이 없고 밀도가 일정하다고 가정한 유체
    ㉣ 실제 유체(점성 유체) : 점성을 무시할 수 없는 유체

14 유체 흐름의 형태 … 정상류, 비정상류, 난류, 층류

15 홍수시의 하천이나 강처럼 유체흐름의 성질이 시간경과에 따라 변하는 것을 무엇이라 하는가?

① 정상류   ② 비정상류

③ 층류   ④ 난류

16 이상 유체가 에너지의 손실없이 관속을 정상유동할 때 어떤 단면에서도 단위 총에너지는 항상 일정하다는 법칙은?

① 파스칼의 원리   ② 연속의 법칙

③ 베르누이의 정리   ④ 에너지보존의 법칙

17 유체를 낮은 곳에서 높은 곳으로 올리거나 압력을 주어서 멀리 수송하는 유체기계는?

① 수차   ② 펌프

③ 압축기   ④ 송풍기

18 펌프의 분류 중 옳지 않은 것은?

① 터보형   ② 용적형

③ 체적형   ④ 특수형

ANSWER | 15.②   16.③   17.②   18.③

---

15 유체의 흐름 형태
   ㉠ **정상류** : 흐름의 한 단면에서 유속, 유량 등이 시간에 관계없이 항상 일정하게 흐르는 경우로, 유체 흐름의 성질이 시간경과에 따라 불변하는 것을 말한다.
   ㉡ **비정상류** : 홍수시의 하천이나 강처럼 유체의 흐름의 성질이 시간경과에 따라 변하는 것을 말한다.
   ㉢ **층류** : 유체 입자가 질서정연하게 움직이는 흐름을 말한다.
   ㉣ **난류** : 층류와는 반대로 유체 입자가 무질서하게 움직이는 흐름을 말한다.

16 설문은 베르누이의 정리를 말한다.

17 **펌프** … 유체를 낮은 곳에서 높은 곳으로 올리거나 압력을 주어 멀리 수송할 수 있는 유체기계이다.

18 **펌프의 분류** … 터보형 펌프, 용적형 펌프, 특수형 펌프

19 원심 펌프의 종류 중 안내날개가 있으며, 고양정에 유리한 펌프는?

① 벌류트 펌프

② 축류 펌프

③ 터빈 펌프

④ 마찰 펌프

20 케이싱 안에서 회전자의 회전에 의하여 액체를 연속적으로 흡입하여 송출하는 펌프는?

① 왕복 펌프

② 회전 펌프

③ 마찰 펌프

④ 제트 펌프

21 많은 양의 기름을 수송하는 데 사용되는 펌프는?

① 기어 펌프

② 베인 펌프

③ 나사 펌프

④ 기포 펌프

22 원심 펌프의 구성요소가 아닌 것은?

① 안내날개

② 케이싱

③ 패킹

④ 고정소기어

✔ **ANSWER** | 19.③ 20.② 21.② 22.④

19 원심펌프의 종류
  ㉠ **벌류트 펌프**: 안내날개가 없으며, 저양정 대유량에 유리하다.
  ㉡ **터빈 펌프**: 안내날개가 있으며, 고양정에 유리하다.

20 **회전 펌프** ··· 회전자의 회전에 의해 액체를 흡입하여 송출하는 펌프로, 기어 펌프 · 베인 펌프 · 나사 펌프 등이 있다.

21 회전 펌프의 종류
  ㉠ **기어 펌프**: 윤활유, 중유와 같이 점도가 높은 액체의 압송에 사용된다.
  ㉡ **베인 펌프**: 많은 양의 기름을 수송하는 데 사용된다.

22 **원심 펌프의 구성요소** ··· 날개차, 안내날개, 케이싱, 패킹 등

23 물이 새는 것을 방지해 주는 역할을 하는 것은?

① 패킹

② 개스킷

③ 케이싱

④ 날개차

24 날개차에서 나온 물의 속도를 줄여 케이싱으로 물을 유도하는 역할을 하는 것은?

① 안내날개

② 날개차

③ 케이싱

④ 패킹

25 다음 중 왕복 펌프의 종류가 아닌 것은?

① 버킷 펌프

② 피스톤 펌프

③ 베인 펌프

④ 플런저 펌프

26 물의 위치 에너지의 차를 무엇이라 하는가?

① 낙차

② 수차

③ 낙하

④ 물차

ANSWER | 23.① 24.① 25.③ 26.①

23 패킹 … 축의 밀봉부에서 물이 새는 것을 방지해주는 역할을 한다.

24 원심 펌프의 구조
  ⊙ 안내날개 : 날개차에서 나온 물의 속도를 줄여 속도 에너지를 압력 에너지로 전환하여 케이싱으로 물을 유도하는 역
    할을 한다.
  ⓛ 케이싱 : 날개차, 안내날개에서 나오는 물을 배출관으로 유도하여 속도 에너지를 압력 에너지로 변환하는 역할을 한다.
  ⓒ 패킹 : 축의 밀봉부에서 물이 새는 것을 방지해주는 역할을 한다.

25 왕복 펌프의 종류 … 버킷 펌프, 피스톤 펌프, 플런저 펌프

26 물의 위치 에너지의 차는 낙차라고 한다.

27 피스톤에 흡입 밸브, 피스톤 아래쪽에 송출 밸브가 설치된 펌프로 일반 가정용 펌프로 주로 사용되는 것은?

① 피스톤 펌프 ② 플런저 펌프
③ 버킷 펌프 ④ 나사 펌프

28 수차와 동일 회전축에 연결해 놓으면 수차의 회전력이 전달되어 발전이 이루어지는 부분은?

① 취수구 ② 수차
③ 변압기 ④ 발전기

29 수차의 종류가 아닌 것은?

① 펠턴 수차 ② 프로펠러 수차
③ 프랜시스 수차 ④ 원심 수차
⑤ 펌프 수차

ⓒ ANSWER | 27.③ 28.④ 29.④

27 왕복 펌프
  ㉠ **버킷 펌프** : 피스톤에 흡입 밸브, 피스톤 아래쪽에 송출 밸브가 설치된 펌프로 일반 가정용 펌프로 주로 사용된다.
  ㉡ **피스톤 펌프** : 실린더 내의 피스톤 왕복운동으로 흡입·배출하는 펌프로 유량이 많고 저압에 사용된다.
  ㉢ **플런저 펌프** : 피스톤 대신에 플런저를 사용한 펌프로 저유량, 고압에 사용된다.

28 ① 물을 받아들이는 입구로 저수지의 밑면보다 약간 높은 곳에 있으며, 물 속의 불순물(흙과 모래, 강이나 바다에 떠다니는 나무나 뗏목)들의 유입을 막기 위해 스크린이 설치되어 있다.
  ② 수압 철제관에 유입된 물의 흐름은 수차를 세게 회전시키는데, 이 과정에서 안정된 주파수의 전기를 발전할 수 있다.
  ③ 얻어진 전기를 그대로 송전하게 되면 전기의 손실이 크기 때문에 변압기에서 전압을 올린 후 송전한다.

29 **수차의 종류** ··· 펠턴 수차, 프랜시스 수차, 프로펠러 수차, 사류 수차, 펌프 수차

30 펠턴 수차의 구조가 아닌 것은?

① 버킷

② 니들 밸브

③ 디플랙터

④ 흡출관

⑤ 노즐

31 펠턴 수차에서 분출수의 양을 조절하는 것은?

① 버킷

② 노즐

③ 니들 밸브

④ 디플랙터

32 유량 측정기구 중 단면적이 좁은 스로트를 설치하여 이 부분의 압력차로 유량을 측정하는 기구는?

① 오리피스

② 위어

③ 벤투리미터

④ 마이크로미터

33 펌프의 흡입수면과 배출수면의 수직높이를 말하는 것은?

① 임펠러

② 양정

③ 행정

④ 배수구

ANSWER | 30.④ 31.③ 32.③ 33.②

30 펠턴 수차의 구조 … 버킷, 니들 밸브, 노즐, 디플랙터

31 펠턴 수차의 구조
㉠ 버킷 : 주강, 청동으로 만들어지며, 날개차 주위에 18 ~ 30개를 설치한다.
㉡ 노즐 : 물을 분사시키는 부분으로 니들 밸브로 분사되는 물의 양을 조절한다.
㉢ 니들 밸브 : 황동 · 청동으로 만들어지며, 분출수의 양을 조절한다.
㉣ 디플랙터 : 분출되는 물의 방향을 조절한다.

32 유량 측정기구
㉠ 벤투리미터 : 스로트를 설치하여 이 부분의 압력차로 유량을 측정한다.
㉡ 오리피스 : 오리피스 전후 압력으로 유량을 측정한다.
㉢ 위어 : 개수로의 물 흐름을 막아 넘치는 유체의 높이로 유량을 측정한다.

33 펌프의 흡입수면과 배출수면의 수직높이를 양정이라 한다.

34 다음 중 물이 가지고 있는 위치 에너지를 기계적 에너지로 변환하는 기계는?

① 공기 기계
② 송풍기
③ 수차
④ 펌프

35 중낙차용에 사용되고 넓은 부하 범위에서 높은 효율을 얻을 수 있는 수차는?

① 펠턴 수차
② 프랜시스 수차
③ 프로펠러 수차
④ 사류 수차

36 전력이 남는 야간에는 발전소의 전력으로 수차를 운전하며 물을 상부로 양수한 후 전력수요가 많은 낮에는 수차의 원래의 목적으로 사용하여 전력부족을 보충할 수 있는 수차는?

① 펠턴 수차
② 프랜시스 수차
③ 프로펠러 수차
④ 펌프 수차

✅ ANSWER | 34.③ 35.④ 36.④

34 ① 공기의 부피 탄성을 이용한 기계
② 기계적 에너지를 기계의 기체에 공급하여 기체의 압력 및 속도 에너지로 변환시키는 기계
④ 유체를 낮은 곳에서 높은 곳으로 올리거나 압력을 주어서 멀리 수송하는 유체기계

35 수차의 종류
㉠ 펠턴 수차 : 중고 낙차용으로, 고속으로 분출되는 분류의 충격력으로 날개차를 회전시킨다.
㉡ 프랜시스 수차 : 반동 수차의 대표적인 수차로, 중낙차용에서 고낙차까지 광범위하게 사용된다.
㉢ 프로펠러 수차 : 저낙차용으로, 비교적 유량이 많은 곳에 사용된다.
㉣ 사류 수차 : 중낙차용으로, 넓은 부하 범위에서 높은 효율을 얻는다.

36 펌프 수차
㉠ 펌프의 기능과 수차의 기능이 합해진 수차이다.
㉡ 전력이 남는 야간에는 발전소의 전력으로 수차를 운전하여 물을 상부로 양수한 후 전력수요가 많은 낮에는 수차의 원래 목적으로 사용하여 전력 부족을 보충할 수 있다.

37 원심팬의 회전자의 종류가 아닌 것은?

① 다익 팬

② 레이디얼 팬

③ 후방 팬

④ 전방 팬

38 디젤 기관의 과급기, 도시가스 압상용, 용광로 송풍용으로 사용되는 압축기는?

① 축류식 압축기

② 나사 압축기

③ 터보 송풍기

④ 원심식 압축기

39 기어가 서로 맞물려서 회전을 할 때 톱니의 틈새이동을 이용하여 가압하는 방식의 유압펌프는?

① 피스톤 펌프

② 베인 펌프

③ 나사 펌프

④ 기어 펌프

✓ **A N S W E R** | 37.④ 38.④ 39.④

37 원심팬의 회전자의 종류
  ㉠ 다익 팬 : 대풍량을 얻을 수 있지만 소음이 크고, 효율이 떨어지는 단점이 있다.
  ㉡ 레이디얼 팬 : 기체와 함께 들어온 먼지로 인해 깃이 마멸될 우려가 있다.
  ㉢ 후방 팬 : 전압상승이 적고, 회전자의 유로 속의 흐름도 원활하여 소음도 적다.

38 ① 다량의 기체를 압축할 수 있으며, 효율이 좋아 제트 엔진이나 가스 터빈의 압축기로 많이 사용된다.
  ② 고압·대용량 회전식 압축기로 장시간 운전을 해도 효율 저하가 거의 없고, 진동이 없으며, 구조가 간단하기 때문에 운전 및 보수가 쉬워 보링 머신의 공기원, 에어 리프트의 공기원 등에 사용된다.
  ③ 회전자 내를 통과하는 기체에 작용하는 원심력 혹은 운동에너지를 이용하여 압력상승을 얻는 것으로서, 고속회전이 가능하고, 효율이 뛰어나 보일러의 강제 송풍, 각종 기계의 압송에 사용된다.

39 ① 실린더 내의 피스톤 왕복운동으로 흡입, 배출하는 펌프로 유량이 많고 저압에 사용된다.
  ② 많은 양의 기름을 수송하는 데 사용된다.
  ③ 경사지게 설치한 U자형의 강판 속이나 또는 콘크리트로 만든 하수구 속에서 회전하며 양수를 하는 펌프이다. 불순물로 인하여 펌프 내부가 막히는 일이 없고, 보수·점검이 간단하여 하수 및 오수 처리, 한해 배수, 분뇨의 수송에 사용된다.

40 압력이 높은 공기를 만드는 장치는 무엇인가?

　① 압축기　　　　　　　　　　　② 공기압 실린더

　③ 공기압 모터　　　　　　　　　④ 공기 탱크

41 풍압이 낮고 풍량이 요구되는 건물이나 광산, 터널의 환기용으로 사용되는 것은?

　① 터보 송풍기　　　　　　　　　② 축류식 송풍기

　③ 두입 로터리블로어　　　　　　④ 사류식 송풍기

42 유압회로 내의 유압의 유량을 조절하여 조작단의 운동속도를 제어하는 밸브는?

　① 압력 제어 밸브　　　　　　　　② 유량 제어 밸브

　③ 방향 제어 밸브　　　　　　　　④ 온도 제어 밸브

ANSWER | 40.① 41.② 42.②

40 공기 기계
　㉠ **압축기** : 압력이 높은 공기를 만드는 장치이다.
　㉡ **공기 탱크** : 일정한 압력의 공기를 모아 두는 장치이다.
　㉢ **액추에이터**
　　• 공기압 실린더 : 유압 실린더와 같은 구조로 유압 실린더에 비해 피스톤의 속도가 빠르나, 속도의 미동 조정이나 일정 속도를 얻기는 힘들다.
　　• 공기압 모터 : 공기 압축기와는 반대로 작용하는 것으로, 베인형은 출력이 작지만 고속회전을 해야 할 경우 적합하며 피스톤형은 저속회전에서도 커다란 회전력을 얻을 수 있다.

41 **축류식 송풍기** … 회전자에서 기체를 축방향으로 유입하여 축방향으로 유출하는 팬으로, 고속회전에 적합하고 설치가 간단하여 풍압이 낮고 많은 풍량이 요구되는 건물이나 광산, 터널의 환기용으로 사용된다.

42 제어 밸브
　㉠ **압력 제어 밸브** : 유압회로 내의 압력에 관한 제어를 하는 밸브이다.
　㉡ **유량 제어 밸브** : 유압회로 내의 유압의 유량을 조절하여 조작단의 운동속도를 제어하는 밸브이다.
　㉢ **방향 제어 밸브** : 유압회로 내의 각종 유압장치의 운동속도를 제어하는 밸브이다.

43 다음 중 용적형 펌프의 특징으로 옳지 않은 것은?

① 높은 수압에 적합하다.

② 터보형보다 효율이 높다.

③ 피스톤, 플런저, 회전자 등에 의하여 액체를 압송한다.

④ 대유량에 적합하다.

44 다음 수력발전의 방식 중 강 쪽의 물을 그대로 이용하는 방법은?

① 양수식   ② 유입식

③ 저수지식   ④ 조정지식

43 용적형 펌프의 특징
  ㉠ 대단히 높은 수압과 작은 유량에 적합하다.
  ㉡ 터보형보다 효율이 높다.
  ㉢ 피스톤, 플런저, 회전자 등에 의하여 액체를 압송한다.

44 ① 상류와 하류에 두 개의 조정지가 있어 밤에는 잉여 전기를 이용하여 상부로 물을 끌어 올리고, 낮에는 끌어 올린 물을 이용하여 발전을 한다.
  ② 강 쪽의 물을 그대로 이용하는 방법으로 수량의 변화에 따라 발전량이 변동된다.
  ③ 조정지보다 큰 큐모의 저수지에 빗물을 저장하여 갈수기에 이용한다.
  ④ 조정지를 이용하여 수량을 조절하여 발전하는 방식이다.

45 다음과 같이 지름이 D_1인 A 피스톤에 F_1의 힘이 작용하였을 때, 지름이 D_2인 B 실린더에 작용하는 유압은? (단, $D_2 = 4D_1$이다)

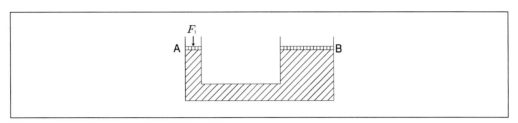

① $\dfrac{4F_1}{\pi D_1^2}$

② $\dfrac{F_1}{\pi D_1^2}$

③ $\dfrac{F_1}{2\pi D_1^2}$

④ $\dfrac{F_1}{4\pi D_1^2}$

⑤ $\dfrac{3F_1}{4\pi D_1^2}$

45 파스칼의 원리(Pascal's principle) ··· 밀폐된 용기 속에 담겨 있는 유체의 압력분포는 동일하며, 액체의 한쪽부분에 주어진 압력은 그 세기에는 변함없이 같은 크기로 액체의 각 부분에 골고루 전달된다는 법칙, 파스칼이 정리한 원리로, 밀폐된 공간에 채워진 유체에 힘을 가하면, 내부로 전달된 압력은 밀폐된 공간의 각 면에 동일한 압력으로 작용한다는 원리이다.

단면적이 A_1인 피스톤에 F_1의 힘을 가하면 A_1에 가해진 압력(P_1)이 유체를 통해 같은 압력(P_2)으로 단면적이 A_2인 피스톤에 F_2의 힘이 전달된다는 것이다. 이를 식으로 나타내면

$$P_1 = P_2 \rightarrow \frac{F_1}{A_1} = \frac{F_2}{A_2} \rightarrow F_2 = F_1 \frac{A_2}{A_1}$$

따라서 F_2는 A_2 / A_1의 면적비만큼 큰 힘을 낼 수 있음을 알 수 있다.

1 냉매의 구비 조건에 대한 설명으로 옳지 않은 것은?

대구도시철도공사

① 응축 압력과 응고 온도가 높아야 한다.
② 임계 온도가 높고, 상온에서 액화가 가능해야 한다.
③ 증기의 비체적이 작아야 하고, 부식성이 없어야 한다.
④ 증발 잠열이 크고, 저온에서도 증발 압력이 대기압 이상이어야 한다.

2 역 카르노 사이클로 작동하는 냉동기의 증발기 온도가 250K, 응축기 온도가 350K일 때 냉동 사이클의 성적계수는 얼마인가?

대구도시철도공사

① 0.25   ② 0.4
③ 2.5   ④ 3.5

Ⓢ ANSWER | 1.① 2.③

1 냉매는 응축 압력과 응고 온도가 낮아야 한다.
※ 냉매가 갖추어야 할 조건
• 저온에서도 대기압 이상의 포화증기압을 갖고 있어야 한다.
• 상온에서는 비교적 저압으로도 액화가 가능해야 하며 증발잠열이 커야 한다.
• 냉매가스의 비체적이 작을수록 좋다.
• 임계온도는 상온보다 높고, 응고점은 낮을수록 좋다.
• 화학적으로 불활성이고 안정하며 고온에서 냉동기의 구성재료를 부식, 열화시키지 않아야 한다.
• 액체 상태에서나 기체 상태에서 점성이 작아야 한다.

2 냉동 사이클의 성적계수… 압축 일의 열량에 대한 증발기의 흡수열량의 비이므로, $\dfrac{250}{350-250}=2.5$

3 다음 중 공기조화설비의 주요장치로 옳지 않은 것은?

① 공기조화기기　　　　　　　　② 열원장치

③ 급속귀환장치　　　　　　　　④ 열운반장치

4 공기조화설비를 구성하는 4대 요소가 아닌 것은?

① 열원장치　　　　　　　　　　② 공기조화기

③ 자동제어장치　　　　　　　　④ 수차

⑤ 열운반장치

5 다음 중 열원장치로 볼 수 없는 것은?

① 보일러　　　　　　　　　　　② 수차

③ 냉동기　　　　　　　　　　　④ 냉동설비

6 열매체를 필요한 장소까지 운반하여 주는 장치는?

① 공기조화기　　　　　　　　　② 열원장치

③ 자동제어장치　　　　　　　　④ 열운반장치

✅ **ANSWER** | 3.③ 4.④ 5.② 6.④

3 ③ 급속귀환장치는 공작기계에 주로 사용되는 장치이다.

4 공기조화설비를 구성하는 4대 요소 … 열원장치, 공기조화기, 자동제어장치, 열운반장치

5 열원장치 … 보일러, 냉동기, 냉동설비를 말한다.

6 공기조화설비를 구성하는 4대 요소
　　㉠ **열원장치** : 온수나 증기를 발생시키는 보일러 장치, 냉수나 냉각공기를 얻기 위한 냉동기 또는 냉동설비를 말한다.
　　㉡ **자동제어장치** : 공기조화설비의 조건을 최상의 조건으로 만들기 위하여 풍량, 유량, 온도, 습도를 조절하는 장치를 말한다.
　　㉢ **열운반장치** : 열 매체를 필요한 장소까지 운반하여 주는 장치로 송풍기, 펌프, 덕트, 배관, 압축기를 말한다.
　　㉣ **공기조화기** : 실내로 공급되는 공기를 사용목적에 따라 청정 및 항온항습이 될 수 있도록 하는 종합적인 기계를 말한다.

7 다음 중 중앙집중식 공기조화 방식이 아닌 것은?

① 단일 덕트 방식

② 유인 유닛 방식

③ 복사 냉 · 난방 방식

④ 일체형 공기정화기

8 다음 중 건물의 바닥 또는 벽, 천장 등에 파이프를 설치하여 이 파이프를 통해서 냉 · 온수를 흘려 보내 냉 · 난방을 하는 방식은?

① 단일 덕트 방식

② 2중 덕트 방식

③ 팬 코일 유닛 방식

④ 복사 냉 · 난방 방식

9 실외에 증발기, 실내에 순환 송풍기를 설치하는 방식의 공기조화기는?

① 일체형 공기조화기

② 멀티존 유닛 방식

③ 분리형 룸 에어컨

④ 창문형 룸 에어컨

10 온풍과 냉풍을 별도의 덕트에 송입받아 적당히 혼합하여 송출하는 방식은?

① 단일 덕트 방식

② 2중 덕트 방식

③ 3중 덕트 방식

④ 복사 냉, 난방 방식

⑤ 팬 코일 유닛 방식

Ⓥ ANSWER | 7.④ 8.④ 9.③ 10.②

7 공기조화 방식
㉠ 개별 방식 : 일체형 공기청정기, 룸 에어컨, 멀티존 유닛 방식
㉡ 중앙집중식 : 단일 덕트 방식, 2중 덕트 방식, 유인 유닛 방식, 복사 냉 · 난방 방식, 팬코일 유닛 방식

8 중앙집중식 공기조화
㉠ 단일 덕트 방식 : 가장 기본적인 방식이다.
㉡ 2중 덕트 방식 : 온풍과 냉풍을 별도의 덕트에 송입받아 적당히 혼합하여 송출하는 방식이다.
㉢ 유인 유닛 방식 : 완성된 유닛을 사용하는 방식으로 공기가 단축되고 공사비가 적게 든다.
㉣ 복사 냉 · 난방 방식 : 건물의 바닥 또는 벽이나 천장 등에 파이프를 설치하고 이 파이프를 통해서 냉 · 온수를 흘려보내 이 열로 냉 · 난방을 하는 방식이다.

9 분리형 룸 에어컨은 실외와 실내로 나누어 설치한다.

10 2중 덕트 방식 ··· 온풍과 냉풍을 별도의 덕트에 송입받아 적당히 혼합하여 송출하는 방식으로, 각 실의 온도를 서로 다르게 조정한다.

11 다음 중 저속 덕트와 고속 덕트로 나뉘는 기준이 되는 풍속은?

① 10m/s

② 15m/s

③ 20m/s

④ 25m/s

⑤ 30m/s

12 멀티존 유닛 방식의 단점으로 옳은 것은?

① 열손실이 크다.

② 부하가 적게 발생한다.

③ 큰 규모의 공기조화면적에 유리하다.

④ 소비동력이 적게 든다.

13 얼음을 생산할 목적으로 물을 얼리는 방법은?

① 냉장

② 냉동

③ 냉각

④ 제빙

⑤ 제설

ANSWER | 11.② 12.① 13.④

11 단일 덕트 방식
　㉠ 저속 덕트 : 풍속이 15m/s 이하이며, 직사각형 덕트가 일반적으로 널리 사용된다.
　㉡ 고속 덕트 : 풍속이 15m/s 이상이며, 스파이럴관 또는 원형 덕트를 주로 사용한다.

12 ③ 작은 규모의 공기조화면적에 유리하다.
　※ 멀티존 유닛 방식의 단점
　　㉠ 열손실이 크다.
　　㉡ 부하가 많이 발생한다.
　　㉢ 소비동력이 많이 든다.

13 냉방의 정의
　㉠ 냉각 : 온도를 낮추고자 하는 물체로부터 열을 흡수하여 온도를 낮추는 방법이다.
　㉡ 냉동 : 물체나 기체 등에서 열을 빼앗아 주위보다 낮은 온도로 만드는 경우로, 피냉각 물체의 온도가 −15℃ 이하로 낮추어 물질을 얼리는 상태이다.
　㉢ 냉장 : 동결되지 않는 범위 내에서 물체의 열을 빼앗아 주위보다 낮은 온도로 물체의 온도를 낮춘 후 유지시키는 방법이다.
　㉣ 제빙 : 얼음을 생산할 목적으로 물을 얼리는 방법이다.

14 얼음에 이물질(나트륨)을 혼합하면 어는 점이 낮아지는 성질을 이용하여 냉동시키는 방법은?

① 흡수식 냉동법

② 기한제를 이용하는 방법

③ 드라이아이스의 승하열을 이용하는 방법

④ 전자 냉동법

15 다음 중 흡수식 냉동법의 단점으로 옳지 않은 것은?

① 냉동기를 가동하는 시간이 길다.　　② 소음이 크다.

③ 설치면적이 넓다.　　④ 설치비가 많이 든다.

16 기계적 냉동방법이 아닌 것은?

① 증기 압축식 냉동법　　② 공기 압축식 냉동법

③ 흡수식 냉동법　　④ 기한제를 이용하는 방법

⑤ 전자 냉동법

Ⓒ ANSWER | 14.② 15.② 16.④

14 ① 기계적 일을 사용하지 않고 열매체를 이용하는 방법으로, 과부하가 발생하더라도 사고의 위험성이 적고 경제적 운전이 가능하며, 진동·소음이 적고 자동운전 및 용량제어가 가능하나 가동시간이 길고, 설치면적이 넓으며, 설비비가 많이 드는 단점이 있다.

③ 드라이 아이스의 승화열을 이용하는 방법 : 드라이 아이스가 승화할 때 흡수하는 열량을 이용하여 냉동시키는 방법이다.

④ 서로 다른 두 반도체를 접합시켜 한 쪽에는 열을 흡수하고 다른 한 쪽에는 열을 방출하는 성질을 이용하여 냉동시키는 방법으로, 소음과 진동이 없는 장점이 있어 미래 냉동법이라 할 수 있다.

15 흡수식 냉동법의 장·단점

㉠ 장점

• 과부하가 발생하더라도 사고의 위험이 적다.

• 경제적이다.

• 진동·소음이 적고, 자동운전 및 용량제어가 용이하다.

㉡ 단점

• 냉동기를 가동하는 시간이 길다.

• 설치면적이 넓다.

• 부속 설비비가 많이 든다.

16 기계적 냉동 … 증기 압축식 냉동법, 공기 압축식 냉동법, 흡수식 냉동법, 전자 냉동법

17 냉동 사이클에 속하시 않는 것은?

① 압축기

② 응축기

③ 폭발기

④ 증발기

⑤ 팽창 밸브

18 냉동기 안에서 순환하면서 저온에서 고온으로 열을 운반하는 역할을 하는 물질은?

① 드라이아이스

② 헬륨

③ 냉매

④ 알코올

19 기화된 냉매가 주위의 열을 빼앗는 것은 냉동 사이클 중 어디에 속하는가?

① 압축기

② 응축기

③ 팽창 밸브

④ 증발기

 ANSWER | 17.③ 18.③ 19.④

17 냉동 사이클 … 압축기 – 응축기 – 팽창 밸브 – 증발기

18 냉매

 ㉠ 냉동기 안을 순환하면서, 저온에서 고온으로 열을 운반하는 역할을 하는 사람을 말한다.

 ㉡ 암모니아, 프레온, 공기, 이산화탄소가 있으나 이 중 프레온 가스가 일반적으로 사용된다.

19 냉동 사이클

 ㉠ **압축기** : 냉매를 고온, 고압으로 압축시킨다.

 ㉡ **응축기** : 고온, 고압의 냉매를 공기 또는 물과 열교환하여 액화시킨다.

 ㉢ **팽창 밸브** : 응축된 냉매를 감압하여 팽창시킨다.

 ㉣ **증발기** : 기화된 냉매가 주위의 열을 빼앗는다.

20 냉매를 사용하며 압축, 응축, 팽창, 증발로 이루어진 냉동방법은?

① 증기 압축식

② 증기 분사식

③ 전자 냉동법

④ 흡수식 냉동법

20 기계적 냉동

ⓐ **증기 압축식 냉동법**: 냉매(암모니아, 프레온 등)를 사용하며 압축, 응축, 팽창, 증발로 이루어진 냉동방법이다.

ⓑ **증기 분사식 냉동법**: 증기 이젝터를 이용해서 주위의 열을 흡수하고 물을 냉각하는 구조의 냉동방법이다.

ⓒ **흡수식 냉동법**: 기계적 일을 사용하지 않고 열매체를 이용하는 방법으로, 과부하가 발생하더라도 사고의 위험성이 적고 경제적 운전이 가능하며, 진동·소음이 적고 자동운전 및 용량제어가 가능하나 가동시간이 길고, 설치면적이 넓으며, 설비비가 많이 드는 단점이 있다.

ⓓ **공기 압축식 냉동법**: 공기를 압축한 후 상온에서 냉각 압축된 공기를 팽창시키면서 냉동시키는 방법을 말한다.

ⓔ **전자 냉동법**: 서로 다른 두 반도체를 접합시켜 한 쪽에는 열을 흡수하고 다른 한 쪽에는 열을 방출하는 성질을 이용하여 냉동시키는 방법으로, 소음과 진동이 없는 장점이 있어 미래 냉동법이라 할 수 있다.

산업용 기계 05

1 무거운 물체를 들어올리거나 내리는 데 사용하는 기계를 하역기계라 한다. 하역기계와 거리가 먼 것은?　　　② 기중기

③ 호이스트　　　　　　　　　　　　　④ 엘리베이터

2 크레인을 대차 위에 설치하여 회전하거나 경사각을 변화시키며 하역하는 기계는?

① 천장 크레인　　　　　　　　　　　② 갠트리 크레인

③ 지브 크레인　　　　　　　　　　　④ 컨테이너 크레인

3 프레임의 양 끝에 설치된 벨트 폴리에 벨트를 걸고, 그 위에 석탄·자갈·광석이나 완성된 제품 등을 얹어 연속적으로 일정한 장소로 운반할 때 사용하는 것은?

① 버킷 컨베이어　　　　　　　　　　② 벨트 컨베이어

③ 나사 컨베이어　　　　　　　　　　④ 공기 컨베이어

✅ ANSWER ┃ 1.① 2.③ 3.②

1 ① 컨베이어는 주로 체인, 나사 등을 이용하여 물건을 연속적으로 이동시키는 운반기계이다.

2 지브 크레인 … 본체의 부착부 둘레를 회전하거나 경사각을 변화시켜 최대 회전원 범위 내에 있는 화물을 들어올려 운반한다.

3 ① 바닥에 있는 물품을 체인 또는 벨트에 부착시킨 버킷으로 떠서 위로 운반하는 장치로 석탄·모래·자갈·곡물류 등을 운반할 때 사용된다.
③ 단면의 아랫부분이 반원형인 통 또는 원통 속에서 나사 날개를 회전시키면 곡식 입자가 나사면을 따라 이송되는 것으로, 구조가 간단하고 유지·관리가 편리하나 나사 축의 길이에 제한을 받는 단점이 있다.
④ 진공펌프 또는 공기압축기에 의하여 관내에서 공기를 급속하게 흐르게 하여 가벼운 알갱이형 물질을 공기의 흐름에 따라 이송시키는 것이다.

4 다음 중 하역기계가 아닌 것은?

① 체인 블록

② 크레인

③ 덤프 트럭

④ 윈치

⑤ 지게차

5 한 가닥의 와이어 로프나 체인을 드럼에 감아서 무거운 물체를 잡아당기거나 높은 곳까지 올리는 데 사용하는 것은?

① 지게차

② 체인 블록

③ 윈치

④ 크레인

6 컨베이어의 종류에 포함되지 않는 것은?

① 버킷 컨베이어

② 벨트 컨베이어

③ 스프링 컨베이어

④ 나사 컨베이어

⑤ 체인 컨베이어

4 산업용 기계
ⓐ **하역기계** : 지게차, 체인 블록, 호이스트, 윈치, 크레인 등
ⓑ **운반기계** : 덤프 트럭, 컨베이어, 선박 등

5 ① 앞부분에 5~12°정도 전후를 경사시킬 수 있는 마스터와 위·아래로 올리고 내릴 수 있는 L자형 포크로 되어 있는 화물 운반장비를 말한다.
② 도르래를 이용하여 인력으로 화물을 올리고 내릴 수 있도록 만들어진 장비로, 값이 싸고 가벼우며 취급도 용이하여 기계나 구조물의 조립 및 분해, 무거운 물체의 이동에 많이 사용된다.
④ 무거운 물체를 상하좌우로 운반하는 하역기계이다. 호이스트나 체인 블록에 비하여 훨씬 무거운 물건을 운반하는 데 사용된다.
※ **윈치**…무거운 물체를 잡아당기거나 높은 곳까지 올리는 기계로 광산·철도·선박·제조업 등에 사용한다.

6 **컨베이어의 종류**…버킷 컨베이어, 벨트 컨베이어, 체인 컨베이어, 롤러 컨베이어, 나사 컨베이어, 공기 컨베이어 등

7 딘면의 아랫부분이 반원형인 통 또는 원통 속에서 나사날개를 회전시키면 곡식입자가 나사면을 따라 이송되는 컨베이어는?

① 체인 컨베이어
② 롤러 컨베이어
③ 공기 컨베이어
④ 나사 컨베이어
⑤ 버킷 컨베이어

8 재료와 제품을 수평 또는 경사 상태에서 일정한 방향으로 회전 또는 왕복운동을 시키거나 전진운동을 시켜주는 기계를 무엇이라 하는가?

① 컨베이어
② 덤프 트럭
③ 호이스트
④ 크레인

9 댐 건설, 공사장에서 주로 사용하며, 적재량에 비해 축의 거리가 짧고, 회전 반지름이 작으면서 큰 등판 능력을 가지고 있는 것은?

① 기관차
② 베터리카
③ 덤프 트럭
④ 컨베이어

ⓥ ANSWER | 7.④ 8.① 9.③

7 나사 컨베이어
ⓐ 나사날개를 회전시키면 곡식입자가 나사면을 따라 이송되는 것이다.
ⓑ 구조가 간단하고 유지·관리가 편리하나 나사 축의 길이에 제한을 받는 단점이 있다.

8 ② 댐 건설, 공사장 등에서 주로 사용하며, 적재량에 비해 축의 거리가 짧고, 회전 반지름이 작으면서도 큰 등판 능력을 가지고 있다.
③ 무거운 물체를 위·아래로 이동시켜 운반하는 하역기계이다.
④ 무거운 물체를 상하좌우로 운반하는 하역기계로 크레인이라고도 한다. 호이스트나 체인 블록에 비하여 훨씬 무거운 물건을 운반하는 데 사용된다.
※ 컨베이어
ⓐ 재료와 제품을 수평 또는 경사 상태에서 일정한 방향으로 회전 또는 왕복운동을 시키거나 전진 운동을 시켜주는 기계를 말한다.
ⓑ 구조가 간단하며 시설규모에 비해 운반량이 많고 비용도 저렴하므로 대량 운반수단으로 많이 이용되고 있다.

9 덤프 트럭
ⓐ 댐 건설, 공사장 등에서 주로 사용하며, 적재량에 비해 축의 거리가 짧고, 회전 반지름이 작으면서도 큰 등판 능력을 가지고 있다.
ⓑ 도로 상태가 좋은 곳에서는 운반속도가 빠르므로 작업능률도 좋고, 적재물을 버리는 데 많은 인력을 필요로 하지 않고 기동성도 좋아 먼거리 운반에 적합하다.

10 다음 중 운반기계가 아닌 것은?

① 엘리베이터

② 컨베이어

③ 덤프 트럭

④ 선박

11 호스트가 이동하는 크레인 빔의 양 끝에 지지각을 걸치고 그 하부에 주행 차륜을 설치하여 궤도를 주행하는 크레인은?

① 크롤러 크레인

② 다리형 크레인

③ 트럭 크레인

④ 데릭 크레인

12 다음 중 고층건물에서 자재를 하역하는 데 주로 사용되는 크레인은?

① 갠트리 트레인

② 탑형 크레인

③ 지브 크레인

④ 트럭 크레인

✅ ANSWER | 10.① 11.② 12.②

10 ① 엘리베이터는 하역기계에 속한다.

11 크레인의 종류
  ㉠ 크롤러 크레인 : 하역장치를 무한궤도차에 연결·부착시킨 것이다.
  ㉡ 다리형 크레인 : 조선소, 항만에 설치되는 대형 크레인이다.
  ㉢ 트럭 크레인 : 이동식 기중기, 기중기 본체를 트럭에 탑재시킨 것이다.
  ㉣ 데릭 크레인 : 나무 또는 강재로 만들어진 크레인이다.

12 ① 비교적 고가의 크레인으로 천장 주행 기중기와 같이 양쪽 다리 부위에 트러스를 조립하여 큰 문 모양으로 만들고, 그 위에 레일을 설치하여 감아올림 장치가 이동하도록 되어 있는 구조이다.
  ② 철골 구조물로 된 높은 철탑 위에 지프 크레인의 선회부분을 설치한 것으로 선회 반지름이 크고, 높이 달아 올릴 수 있으므로, 선체 조립, 고층건물에서 자재를 하역하는 곳에 주로 사용된다.
  ③ 외팔보 모양의 경사진 크레인으로 건축현장이나 항만의 안벽 등에서 흔히 볼 수 있으며, 지브는 본체의 부착부 둘레를 회전하거나 경사각을 변화시켜서 최대 회전원 범위 내에 있는 화물을 들어올려 운반한다.
  ④ 이동식 기중기로, 기중기 본체를 트럭에 탑재한 것이다. 이것은 도로상에서 신속하게 이동할 수 있으며, 안정도가 높은 장점을 가지고 있다.

13 다음 중 공기 컨베이어의 장점으로 옳지 않은 것은?

① 설치비용이 적게든다.

② 이송물을 여러 갈래로 나누어 이송시킬 수 있다.

③ 이송재료가 손상될 염려가 없다.

④ 구조가 간단하다.

14 다음 중 하역운반기계가 아닌 것은?

① 컨베이어   ② 트럭

③ 크레인   ④ 그레이더

⑤ 포크리프트

15 다음 중 운반기계로 볼 수 없는 것은?

① 지게차   ② 슈트

③ 시추기   ④ 모노레일

⑤ 컨베이어

✅ **ANSWER** | 13.③   14.④   15.③

13 공기 컨베이어의 장·단점
　㉠ 장점
　　• 구조가 간단하다.
　　• 설치비용이 적다.
　　• 이송통로를 쉽게 바꿀 수 있다.
　　• 이송물을 여러 갈래로 나누어 이송시킬 수 있다.
　㉡ 단점
　　• 이송재료가 손상될 염려가 있다.
　　• 입자가 큰 재료는 관을 막을 수 있다.

14 하역기계는 크게 중량물을 끌어올리는 기중기류, 산적물을 연속적으로 멀리까지 운반하는 컨베이어류, 자주 장치를 갖추고 단속적으로 운반하는 운반차류로 구분한다. 크레인, 컨베이어, 트럭, 포크리프트 등이 해당된다.

15 운반기계의 종류 ⋯ 지게차, 트럭, 트레일러, 컨베이어, 슈트, 크레인, 엘리베이터, 호이스트, 리프트, 모노레일 등

02 건설 및 광산기계

1 지면을 절삭하여 평활하게 다듬고자 한다. 다음 중 표면 작업 장비로 가장 적합한 것은?

인천교통공사

① 그레이더(grader)

② 스크레이퍼(scraper)

③ 도저(dozer)

④ 굴삭기

⑤ 타이어 롤러(tire roller)

✅ **A N S W E R** | 1.①

1 그레이더는 주로 도로공사에 쓰이는 굴착기계로 주요부는 땅을 깎거나 고르는 블레이드(blade :날)와 땅을 파 일구는 스캐리파이어(scarifier)로, 2~4km/h로 주행하면서 작업을 하는 건설기계로서 지반의 표면작업장비로 자주 사용된다. 보기의 장비들 중 지반의 절삭과 표면고르기의 작업을 동시에 가장 잘 수행할 수 있는 기계는 그레이더이므로 ①이 답이 된다.

※ **건설기계의 종류**

구분	종류	특성
굴착용	파워쇼벨	지반면보다 높은 곳의 땅파기에 적합하며 굴착력이 크다.
	드래그쇼벨	지반보다 낮은 곳에 적당하며 굴착력이 크고 범위가 좁다.
	드래그라인	기계를 설치한 지반보다 낮은 곳 또는 수중 굴착 시에 적당하다.
	클램쉘	좁은 곳의 수직굴착, 자갈 적재에도 적합하다.
	트렌처	도랑파기, 줄기초파기에 사용된다.
정지용	불도저	운반거리 50 ~ 60m(최대 100m)의 배토, 정지작업에 사용된다.
	앵글도저	배토판을 좌우로 30도 회전하며 산허리를 깎는데 유리하다.
	스크레이퍼	흙을 긁어모아 적재하여 운반하며 100 ~ 150m의 중거리 정지공사에 적합하다.
	그레이더	땅고르기 기계로 정지공사 마감이나 도로 노면정리에 사용된다.
다짐용	전압식	롤러 자중으로 지반을 다진다. (로드롤러, 탬핑롤러, 머케덤롤러, 타이어롤러)
	진동식	기계에 진동을 발생시켜 지반을 다진다. (진동롤러, 컴팩터)
	충격식	기계가 충격력을 발생시켜 지반을 다진다. (램머, 탬퍼)
실기용	크롤러로더	굴착력이 강하며, 불도저 대용용으로도 쓸 수 있다.
	포크리프트	창고하역이나 목재 실기에 사용된다.
운반용	컨베이어	밸트식과 버킷식이 있고 이동식이 많이 사용된다.

2 트랙터의 앞면에 배토판인 블레이드를 설치한 것으로, 단거리에서의 땅깎기·운반·흙쌓기 등에 사용되는 건설기계는?

① 덤프 트럭

② 스크레이퍼

③ 불도저

④ 굴착기

3 지표를 긁어 땅을 고르게 하는 정지용 건설기계이고 도로의 양쪽에 배수로를 만드는 작업이나, 제방의 경사작업 등에 사용되는 것은?

① 불도저

② 굴착기

③ 그레이더

④ 로더

4 다음 중 건설기계가 아닌 것은?

① 스크레이퍼

② 그레이더

③ 굴착기

④ 착암기

⑤ 로더

ANSWER | 2.③ 3.③ 4.④

2 불도저
ㄱ 트랙터의 앞면에 배토판인 블레이드를 설치한 것으로, 단거리에서의 땅깎기·운반·흙쌓기 등에 사용된다.
ㄴ 주행장치에 따른 분류
• 무한궤도식: 접지 면적이 넓어서 연약한 지반이나 고르지 못한 지반에서의 작업에 적합하다.
• 타이어식: 습지나 모래땅에서의 작업은 불가능하나 기동성과 이동성이 양호하여 평탄한 지반이나 포장된 도로에서 작업하기에 적합하다.

3 ① 트랙터의 앞면에 배토판인 블레이드를 설치한 것으로 단거리에서의 땅깎기, 운반, 흙쌓기 등에 사용된다.
② 토사를 파내거나 토암석 등을 굴착, 적재하는 데 사용하는 기계이다.
④ 건설공사현장에서 트랙터 앞에 달린 버킷으로 각종 토사나 골재, 자갈 등을 퍼서 덤프 트럭에 싣거나 다른 것으로 운반하는 기계이다.

4 ④ 광산기계에 해당한다.
※ 건설기계의 종류 … 불도저, 스크레이퍼, 그레이더, 로더, 굴착기, 다짐기계 등

5 다음 중 착암기의 종류에 속하지 않는 것은?

① 전기식 착암기   ② 유압식 착암기

③ 압축공기식 착암기   ④ 고체식 착암기

6 래머, 프로그래머, 탬퍼는 어느 방식의 다짐기계인가?

① 충격식 다짐기계   ② 전압식 다짐기계

③ 전동식 다짐기계   ④ 비충격식 다짐기계

7 다음 중 분쇄기계의 종류가 아닌 것은?

① 조 크러셔   ② 볼 밀

③ 로더   ④ 해머 밀

ANSWER | 5.④ 6.① 7.③

5 착암기의 종류
- ㉠ **전기식 착암기** : 전기를 동력으로 사용하는 것으로 취급이 용이하고 동력비가 저렴하나, 압축 공기식에 비해 무겁고 가스폭발의 위험이 있는 곳에서는 사용할 수 없는 단점이 있다.
- ㉡ **압축공기식 착암기** : 왕복운동이 간단하고 사용기체가 가벼우며 가스폭발에 대하여 안전하므로 다른 착암기에 비하여 널리 사용되며, 피스톤식과 해머식으로 나뉜다.
- ㉢ **유압식 착암기** : 유압을 동력으로 사용하며 취급이 용이하고, 작업능률이 높으며 자동제어방식의 작업도 가능하나 장비가 고가라는 단점이 있다.

6 충격식 다짐기계
- ㉠ **래머** : 휴대할 수 있는 다짐기로 내화재료나 주물사, 설비의 기초공사 등과 같은 좁은 지역의 다짐을 할 경우에 사용된다.
- ㉡ **프로그래머** : 대형화하여 일반 토공용으로 제작된 다짐기계로, 댐 공사에 주로 사용된다.
- ㉢ **탬퍼** : 가솔린 엔진의 회전을 크랭크에 의해 왕복운동으로 바꾸고 스프링을 거쳐 다짐판에 그 운동을 전달하여 한정된 면적을 다지는 기계이다.

7 ③ 각종 토사나 골재, 자갈 등을 퍼서 덤프 트럭에 싣거나 운반하는 기계이다.
  ※ **분쇄기계의 종류** … 조 크러셔, 콘 크러셔, 볼 밀, 해머 밀

8 암석이나 광석 등을 부수어 알맞은 크기로 만드는 기계로 화학공장, 광산, 도로 공사장, 콘크리트 공사장에서 주로 사용되는 기계는?

① 분쇄기계
② 준설선
③ 착암기
④ 다짐기계

9 다음 중 굴착기의 작업형태로 볼 수 없는 것은?

① 굴착 작업
② 적재 작업
③ 브레이커 작업
④ 다짐 작업
⑤ 크라샤 작업

10 광산에서의 탐광, 토목 및 건축공사에서의 지하의 지층두께나 지질조사, 지하수 및 유전조사 등에 널리 사용되는 광산기계는?

① 착암기
② 굴착기
③ 분쇄기계
④ 시추기

ANSWER | 8.① 9.④ 10.④

8 ② 항만, 하천, 운하, 수로 등을 만들거나 물의 깊이를 깊게 하기 위하여 물속의 물을 파내는 작업에 사용하는 건설용 기계이다.
③ 암석 등에 발파용 폭약을 넣기 위한 구멍을 뚫는 데 사용하는 기계로, 사용동력에 따라 전기식 착암기, 압축공기식 착암기, 유압식 착암기 등으로 분류된다.
④ 흙, 골재, 아스팔트 혼합물, 시멘트 혼합물 등을 사용하는 구조물을 구축할 때, 내부에 틈이 없이 치밀하도록 다지는 건설기계이다.

9 굴착기의 작업형태 … 굴착 작업, 적재 작업, 브레이커 작업, 크라샤 작업

10 시추기
㉠ 지질이나 지반조사를 위하여 땅 속에 깊은 구멍을 뚫는 기계이다.
㉡ 광산에서의 탐광, 토목 및 건축 공사에서의 지하의 지층 두께나 지질조사, 지하수 및 유전조사 등에 널리 사용된다.

MEMO

MEMO

봉투모의고사 **찐!5회** 횟수로 플렉스해 버렸지 뭐야 ~

서울시설공단 봉투모의고사(일반직)

광주도시철도공사 봉투모의고사(업무직)

합격을 위한 준비
서원각 온라인강의

요점만 담은
알짜이론

믿고보는
교수진

www.sojungedu.co.kr

공 무 원	자 격 증	취 업	부사관/장교
9급공무원	건강운동관리사	NCS코레일	육군부사관
9급기술직	관광통역안내사	공사공단 전기일반	육해공군 국사(근현대사)
사회복지직	사회복지사 1급		공군장교 필기시험
운전직	사회조사분석사		
계리직	임상심리사 2급		
	텔레마케팅관리사		
	소방설비기사		